大数据应用人才培养系列教材

大 数 据 导 论

总主编　刘　鹏　张　燕
主　编　付　雯
副主编　陈　甫　李法平

清华大学出版社
北　京

内 容 简 介

大数据导论是了解和学习大数据的基础，本书系统地讲解了大数据基本概念、大数据的架构、大数据的采集方式和预处理、数据仓库的构建模式、大数据的存储，数据挖掘的方法及大数据的可视化技术，从而更好地将大数据技术应用在各行业领域，更深入地开展大数据技术的应用研究。从基础开始，由浅入深进行学习，逐步理清大数据的核心技术和发展趋势。

本书系统地讲解了大数据基本概念，尽可能希望通过理论与实际案例相结合，寻找合适的切入点，让读者对理论知识的掌握更直接、更快速。可以作为培养应用型人才的课程教材，也适用于大数据初学者对大数据基础理论有需求的广大读者。

图书在版编目（CIP）数据

大数据导论/付雯主编. —北京：清华大学出版社，2018 (2024.8重印)
（大数据应用人才培养系列教材）
ISBN 978-7-302-50070-4

I. ①大… II. ①付… III. ①数据处理-技术培训-教材 IV. ①TP274

中国版本图书馆 CIP 数据核字（2018）第 095680 号

责任编辑：贾小红
封面设计：刘 超
版式设计：文森时代
责任校对：马军令
责任印制：丛怀宇

出版发行：清华大学出版社
网 址：https://www.tup.com.cn，https://www.wqxuetang.com
地 址：北京清华大学学研大厦 A 座 邮 编：100084
社 总 机：010-83470000 邮 购：010-62786544
投稿与读者服务：010-62776969，c-service@tup.tsinghua.edu.cn
质量反馈：010-62772015，zhiliang@tup.tsinghua.edu.cn
印 装 者：三河市铭诚印务有限公司
经 销：全国新华书店
开 本：185mm×260mm 印 张：14.75 字 数：267 千字
版 次：2018 年 7 月第 1 版 印 次：2024 年 8 月第 15 次印刷
定 价：58.00 元

产品编号：074999-01

编写委员会

总主编　刘　鹏　张　燕

主　编　付　雯

副主编　陈　甫　李法平

参　编　唐茂华　朱　英　王海涛　贾红军

总　序

短短几年间，大数据就以一日千里的发展速度，快速实现了从概念到落地，直接带动了相关产业的井喷式发展。数据采集、数据存储、数据挖掘、数据分析等大数据技术在越来越多的行业中得到应用，随之而来的就是大数据人才缺口问题的凸显。根据《人民日报》的报道，未来3～5年，中国需要180万数据人才，但目前只有约30万人，人才缺口达到150万之多。

大数据是一门实践性很强的学科，在其金字塔型的人才资源模型中，数据科学家居于塔尖位置，然而该领域对于经验丰富的数据科学家需求相对有限，反而是对大数据底层设计、数据清洗、数据挖掘及大数据安全等相关人才的需求急剧上升，可以说占据了大数据人才需求的80%以上。比如数据清洗、数据挖掘等相关职位，需要源源不断的大量专业人才。

巨大的人才需求直接催热了相应的大数据应用专业。2018年1月18日，教育部公布了“大数据技术与应用”专业备案和审批结果，已有270所高职院校申报开设“大数据技术与应用”专业，其中共有208所职业院校获批“大数据技术与应用”专业。随着大数据的深入发展，未来几年申请与获批该专业的职业院校数量仍将持续走高。同时，对于国家教育部正式设立的“数据科学与大数据技术”本科新专业，除已获批的35所大学之外，2017年申请院校也高达263所。

即使如此，就目前而言，在大数据人才培养和大数据课程建设方面，大部分专科院校仍然处于起步阶段，需要探索的问题还有很多。首先，大数据是个新生事物，懂大数据的老师少之又少，院校缺“人”；其次，院校尚未形成完善的大数据人才培养和课程体系，缺乏“机制”；再次，大数据实验需要为每位学生提供集群计算机，院校缺“机器”；最后，院校没有海量数据，开展大数据教学实验工作缺少“原材料”。

对于注重实操的大数据技术与应用专业专科建设而言，需要重点面向网络爬虫、大数据分析、大数据开发、大数据可视化、大数据运维工程师的工作岗位，帮助学生掌握大数据技术与应用专业必备知识，使其具备大数据采集、存储、清洗、分析、开发及系统维护的专业能力和技能，成为能够服务区域经济的发展型、创新型或复合型技术技能人才。无论是缺“人”、缺“机制”、缺“机器”，还是缺少“原材料”，最终都难以培养出合格的大数据人才。

其实，早在网格计算和云计算兴起时，我国科技工作者就曾遇到过类似的挑战，我有幸参与了这些问题的解决过程。为了解决网格计算问题，我在清华大学读博期间，于2001年创办了中国网格信息中转站网站，每天花几个小时收集和分享有价值的资料给学术界，此后我也多次筹办和主持全国性的网格计算学术会议，进行信息传递与知识分享。2002年，我与其他专家合作的《网格计算》教材正式面世。

2008年，当云计算开始萌芽之时，我创办了中国云计算网站（chinacloud.cn）（在各大搜索引擎“云计算”关键词中排名第一），2010年出版了《云计算（第1版）》，2011年出版了《云计算（第2版）》，2015年出版了《云计算（第3版）》，每一版都花费了大量成本制作并免费分享对应的几十个教学PPT。目前，这些PPT的下载总量达到了几百万次之多。同时，《云计算》一书也成为国内高校的优秀教材，在中国知网公布的高被引图书名单中，《云计算》在自动化和计算机领域排名全国第一。

除了资料分享，在2010年，我们在南京组织了全国高校云计算师资培训班，培养了国内第一批云计算老师，并通过与华为、中兴、360等知名企业合作，输出云计算技术，培养云计算研发人才。这些工作获得了大家的认可与好评，此后我接连担任了工信部云计算研究中心专家、中国云计算专家委员会云存储组组长、中国大数据应用联盟人工智能专家委员会主任等。

近几年，面对日益突出的大数据发展难题，我们也正在尝试使用此前类似的办法去应对这些挑战。为了解决大数据技术资料缺乏和交流不够通透的问题，我们于2013年创办了中国大数据网站（thebigdata.cn），投入大量的人力进行日常维护，该网站目前已经在各大搜索引擎的“大数据”关键词排名中位居第一；为了解决大数据师资匮乏的问题，我们面向全国院校陆续举办多期大数据师资培训班，致力于解决“缺人”的问题。

2016年年末至今，我们已在南京多次举办全国高校/高职/中职大数据免费培训班，基于《大数据》《大数据实验手册》以及云创大数据提供的大数据实验平台，帮助到场老师们跑通了Hadoop、Spark等多个大数据实验，使他们跨过了“从理论到实践，从知道到用过”的门槛。

其中，为了解决大数据实验难问题而开发的大数据实验平台，正在为越来越多的高校教学科研带去方便，帮助解决“缺机器”与“缺原材料”的问题。2016 年，我带领云创大数据（www.cstor.cn，股票代码：835305）的科研人员，应用 Docker 容器技术，成功开发了 BDRack 大数据实验一体机，它打破了虚拟化技术的性能瓶颈，可以为每一位参加实验的人员虚拟出 Hadoop 集群、Spark 集群、Storm 集群等，自带实验所需数据，并准备了详细的实验手册（包含 42 个大数据实验）、PPT 和实验过程视频，可以开展大数据管理、大数据挖掘等各类实验，并可进行精确营销、信用分析等多种实战演练。

目前，大数据实验平台已经在郑州大学、成都理工大学、金陵科技学院、天津农学院、西京学院、郑州升达经贸管理学院、信阳师范学院、镇江高等职业技术学校等多所院校部署应用，并广受校方好评。该平台也可以云服务的方式在线提供（大数据实验平台，https://bd.cstor.cn），实验更是增至 85 个，师生通过自学，可用一个月时间成为大数据实验动手的高手。此外，面对席卷而来的人工智能浪潮，我们团队推出的 AIRack 人工智能实验平台、DeepRack 深度学习一体机以及 dServer 人工智能服务器等系列应用，一举解决了人工智能实验环境搭建困难、缺乏实验指导与实验数据等问题，目前已经在清华大学、南京大学、南京农业大学、西安科技大学等高校投入使用。

在大数据教学中，本科院校的实践教学应更加系统性，偏向新技术的应用，且对工程实践能力要求更高。而高职、高专院校则更偏向于技术性和技能训练，理论以够用为主，学生将主要从事数据清洗和运维方面的工作。基于此，我们联合多家高职院校专家准备了《云计算导论》《大数据导论》《数据挖掘基础》《R 语言》《数据清洗》《大数据系统运维》《大数据实践》系列教材，帮助解决“机制”欠缺的问题。

此外，我们也将继续在中国大数据（thebigdata.cn）和中国云计算（chinacloud.cn）等网站免费提供配套 PPT 和其他资料。同时，持续开放大数据实验平台（https://bd.cstor.cn）、免费的物联网大数据托管平台万物云（wanwuyun.com）和环境大数据免费分享平台环境云（envicloud.cn），使资源与数据随手可得，让大数据学习变得更加轻松。

在此，特别感谢我的硕士导师谢希仁教授和博士导师李三立院士。谢希仁教授所著的《计算机网络》已经更新到第 7 版，与时俱进日臻完美，时时提醒学生要以这样的标准来写书。李三立院士是留苏博士，为我国计算机事业做出了杰出贡献，曾任国家攀登计划项目首席科学家。他的严谨治学带出了一大批杰出的学生。

本丛书是集体智慧的结晶，在此谨向付出辛勤劳动的各位作者致敬！书中难免会有不当之处，请读者不吝赐教。我的邮箱：gloud@126.com，微信公众号：刘鹏看未来（lpoutlook）。

刘 鹏

于南京大数据研究院

2018 年 5 月

前　言

大数据已成为数据分析的前沿技术，简单来讲，在各种各样的数据类型中，快速获得有价值信息的能力，就是大数据技术。也正是这样一种技术促使众多企业寻找到发展的新的潜力。

互联网时代引发了大数据信息的空前爆炸，改变了互联网的数据应用模式，同时还深深影响着人们的生产生活。我们已经深处在大数据时代，已经认识到大数据正改变着人们的思维模式，但同时大数据也向我们抛出一些难题，在解决这些难题的同时，意味着我们对大数据的研究开始朝纵深方向发展。

大数据技术与应用是新兴的专业，它将大数据分为几类，与适应不同领域发展需求的前沿技术相结合，引入企业真实项目，依托产学界雄厚的科研力量，培养适应新形势并具有新思维和技能的“高层次、实用型、国际化”的复合型大数据专业人才。本教材受到了国家级高技能人才培训基地（重庆电子工程职业学院）建设项目的资助，是项目中软件与信息服务领域的培训教材之一。

本教材共分为 7 个章节，第 1 章主要介绍大数据的基本概念、特征和意义，以及表现形态、大数据的应用场景等基本内容。第 2 章主要介绍与大数据技术密不可分的云计算技术及其应用，介绍大数据的基本架构，Hadoop 平台基本内容等，并通过上机实际操作来完成课程的学习。第 3 章从对大数据的采集开始介绍，介绍了大数据的采集工具、采集方法及数据预处理的方法，最后介绍了 ETL 概念、常用 ETL 工具的比较等。第 4 章介绍了大数据的存储方式和数据仓库的构建等知识结构。第 5 章从数据分析的概念入手，介绍了数据分析的类型、数据分析的方法及数据分析的活动步骤，介绍了数据挖掘的几种算法与算法的应用。第 6 章介绍数据可视化的基本概念，可视化的方法与几种可视化工具的使用情况。第 7 章介绍国内外对大数据应用的经典案例，以及编者在工作过程中参与完成的真实案例，存在的不足希望读者指出，编者会及时更正。

本书在重理论的前提下，不忽视实际的可操作性，注重对问题的解决，每个章节后均有练习题，以巩固加强所学知识，且后期会有更多配套资源的跟进，其目的在于更好地服务于广大初学者以及大数据技术的爱好者。

本教材的编写和整理工作主要由大数据导论教材编写组和南京云创大数据科技股份有限公司完成，其中唐茂华老师编写了第 1 章，付雯老师编写了第 2 章、第 3 章，付雯老师和朱英老师共同编写了第 4 章，王海涛老师编写了第 5 章，贾红军老师和付雯老师共同编写了第 6 章，付雯老师和陈甫老师共同编写了第 7 章。同时，付雯老师和陈甫老师负责全书统筹和修改工作，李法平老师负责全书审稿工作。经过近一年的辛苦付出和努力，本书稿终于形成，在此，对全体成员表示衷心的感谢，同时感谢支持本书撰写工作而提供宝贵素材的企业、感谢重庆电子工程职业学院软件学院的教学团队对本书的默默支持以及学生对书中案例进行的优化。本书的问世也要感谢清华大学出版社王莉编辑给予的宝贵意见和指导。

尽管我们尽了最大的努力，但书中难免存在不妥之处，恳请各界专家和读者朋友提出宝贵意见，以在后期的再版中进行修正，我们将不胜感谢。您在阅读本书时，如发现任何问题或不认同之处，可以通过电子邮件与我们联系。请发送邮件至：53803810@qq.com。

大数据导论教材编写组
2018 年 4 月于重庆

目　录

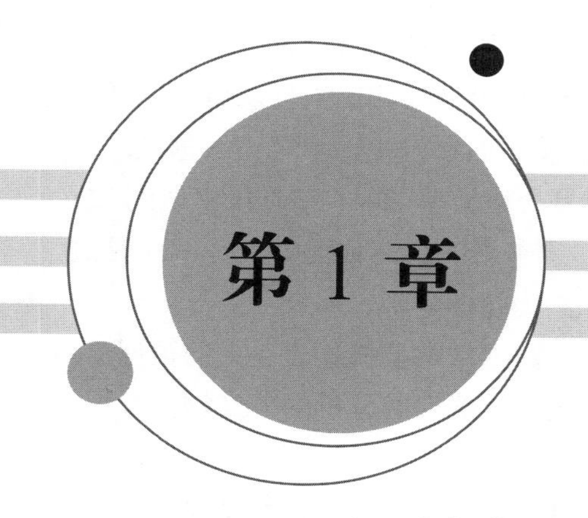

大数据的概念及其应用

随着互联网的普及，为了满足人们搜索网络信息的需求，搜索引擎抓取了巨大的信息，社交网络把分散的人群联系起来，电子商务在满足人们便捷购物的同时，收集了大量的购物意愿和购物习惯的数据。2010 年是中国的微博元年，2011 年微信开始独立运营，标志着移动互联网时代的到来所产生的海量数据。各种海量数据在各行各业产生，形成了我们今天的大数据。

计算和数据是信息产业不变的主题，在信息技术迅速发展的推动下，人们的感知、计算、仿真、模拟、传播等活动产生了大量的数据，数据的产生不受任何外界影响和限制，因此可以说大数据涵盖了计算和数据两大主题，是产业界和学术界的研究热点，被誉为未来十年的革命性技术。

本章节通过对大数据的概念进行描述，介绍了数据的主要来源，构成大数据的因素，通过对大数据表现形态的分析，展现了目前大数据应用的场景。

1.1 大数据的概念

在过去 20 年，数据在各行各业以大规模的态势持续增加。由 IDC 和 EMC 联合发布的 *The Digital Universe of Opportunities：Rich Data and the Increasing Value of Internet of Things* 研究报告中指出，2011 年全球数据总量已达到 1.8ZB，并将以每两年翻一番的速度增长，到 2020 年，全球数据量

将达到 40ZB，均摊到每个人身上达到 5 200GB 以上。在“2017 年世界电信和信息化社会日”大会上，工信部总工程师张峰指出，我国的数据总量正在以年均 50%的速度持续增长，预计到 2020 年，我国数据总量在全球占比将达到 21%。美国市场研究公司 IDC 发布的报告称，全球大数据技术和服务市场将在未来几年保持 31.7%的年复合增长率，2016 年总规模达到 238 亿美元。IBM 的研究称，整个人类文明所获得的全部数据中，有 90%是过去两年内产生的。全球数据的膨胀率大约为每两年翻一番。

现今，全球数据呈爆炸性的增长，大数据常常被描述为巨大的数据集。相比传统的数据而言，大数据通常包括大量需要实时分析的非结构化数据。另外，大数据也带来了创造新价值的新机会，帮助我们获得对隐藏价值的深入理解，也带来新的挑战。教会我们如何有效地管理和组织数据集。

近年来，科技界和企业界甚至世界各国政府都将大数据的迅速发展作为关注的热点。许多政府机构明确宣布加快大数据的研究和应用。除此以外，公共媒体也对大数据有非常高昂的热情，比如《经济学人》《纽约时报》《全国公共广播电台》《自然》《科学》等杂志专门专刊讨论大数据的影响和挑战。大数据的时代毫无疑问已然到来。著名管理咨询公司麦肯锡（McKinsey & Company）称：“数据已经渗透到当今每一个行业和业务职能领域，成为重要的生产因素。人们对于大数据的挖掘和运用，预示着新一波生产力增长和消费盈余浪潮的到来”。一个国家拥有数据的规模和运用数据的能力将成为综合国力的重要组成部分，对数据的占有和控制将成为国家间和企业间新的争夺焦点。大数据已成为社会各界关注的新焦点，“大数据时代”已然来临。

如今，与互联网公司服务相关的大数据迅速增长。比如，Google 每月要处理几百 PB 的数据，Facebook 每月产生超过 10PB 的日志，百度每天要处理几十 PB 的数据，淘宝每天在线产生几十 TB 的交易数据。在每一天的每一分钟里，甚至在我们没有注意的时候，数据已经被大量的创造出来了。

大数据是一个抽象的概念，除了在量上非常的庞大，还有其他一些特点，这些特点决定了它是“海量数据”还是“非常大的数据”。目前，大数据的重要性已经是公认的，但是人们对于大数据的定义却各执意见。一般来说，大数据意味着通过传统的软件或者硬件无法在有限时间内获得有意义的数据集，而在经过大数据技术处理后就可以快速获取有意义数据。由于企业、研究学者、数据分析师和技术从业者关注的重点有所区别，以下的定义能帮助我们更好地深入理解大数据在社会、经济和技术方面的内涵。

2010 年，Apache Hadoop 定义大数据为“通过传统的计算机在可接受的范围内不能捕获、管理和处理的数据集合”。2011 年 5 月，麦肯锡咨询公司在这个定义基础之上，宣称大数据能够在创新、竞争和生产力等方面大有作为。大数据意味着通过传统的数据库软件不能获得、存储和管理如此大量的数据集。这个定义包含两个内涵：第一，符合大数据的标准的原型随着时间的推移和技术的进步正在发生变化。第二，符合大数据的标准的原型因不同的应用而彼此不同。目前，大数据的范围从 TB 级发展到 PB 级。从麦肯锡咨询公司对大数据的定义，我们可以看出数据集的容量不是大数据的唯一标准。持续增加的数据规模和通过传统数据库技术不能有效的管理是大数据的两个关键特征。

1.2 大数据的来源

互联网时代，大数据的来源除了专业机构产生的数据，如 CERN（欧洲核子研究组织）离子对撞机每秒产生高达 40TB 的数据，我们每个人也都是数据的产生者，同时也是数据的使用者。人类自从发明文字开始，就记录着各种数据，早期数据保存的介质一般是纸张，而且难以分析、加工。随着计算机与存储技术的发展，以及万物互联的过程，数据爆发的趋势势不可挡。那么大数据究竟来源于哪些方面呢？

1. 互联网大数据

大数据赖以生存的土壤是互联网。这些数据主要来自两个方面，一方面是用户通过网络所留下的痕迹（包括浏览信息、行动和行为信息）；另一方面是互联网公司在日常运营中生成、累积的用户网络行为数据。这些数据规模已经不能用 GB 或 TB 来衡量。

每一天，全世界会上传超过 5 亿张图片，每分钟就有 20 小时时长的视频被分享。一分钟内，微博、Twitter 上新发的数据量超过 10 万条，社交网络 Facebook 的浏览量超过 600 万。海量网络信息的产生催生大数据。移动互联时代，数以百亿计的机器、企业、个人随时随地都会获取和产生新数据。互联网搜索巨头 Google 能够处理千亿以上的网页数量，每月处理的数据超过 400PB，并且呈继续高速增长的趋势；YouTube 每天上传 7 万小时的视频；淘宝网在 2010 年就拥有 3.7 亿会员，在线商品 8.8 亿件，每天交易超过数千万笔，单日数据产生量超过 50TB，存储量为 40PB；2011 年互联网用户近 20 亿，Facebook 注册用户超过 8.5 亿，每天上传 3 亿张照片，每天生成 300TB 日志数据；新浪微博每天有数十亿的外部网页和 API 接口访问需求，每分钟都会发出数万条微博；百度目前数据总量接近 1 000PB，存储网页数量接近 1 万亿，每天大约要处理 60 亿次搜索请求，几十 PB 数据。

据 IDC 的研究结果称，2011 年创造的信息数量达到 1 800EB，每年产生的数字信息量还在以 60%的速度增长，到 2020 年，全球每年产生的数据信息将高达 35ZB……所有的这些都是海量数据的呈现。

2. 传统行业大数据

我们都知道互联网会产生大量数据，但传统行业同样会产生大数据，传统行业通常指一些固定的企业，如电信、银行、金融、医药、教育、电力等行业。

电信行业产生的数据主要集中在移动设备终端所产生的数据与信息，主要包括人们通过电子邮件、短信、微博等产生的文本信息、语音信息、图像信息。

银行业产生的数据集中在用户存款交易、风险贷款抵押、利率市场投放、业务管理等。除此之外还有互联网银行，比如支付宝，用户每天通过支付宝转入转出或者支付产生的数据也是相当可观。

金融行业产生的数据集中在银行资本的运作、股票、证券、期货、货币等市场。俗话说：银行金融不分家。通过对金融数据的分析，能够针对资本的运作更加具体和更有针对性。医疗行业产生的数据集中在患者的数据，通过对患者数据的分析，可以更精确地预测病理情况，从而对患者采取恰当的措施。

教育行业产生的数据分两类：一类是常规的结构化数据，如成绩、学籍、就业率、出勤记录等；另一类是非结构化数据，如图片、视频、教案、教学软件、学习游戏等。客观的教育数据其价值的发挥取决于操控和应用数据的人。教育大数据与医疗、交通、经济、社保等行业的关联分析，能够有效、科学地促进教育决策的正确性。

电网业务数据大致可分为生产数据（如发电量、电压稳定性等数据）、运营数据（如交易电价、售电量、用电客户等数据）和管理数据（如 ERP、一体化平台、协同办公等数据）。电网信息化的不断推进，电网企业数据量、数据类型、来源都有相应的变化，数据量呈几何级爆炸式增加，数据类型也越来越复杂多样化。

3. 音频、视频和数据

音频、视频和数据是隐藏着大数据的核心。这些数据结构松散，数量巨大，但很难从中挖掘有意义的结论和有用的信息。Facebook 月活跃用户接近 8.5 亿，每天上传的照片总量为 2.5 亿张。Twitter 有 4.65 亿多注册账户，每天发布的 Twitter 信息总量突破 4 亿条。YouTube 每天有 20 亿浏览量，占据整个互联网流量的 10%，平均每个用户每天花 900 秒在 YouTube 上，44%的用户年纪介于 12～34 岁，每天超过 82.9 万个视频被上传，平均每个视频长度为 2 分 46 秒，每天产生多少首音乐，多少部电影，多少文字等，这对于大数据将是一个可观的数据。音频、视频和数据是我们最容易忽视的数据来源，而这些恰恰才是真正大数据的来源，分析、挖掘这些资讯可能引发更大的资源与信息。

4. 移动设备的实时记录与跟踪

实时跟踪器之前的运用仅限于价值高昂的航天飞机以及气象预测，现在也应用于汽车方面，即汽车生产商在车辆中配置监控器，如 GPRS、油耗器、速度表、公里表等可传播信号的监控器。可以连续读取车辆机械系统整体的运行情况。现在，移动可穿戴设备的广泛使用，企业可以从这些数据中提取非常有用的数据从而获取价值。这一类数据可能产生的业务不多，但可以推动某些经营模式发生实质性的变革。例如，汽车传感数据可用于评价司机行为从而推动汽车保险业的巨大变革，以及汽车的节能减排可推动环境改善的变革。

一个收集和分析大数据的行业一旦形成，它就能重新理解市场，重新挖掘经营信息，它将对现有公司产生深刻的影响。据相关调查，有 10%的公司认为在过去 5 年中，大数据彻底改变了它们的经营方式。46%的公司认同大数据是其决策的一项重要支持因素。通过大数据的分析挖掘，公司可以发现新的经营模式，改进生产方式，从而提高经济效益。通过对任意大的数据组中应用相关大数据技术可以发现有用信息，将这些信息商业化，从而获得可观效益。所以，大数据的巨大魔力就是能改变有些行业全部公司的经营方式。

1.3 大数据的特征及意义

数据分析是大数据的前沿技术。从各种各样类型的数据中，快速高效获得有价值信息的能力，就是大数据技术。该技术是众多企业发展的潜力。在风起云涌的 IT 业界，各个企业对大数据都有着自己不同的解读，有的学者使用 3S 来描述大数据，3S 指的是数据的大小（Size）、数据的处理速度（Speed）以及数据的结构化（Structure）特点。还有的学者使用 3I 来描述大数据。3I 分别指的是以下几个方面。

- Ill-defined（定义不明确的）：多个主流的大数据定义都强调了大数据技术规模超过传统方法处理数据的规模，而随着技术的进步，数据分析的效率不断提高，符合大数据定义的数据规模也会相应地不断变大，因而并没有一个明确的标准。

- Intimidating（令人生畏的）：从管理大数据到使用正确的工具获取它的价值，利用大数据的过程中充满了各种挑战。
- Immediate（即时的）：数据的价值会随着时间快速衰减，因此为了保证大数据的可控性，需要缩短数据搜集到获得数据洞察之间的时间，使得大数据成为真正的即时大数据，这意味着能尽快地分析数据对获得竞争优势至关重要。

2001 年 Gartner 分析员道格·莱尼在演讲中指出，数据增长有 4 个方向的挑战和机遇：数量（Volume），即数据多少；多样性（Variety），即数据类型繁多；速度（Velocity），即资料输入、输出的速度；价值（Value），即追求高质量的数据。在莱尼的理论基础上，IBM 提出大数据的 4V 特征（如图 1-1 所示），得到了业界广泛认可。

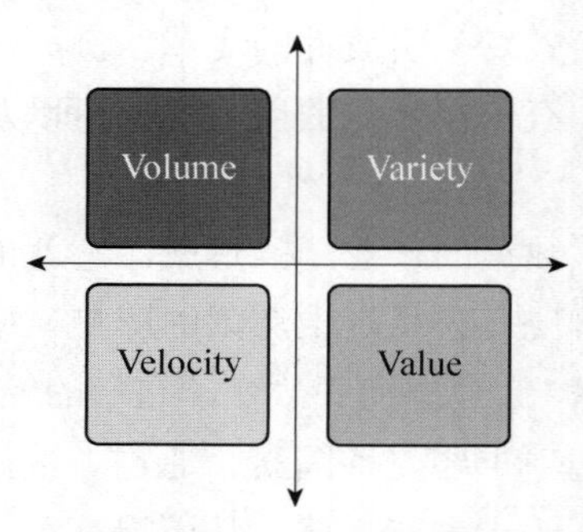

图 1-1　大数据的 4V 特征

1. 数量（Volume）

指大数据巨大的数据量与数据完整性。数量的单位从 TB 级别跃升到 PB 级别甚至 ZB 级别。据有关学者了解，天文学和基因学是最早产生大数据变革的领域，2000 年，斯隆数字巡天项目启动时，位于新墨西哥州的望远镜，在短短几周内搜集到的数据已经比天文学历史上总共搜集的数据还要多；在智利的大型视场全景巡天望远镜投入使用后，其在 5 天之内搜集到的信息量将相当于前者 10 年的信息档案。伴随着各种随身设备以及物联网、云计算、云存储等技术的发展，人和物的所有轨迹都可以被记录，数据因此被大量生产出来。

移动互联网的核心网络节点是人，不再是网页，人人都成为数据制造者。短信、微博、照片、录像都是其数据产品；数据来自无数自动化传感器、自动记录设施、生产监测、环境监测、交通监测、安防监测等；来自自动流程记录，如刷卡机、收款机、电子停车收费系统，互联网点击、电话拨号等设施以及各种办事流程登记等。大量自动或人工产生的数据通过互联网聚集到特定地点，包括电信运营商、互联网运营商、政府、银行、商场、企业、交通枢纽等机构，形成了大数据之海。

例如，在交通领域，北京市交通智能化分析平台记录了来自路网摄像头和传感器的数据。4 万辆浮动车每天产生 2 000 万条记录；交通卡刷卡记录每天产生 1 900 万条；手机定位数据每天产生 1 800 万条；出租车运营数据每天产生 100 万条；电子停车收费系统数据每天产生 50 万条等，这些数据在数量和速度上都达到了大数据的规模。

2. 多样性（Variety）

即数据类型繁多。随着传感器、智能设备以及社交协作技术的飞速发展，数据也变得更加复杂，因为它不仅包含传统的关系型数据，还包含来自网页、互联网日志文件（包括点击流数据）、视频、图片、地理信息、搜索索引、社交媒体论坛、电子邮件、文档、主动和被动系统的传感器数据等原始、半结构化和非结构化数据。发掘这些形态各异、快慢不一的数据流之间的相关性，是大数据做前人之未做、能前人所不能的机会。大数据技术不仅是处理巨量数据的利器，更为处理不同来源、不同格式的多元化数据提供了可能。

3. 速度（Velocity）

即处理速度快。目前，对于数据智能化和实时性的要求越来越高，比如开车时会查看智能导航仪查询最短路线可即时给出，吃饭时会了解其他用户对这家餐厅的评价可即时上网查询，见到可口的食物会拍照即时发微博等诸如此类的人与人、人与机器之间的信息交流互动，这些都不可避免带来数据交换。而数据交换的关键是降低延迟，以近乎实时的方式呈献给用户。

在数据处理速度方面，有一个著名的“1 秒定律”，即要在秒级时间范围内给出分析结果，超出这个时间，数据就失去价值。例如 IBM 有一则广告，讲的是“1 秒，能做什么”，1 秒，能检测出中国台湾的铁道故障并发布预警；也能发现美国德克萨斯州的电力中断，避免电网瘫痪；还能帮助一家全球性金融公司锁定行业欺诈，保障客户利益。

在商业领域，“快”也早已贯穿企业运营、管理和决策智能化的每一个环节。形形色色描述“快”的新兴词汇出现在商业数据语境里，例如实时、快如闪电、光速、念动的瞬间、价值送达时间。英特尔中国研究院首席工程师吴甘沙认为，速度快是大数据处理技术和传统的数据挖掘技术最大的区别。大数据是一种以实时数据处理、实时结果导向为特征的解决方案，它的“快”有两个层面。一是数据产生得快。有的数据是爆发式产生，例如欧洲核子研究中心的大型强子对撞机在工作状态下每秒产生 PB 级的数据；有的数据是涓涓细流式产生，但是由于用户众多，短时间内产生的数据量依然非常庞大。例如，点击流、日志、射频识别数据、GPS（全球定位系统）位置信息。二是数据处理得快。正如水处理系统可以从水库调出水进行处理，也可以直接对涌进来的新水流进行处理。大数据也有批处理（“静止数据”转变为“正使用数据”）和流处理（“动态数据”转变为“正使用数据”）两种范式，以实现快速的数据处理。

数据的处理速度为什么要“快”？首先，时间就是金钱。如果把价值和时间比作分数，那么价值是分子，时间就是分母，分母越小，单位价值就越大。面临同样大的数据“矿山”，“挖矿”效率是竞争优势。其次，像其他商品一样，数据的价值会折旧，等量数据在不同时间点价值不等。NewSQL（新的可扩展性/高性能数据库）的先行者 VoltDB（内存数据库）发明了一个概念叫作“数据连续统一体”，数据存在于一个连续的时间轴上，每个数据项都有它的年龄，不同年龄的数据有不同的价值取向，新产生的数据更具有个体价值，产生时间较为久远的数据集合起来更能发挥价值。再次，数据跟新闻一样具有时效性。很多传感器的数据产生几秒之后就失去意义了。美国国家海洋和大气管理局的超级计算机能够在日本地震后 9 分钟计算出海啸的可能性，但 9 分钟的延迟对于瞬间被海浪吞噬的生命来说还是太长了。

越来越多的数据挖掘趋于前端化，即提前感知预测并直接提供服务对象所需要的个性化服务，例如，对绝大多数商品来说，找到顾客“触点”的最佳时机并非在结账以后，而是在顾客还提着篮子逛街时。电子商务网站从点击流、浏览历史和行为（如放入购物车）中实时发现顾客的即时购买意图和兴趣，并据此推送商品，这就是“快”的价值。

4. 价值（Value）

即追求高质量的数据。大数据时代数据的价值就像大浪淘金，数据量越大，里面真正有价值的东西就越少。现在的任务就是将这些 ZB、PB 级的数据，利用云计算、智能化开源实现平台等技术，提取出有价值的信息，将信息转化为知识，发现规律，最终用知识促成正确的决策和行动。追求高质量的数据是一项重要的大数据要求和挑战，即使最优秀的数据清理方法也无法消除某些数据固有的不可预测性。例如人的感情和诚实性、天气形势、经济因素以及其他因素。

1.4　大数据的表现形态

大数据在当今社会非常时髦，但真正要面对的是企业如何操作，如何落地。传统数据的获得通过问卷调查收集数据，或者是已存储的历史经营数据，比如财务数据、销售数据等，一台服务器基本就能完成其存储容量。传统数据的表现形态为对数据的统计分析，以表或图的形式呈现给大家。而大数据的信息量是海量的，这个海量并不是某个时间端点的量级总结，而是持续更新，持续增量。由于大数据产生的过程中诸多的不确定性，使得大数据的表现形态多种多样。

1. 大数据的多源性

首先，大数据来源的复杂性。网络技术的迅猛发展使得数据产生的途径多样化。比如微博、微信、SNS 等社交网络的数据成为互联网上的主要信息传播媒介。如何将这些分散但相互之间有关联的信息以整体的视觉思考并进行整理，并打破原有垂直系统间的信息孤岛，构造统一的数据平台，才能做到多源数据的有效融合。其次，大数据结构的复杂性。传统数据多是能够存储在数据库中的结构化数据，由于数据生成的多样性，如社交网络、移动终端和传感器的技术等设备产生的非结构化数据成为主流。非结构化数据的格式多样化，包括文本、图形、视频等。并且在这些非结构化数据中可能蕴藏着非常有价值的信息。

2. 大数据的实时性

大数据的实时性，相信大家一定有目共睹。首先，体现在数据更新的实时性。互联网中许多应用都有实时更新的需求，比如如何在网页中搜索几分钟之前的新闻结果，购物时商品价格、库存信息的实时更新。在购物过程中，精准的价格与库存信息直接影响着用户对产品的信赖程度。其次，数据变化后通过其他服务的实时性。比如，携程网站推出的猜你喜欢、动态广告、用户画像、浏览历史等。作为一站式的旅游服务平台，这些实时用户行为服务，提供跨业务线的推荐和实时推荐，能有效满足用户的需求，也能为网站带来更加丰富的回报。

据 IDC 预测，目前全球每年数据的生产量是 8ZB（1ZB=1 024EB），2020 年将达到 40ZB。我们已经从“传统互联网”时代的“线上数据化”阶段和“互联网+”时代的“线下数据化”阶段，快速进入了“数据流通时代”，即线上线下全产业实现数据化，数据在产业链上下游甚至跨产业流通并创造价值的阶段。在这一过程中，目前数据的生产速度和能力远远大于我们对其使用和价值变现的速度和能力。对数据业务价值的高期望值和落后的数据集成方案之间的矛盾日渐突出。互联网、物联网、云计算，我们的业务系统每时每刻都在产生着大量的不同来源的数据，如何及时、有效、全面的捕获到这些数据是会直接影响数据价值体现的关键因素。

3. 大数据的不确定性

首先体现的是数据的不确定性。原始数据的不准确以及数据采集处理粒度、应用需求与数据集成和展示等因素使得数据在不同尺度、不同维度上都有不同程度的不确定性。传统数据的处理侧重于数据的准确性，基本很难应对海量、高维、多样性的不确定数据。而大数据的分析需要更多的粗粒数据来进行分析。具体来说，数据的采集、存储、建模、挖掘等方面都需要新的方法来应对不确定性带来的挑战。数据的不确定性也要求我们使用不确定的方法加以应对。其次是模型的不确定性。数据的不确定性要求数据的处理方法能够提出新的模型方法，并能够把握模型的表达能力与复杂程度之间的平衡。概率图模型能很好地对数据相关性进行建模，被广泛使用在不确定数据的建模领域。再次是学习的不确定性。数据模型通常要对模型参数进行学习，在大数据的背景下，传统近似的、不确定的学习方法需要面对规模和时效的挑战。计算机硬件的发展给并行计算带来了可能，分而治之的方法被普遍认为是解决大数据问题的必由之路。香农说过："信息是用来消除不确定性的东西"。相信今天的大数据诸多的不确定性在未来一定能有效地解决，并最大化大数据的利益。

在处理这些类型的数据时，数据清理无法修正这种不确定性，然而，尽管存在不确定性，数据仍然包含宝贵的信息。我们必须承认、接受大数据的不确定性，并确定如何充分利用这一点。例如，采取数据融合，即通过结合多个可靠性较低的来源创建更准确、更有用的数据点，或者通过鲁棒优化技术和模糊逻辑方法等先进的数学方法。

以上只是大数据较为明显的表现形态，随着科学与技术的发展，大数据的表现形态必然更加丰富多彩。此外，既然在大数据时代，任何数据都是有价值的，那么这些有价值的数据就成为卖点，导致争夺和侵害的发生。事实上，只要有数据，就必然存在安全与隐私的问题。随着大数据时代的到来，网络数据的增多，使得个人数据面临着重大的风险和威胁，因此，网络需要制定更多合理的规定以保证网络环境的安全。

1.5　大数据的应用场景

随着传统互联网向移动互联网发展，大数据给互联网带来的是空前的信息爆炸，它不仅改变了互联网的数据应用模式，还将深深地影响着我们的生活。将大量原始数据汇集在一起，通过各种技术手段分析数据中潜在的规律，帮助我们更好地对过去进行总结，以及预测事物的发展趋势，有助于人们做出正确的选择。身处在大数据时代中的人们，已经认识到大数据将数据分析从“向后分析”变成“向前分析”，改变了人们的思维模式，但同时大数据也向我们提出了数据采集、分析和使用等难题。在解决这些难题的同时，也意味着大数据开始向纵深方向发展。

1.5.1　大数据在企业中的应用

目前，大数据主要来源于企业，也主要应用于企业。BI（Business Intelligence，商业智能）和 OLAP（On-Line Analytical Processing，联机分析处理）可以看作是大数据应用的先例。大数据在企业中的应用能在许多方面提高企业生产效率和竞争力。特别是在营销上，伴随大数据的相关性分析，企业可以更准确地预测消费者的行为并找到新的业务模式；通过海量数据的分析，在销售计划上，企业可以优化自己的商品价格；在操作上，企业能够提高经营效率和满意度，优化劳动力，准确预测人员配置要求，从而避免产能过剩，降低人工成本；在供应链上，企业利用大数据可以进行库存优化、物流优化以及供应商协调等，从而达到缓解供应和需求之间的差距，控制预算，以及改善服务。

大数据在金融方面的应用发展迅速，例如 CMB（China Merchants Bank，中国招商银行）利用数据分析认识到“多次积分”和“积分兑换商店”能有效吸引消费者。通过建立客户预警模型可以保留住最容易流失的客户。因此，通过分析客户交易记录，能够识别潜在的客户。利用远程银行和云平台实施交叉销售，能够有效地提升业务量。

大数据最经典的应用非电子商务莫属。淘宝每天进行成千上万的交易，每条交易自动生成的交易记录中包含有交易时间、商品价格和采购数量，更重要的是，买家和卖家的年龄、性别、地址甚至爱好和兴趣都一览无余。淘宝立方是淘宝平台在大数据的应用案例，通过淘宝立方，商家可以在淘宝平台宏观地了解他的品牌的市场情况和消费者的行为等。商家可以根据此数据做出生产和库存决策。同时，更多的消费者能够以更优惠的价格购买自己喜欢的商品。阿里巴巴的信用贷款通过收集企业交易数据来进行自动分析，然后发放贷款，在整个过程中几乎没有人工干预。据透露，截至目前，阿里巴巴已借出 300 亿元贷款，只有 0.3%左右的不良贷款，这大大低于其他商业银行。

在 2016 年 12 月 12 日电商的促销期，淘宝网推出“时光机”——一个根据淘宝买家几年来的购买商品记录、浏览点击次数、收货地址等数据编辑制作的“个人网购志”，从而记录和勾勒出让人感怀的生活记忆。背后，是基于对 4.7 亿淘宝注册用户网购数据的分析处理，这正是大数据的典型应用。

1.5.2 大数据在物联网中的应用

物联网是一个多样性的对象。不仅是大数据的重要来源，而且是大数据应用的主要市场。物联网的应用也演变不休。随着物联网大数据的应用，物流企业经历了深刻的变化。例如 UPS（United Parcel Service，联合包裹速递服务公司）的所有货车配备有传感器、无线适配器和 GPS。因此，总部可以跟踪货车的位置，从而防止货车可能出现的各种故障。同时，该系统还能协助公司监督和管理员工，并优化交付路线。该公司通过司机过去的驾驶经验能指定最佳送货路线。

智慧城市是基于物联网数据应用的热点研究领域。例如，在佛罗里达州的迈阿密-戴德县，IBM 的智慧城市项目帮助政府取得更好的决策支持，有效进行水资源管理，减少交通堵塞，改善公共安全。智慧城市在戴德县的应用带来诸多利益。

1.5.3 大数据在在线社交网络的应用

SNS（Social Networking Services，社会性网络服务）是由社会个体和个人之间的社会关系构成的社会结构。在线 SNS 的大数据主要来自即时消息、在线社交、微博、分享等，这些信息在某种程度上表达了不同用户活动的空间。在线 SNS 的大数据应用是借助计算分析为理解人类社会关系提供理论和方法，这些理论方法有数学、信息学、社会学和管理科学等。SNS 主要来自网络结构、群体互动和信息传播三个维度。其应用有网络舆情分析、网络情报收集与分析、社会化营销、政府决策支持和在线教育等。SNS 大数据的经典应用是挖掘和分析内容信息和结构信息从而获取价值。

（1）基于内容的应用

语言和文本是 SNS 中两种最重要的表现形式。通过语言和文本的分析，能大致推断显示用户的偏好、情感、兴趣和需求等。

（2）基于结构的应用

SNS 中，用户是社会关系、兴趣和爱好等综合关系的一个节点，用户之间成聚合关系。这种密切的内部个体结构关系，松散的外部关系也称为社区。基于社区的分析非常重要，它能改善信息传播范围和帮助分析社区中的人际关系。美国圣克鲁斯警察局通过对 SNS 数据的预测分析，能够发现犯罪趋势和犯罪模式，甚至预测大部分地区的犯罪率。

2013 年 4 月，相关机构通过 Wolfram Alpha（沃尔夫勒姆开发的搜索引擎）分析 Facebook 上的一百万以上的美国用户的社会数据，研究出了社会行为规律。据分析，大多数 Facebook 用户在 20 出头谈恋爱，大约 27 岁左右订婚，大约 30 岁左右结婚。在接下来 30 年到 60 年，他们的婚姻关系表现出缓慢的变化。这样的研究结果与人口普查数据高度一致。此外，Global Pulse（全球脉动）进行了一项研究，使用 SNS 数据能够揭示一些社会和经济活动规律。他们做了一个研究，利用 Twitter 上从 2010 年 7 月到 2011 年 10 月的公开信息，包括英语、日语和印度尼西亚语，分析有关食品、燃料、住房和贷款的话题。他们的目标是更好地了解公众的行为和所关注的话题。此研究基于 SNS 大数据从以下几个方面进行分析：

- ❑ 通过检测某事物的急剧增长从而预测异常事件的发生；
- ❑ 观察 Twitter 每月和每周的会话趋势，制定出特定主题随时间推移的水平变化的模型；
- ❑ 通过比较不同子话题的比率，了解用户行为或兴趣的转化趋势；
- ❑ 通过 Twitter 的会话预测外部趋势。一个典型的应用例子是，研究发现从官方统计数据食品价格通胀变化和 Twitter 上印度尼西亚帖子中大米价格的变化一致。

在线 SNS 的大数据应用通常通过以下 3 个方面更好地了解用户的行为，掌握社会规律和经济活动。

- ❑ 预警：通过监听电子设备使用过程中的异常服务来迅速应对危机。
- ❑ 实时监控：通过监测当前用户的行为、情绪和偏好，能够为制定计划提供有针对性的准确信息。
- ❑ 实时反馈：通过实时监测一些社会活动能及时获得反馈。

1.5.4　大数据在健康和医疗中的应用

医疗保健和医药数据持续快速发展的复杂数据，包含着丰富多彩的价值信息。对于有效的存储、处理、查询和分析医疗数据，大数据有着无限潜力。医疗大数据的应用将深刻影响保健业务。比如，为了预测代谢综合症患者以帮助其复苏，安泰人寿保险公司从 1 000 例患者中选择 102 例患者完成一个实验。从连续三年的代谢综合征患者的一系列检测结果中扫描 600 000 个化验结果和 180 000 个索赔，最后得出一个应对危险因素的个性化治疗方案和应对大多数此患者的方案。此外，医生通过开处方斯达汀（药物名，一种抑制素）帮助病人控制体重或者当病人体内的含糖量超过一定数量时，就建议他减少甘油三酸酯的摄入，这可能在未来 10 年减少 50%的发病率。美国的西奈山医疗中心使用 Ayasdi（使用机器智能将大数据与机器学习结合在一起的公司，服务于各式医疗产业、航天产业和金融产业）技术，它通过分析大肠杆菌的上百万 DNA 基因序列，研究细菌耐药菌株的医疗大数据公司。Ayasdi 使用了一个全新的数学研究方法——拓扑数据分析，从而了解数据特点。

微软在 2007 年发布的 HealthVault，是医疗大数据的一个优秀的应用。它的目标是管理个人健康信息和家庭医疗设备。目前，使用智能设备可以输入和上传健康信息，通过第三方机构能够导入个人医疗记录。此外，它还可以通过软件开发工具包（SDK）开放接口与第三方集成应用。

1.5.5 大数据在群智感知中的应用

随着无线通信传感器技术、移动电话和平板电脑的快速发展，它们有越来越强的计算和感知能力。因此，群智感知正在成为移动计算的关键问题。在群智感知中，为了分配感测任务，大量的普通用户利用移动设备收集遥感数据并利用它作为基本传感单元来实施协调移动网络。通过群智感知能帮助我们完成大规模复杂的社会感知任务。在群智感知中，参与者完成复杂感知的任务不需要有专业技能。群智感知以众包的形式已经成功应用于地理标记照片、定位和导航、城市道路交通感应、市场预测、采集意见，以及其他劳动密集的应用。

众包是群智感知的一种应用，它是以自由自愿的方式将一个公司或机构执行的工作任务外包给大量普通用户。事实上，众包在大数据出现之前已经被许多公司应用。例如，宝洁、宝马和奥迪凭借众包提高了他们的研发和设计能力。众包的主要思想是个人不能或者不愿意完成的任务，分发给多人协作完成。

大数据时代，空间纵包成为一个热点话题。空间众包的运作框架如下：用户可以在指定的地点请求服务和资源，愿意参与任务的移动用户到指定的地点获取相关的数据（比如视频、音频或者图片）。最后，获得的数据将发送给服务请求者。随着移动设备的快速增长和移动设备提供的日益强大的功能，空间纵包将比传统纵包更普遍。比如微差事、小鱼儿网、拍拍赚等国内众包平台；Amazon Turk，Crowdflower 等国外众包平台。

大数据不仅给我们带来了很多机会，也带来了诸多挑战。在 IT 时代，技术是主要的核心，同时技术也驱动数据的发展。在大数据时代，随着数据价值的凸显和信息的进步，大数据不仅带来社会和经济的影响，也影响了每个人的生活方式和思考方式。我们不能预测将来，但对将来可能发生的事件可以采取预防措施。任何行为，皆有前兆。但在现实世界中，缺少实时记录的工具，许多行为看起来是“人似秋鸿有来信，事如春梦了无痕”。在互联网世界则完全不同，是“处处行迹处处痕”。要买商品，必先浏览、对比、询价；要搞活动，必先征集、讨论、策划。互联网的“请求”加“响应”机制恰恰在服务器上保留了人们大量的前兆性的行为数据，把这些数据搜集起来，进一步分析挖掘，就可以发现隐藏在大量细节背后的规律，依据规律，预测未来。收集分析海量的各种类型的数据，并快速获取影响未来的信息的能力，这就是大数据技术的力量所在。

1.6　习题

1. 什么是大数据？
2. 大数据有哪些来源？
3. 大数据的主要特征是什么？
4. 大数据有哪些表现形态？
5. 大数据有哪些应用？
6. 请列举我们身边对大数据技术的应用。

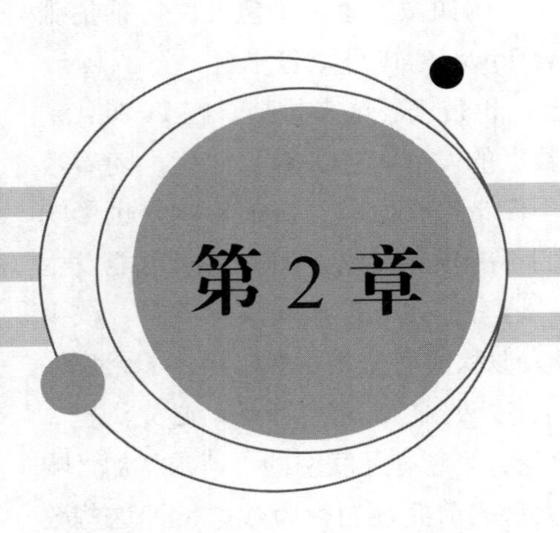

第2章 大数据的架构

大数据和云计算密不可分，由于大数据处理和应用需求急剧增长，学术界和工业界不断推出新的或改进的计算模式和系统工具平台。云计算具有一体化的信息平台和运营平台，云计算以这种全新交付模式对IT界产生着重大影响，尤其对传统的IT产业部门来说，将颠覆IT产业业界，带来一场地震级的震撼。

大数据可通过各种方式来存储、获取、处理和分析数据。每个数据来源都有不同的特征，包括数据的频率、量、速度、类型和真实性。处理并存储大数据时，会涉及更多维度，比如治理、安全性和策略，因此选择一种架构并构建合适的大数据解决方案需要考虑非常多的因素。这里提到的大数据架构是一种结构化和基于模式的方法来简化定义完整的大数据架构的任务。评估一个业务场景是否存在大数据问题很重要，所以需要包含了一些线索来帮助确定哪些业务问题适合采用大数据解决方案。大数据技术全景如图2-1所示。

Hadoop是由Apache软件基金会研发的一种开源、高可靠、伸缩性强的分布式计算系统，主要用于处理大于1TB的海量数据。它采用Java语言开发，是对Google的MapReduce核心技术的开源实现。其核心包括系统HDFS和MapReduce，这一结构的实现十分有利于面向数据的系统架构，因此已经成为大数据技术领域的事实标准。

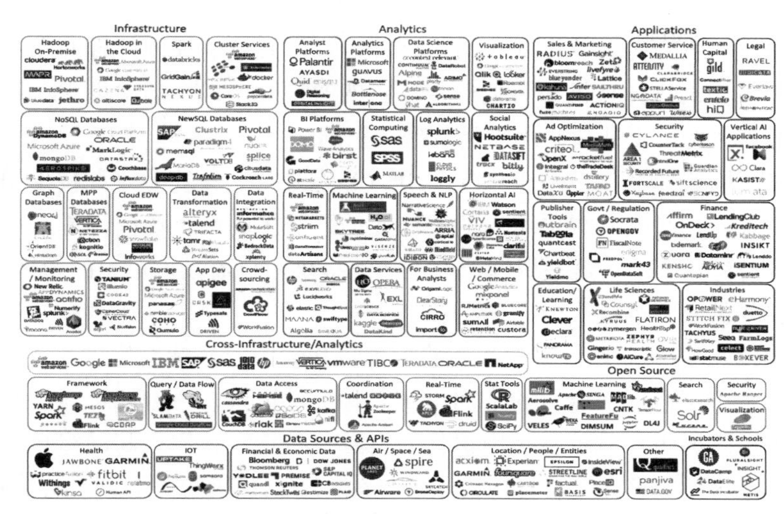

图 2-1　大数据技术全景图

2.1　云计算

大数据的兴起，即是信息化发展的必然，也是云计算面临的挑战。

云计算强调的是计算，大数据则是计算的对象。假如结合实际的应用，云计算更强调的是计算能力，而大数据看中的是存储能力。但即便这样，并不表明两个概念就如此泾渭分明。一方面，大数据需要处理大数据的能力，如数据获取、清洗、转换、统计等，这其实就是大数据强大的计算能力；另一方面，云计算也需要对数据具有存储能力，比如在基础设施即服务（IaaS）中的存储设备提供的主要是数据存储能力。

数据是财富的积累，大数据是宝藏，云计算是挖掘和利用宝藏的利器。没有强大的计算能力，数据宝藏终究是镜中花；没有大数据的积淀，云计算也只能是把屠刀。云计算和大数据密不可分。

2.1.1　云计算的概念

云是网络、互联网的一种比喻说法，通常在图中往往用云来表示电信网，后来也用云来表示互联网和底层基础设施的抽象。云计算（Cloud Computing）并不是对某一项独立技术的称呼，而是对实现云计算模式所需要的所有技术的总称。

自从 2006 年谷歌公司 CEO 埃里克·施密特提出云计算概念后，云计算已经成为全球关注度最高的 IT 词汇。随着信息技术水平的不断发展，云计算将会成为引领未来整个信息系统建设的主导者。

维基百科定义云计算是一种基于互联网的服务方式，提供动态可扩展的虚拟化的资源的计算模式。通过这种方式，共享的软硬件资源和信息可以按需求提供给计算机和其他设备，它就像我们日常生活中用水和用电一样，按需付费，无须关心水电是从哪里来的。

美国国家标准与技术研究院（NIST）定义：云计算是一种按使用量付费的模式，这种模式提供可用的、便捷的、按需的网络访问，进入可配置的计算资源共享池，这些资源能够被快速提供，只需投入很少的管理工作，或与服务供应商进行很少的交互。

2012 年国务院政府工作报告将云计算作为国家战略性新兴产业给出了定义：基于互联网的服务的增加、使用和交付模式，通常涉及通过互联网来提供动态易扩展且经常是虚拟化的资源。是传统计算机和网络技术发展融合的产物，它意味着计算能力也可作为一种商品通过互联网进行流通。

云计算的概念被大量运用到生产环境中，国内的“阿里云”以及国外非常成熟的 Intel 和 IBM，各种云计算的应用服务范围正日渐扩大。

云计算的出现并非偶然，它改变了信息产业传统格局。传统的信息产业，企业既是资源的整合者又是资源的使用者，这就像一个空调企业既要生产空调还要生产稳压器一样，这样的格局并不符合现代产业分工高度专业化的需求，同时也不符合企业需要灵敏地适应客户的需要。传统的计算资源和存储资源大小通常是相对固定的，不能及时响应客户需求的不断变化，这样的资源存储要么是被浪费，要么是面对客户峰值需求时力不从心。云计算技术的出现，恰恰整合了这 3 种资源，即资源的整合运营者、资源的使用者、终端客户。

今后，云计算将是一项随时、随地、随身为我们提供服务的技术。为信息产业的发展提供无限的想象空间，使应用的创新能力得到完全释放。

2.1.2 云计算的特点

云计算基于资源共享，实现资源的池化共享和管理，为大数据提供基本的生存基础，提高资源利用率，降低大数据管理的复杂性，通过按需服务与交付能力，为数据的实时应用环境提供可能性。与传统的资源提供方式相比，云计算具有以下特点。

（1）资源池弹性可扩张

云计算系统具有一个重要特征就是资源的集中管理和输出，这就是我们通常说的资源池。从资源低效率的分散使用到资源高效的集约化使用是云计算的基本特征之一。分散的资源会造成很大浪费，现在人们对设备的利用率非常低，计算机在大量时间都是在等待状态或是处理文字数据等低负荷的任务。将资源集中利用后，会大大提高效率，资源池的弹性化扩张能力成为云计算系统的一个基本要求，云计算系统只有具备了资源的弹性化扩张能力才能有效地应对不断增长的资源需求。大多数云计算系统都能较为方便地实现新资源的加入。

（2）需求服务自助化

云计算系统最重要的一个好处就是敏捷的适应用户对资源不断变化的需求，实现按需向用户提供资源能大大节省用户的硬件资源开支，用户不用自己购买并维护大量固定的硬件资源，只需向自己实际消费的资源量来付费。云计算系统为客户提供完全自助化的资源服务，采用自助方式选择满足自身需求的服务项目和内容。

（3）虚拟化

现有云计算平台的重要特点是利用软件来实现硬件资源的虚拟化管理、调度及应用。云计算支持用户在任意位置、使用各种终端获取应用服务。所请求的资源来自“云”，而不是固定的有形的实体。应用在“云”中某处运行，但实际上用户无须了解也不用担心应用运行的具体位置。只需要一台笔记本电脑或者一个手机，就可以通过网络服务来实现我们需要的一切，甚至包括超级计算这样的任务。

（4）以网络为中心

在最终用户看来，云计算系统的应用服务通常都是通过网络来提供的，应用开发人员将云计算中心的计算、存储等资源封装为不同的应用后往往会通过网络提供给最终用户。云计算技术必须实现资源的网络化接入才能有效地向应用开发者和最终用户提供资源服务。所以说网络技术的发展是推动云计算技术出现的首要动力。

（5）高可靠性和安全性

通常用户的数据存储于服务器端，然而应用程序在服务器端运行，计算有服务器端来处理。所有的服务分布在不同的服务器上，如果某一处出现问题，就在某一处终止，另外再启动一个程序或节点，即自动处理失败节点，从而保证了应用和计算的正常运行。

数据被复制到多个服务器节点上有多个备份，存储在云里的数据即使遭遇到意外删除或硬件崩溃也不会受到任何影响。

2.1.3　云计算的服务方式

云计算可以认为包括以下 3 个层次的服务：基础设施即服务（IaaS），平台即服务（PaaS）和软件即服务（SaaS）。这里所谓的层次，是分层体系架构意义上的“层次”。IaaS、PaaS、SaaS 分别在基础设施层、软件开放运行平台层、应用软件层实现，云平台的架构如图 2-2 所示。

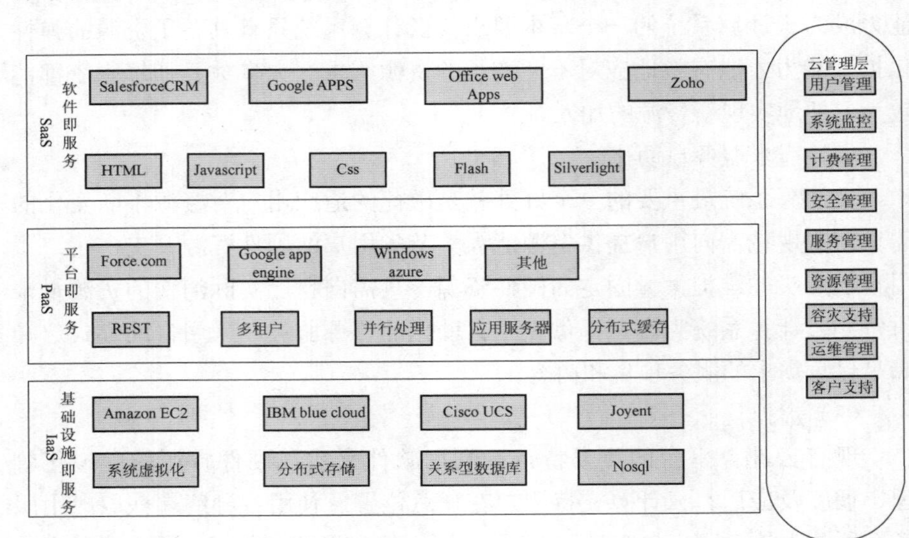

图 2-2 云平台架构

基础设施即服务（Infrastructure-as-a-Service，IaaS）：消费者通过 Internet 可以从完善的计算机基础设施上获得服务。IaaS 是把数据中心、基础设施等硬件资源通过 Web 分配给用户的商业模式。

平台即服务（Platform-as-a-Service，PaaS）：PaaS 实际上是指将软件研发的平台作为一种服务，以 SaaS 的模式提交给用户。因此，PaaS 也是 SaaS 模式的一种应用。但是，PaaS 的出现可以加快 SaaS 的发展，尤其是加快 SaaS 应用的开发速度。PaaS 服务使得软件开发人员可以不购买服务器等设备环境的情况下开发新的应用程序。

软件即服务（Software-as-a-Service，SaaS）：它是一种通过 Internet 提供软件的模式，用户无须购买软件，而是向提供商租用基于 Web 的软件，来管理企业经营活动。

SaaS 模式大大降低了软件，尤其是大型软件的使用成本，并且由于软件是托管在服务商的服务器上，减少了客户的管理维护成本，可靠性也更高。

2.1.4 云计算的应用

目前，市面上主流的几款云计算有以下几种。

1. 微软云计算

微软的“云计算”（Windows Azure）被认为是 Windows NT 之后，16 年来最重要的产品。发展最为迅速。微软 CEO 鲍尔默表示，几年前，微软已经开始提出“软件+服务”的模式，即在提供软件的同时提供服务，靠服务来挣钱。现在这一模式进一步落实到了“云计算”即微软不再利用软件赚钱，而是利用软件的安装、存储、升级和维护等赚钱。如果这个模式行得通，将可能成为微软的一条出路。针对普通用户，微软的在线服务还包括 Windows Live、Office Live 和 Xbox Live 等。

2. IBM 云计算

IBM 是最早进入中国的云计算服务提供商。中文服务方面做得相对较完善，中国用户喜欢选择 IBM 的产品。2007 年 IBM 发布的蓝云计划，将通过分布式的全球化资源让企业的数据中心能像互联网一样运行。此后，IBM 的云计算将可能包括它所有的业务和产品。

3. 亚马逊云计算

亚马逊云名为亚马逊网络服务 AWS（Amazon Web Services）。2007 年，亚马逊发布了第一个云计算产品。亚马逊一直坚持云计算的目的，就是屏蔽底层的硬件，为开发者提供计算资源以运行应用程序。AWS，还有其母公司亚马逊，硬件都是一个竞争优势。亚马逊一向不大愿意过多谈论自己的数据中心和系统。但是那些竞争对手们，包括 Google、Microsoft 和 IBM，则大肆宣传在云计算上的投入和创新。亚马逊也就不得不稍稍揭开一点自己的神秘面纱。亚马逊现在提供的是可以通过网络访问的存储、计算机处理、信息排队和数据库管理系统接入式服务。

4. 阿里云

阿里云（www.aliyun.com）创立于 2009 年，2017 年 1 月成为奥运会全球指定云服务商，2017 年 3 月，阿里云的付费云计算用户达 87.4 万。其致力于以在线公共服务的方式，提供安全、可靠的计算和数据处理能力，让计算和人工智能成为普惠科技。阿里云在全球各地部署高效节能的绿色数据中心，利用清洁计算为万物互联的新世界提供源源不断的能源动力，目前已经在全球 14 个地域设立有数十个飞天数据中心，均部署阿里云自研的飞天操作系统，并提供中、英、日 3 种语言支持。

阿里云服务着制造、金融、政务、交通、医疗、电信、能源等众多领域的领军企业，包括中国联通、12306、中石化、中石油、飞利浦、华大基因等大型企业客户，以及微博、知乎、锤子科技等明星互联网公司。在天猫“双 11”全球狂欢节、12306 春运购票等极富挑战的应用场景中，阿里云保持着良好的运行纪录。

2014 年，阿里云曾帮助用户抵御全球互联网史上最大的 DDoS 攻击，峰值流量达到每秒 453.8Gb。在 Sort Benchmark 2016 排序竞赛 CloudSort 项目中，阿里云以 1.44$/TB 的排序花费打破了 AWS 保持的 4.51$/TB 纪录。在 Sort Benchmark 2015，阿里云利用自研的分布式计算平台 ODPS，377 秒完成 100TB 数据排序，刷新了 Apache Spark 1 406 秒的世界纪录。

5. 红帽云计算

红帽是云计算领域的后起之秀。它提供的是类似亚马逊弹性云技术的纯软件云计算平台。其云计算基础架构平台选用的是自己的操作系统和虚拟化技术，可搭建在各种硬件工业标准服务器和各种存储于网络环境中，表现为与硬件平台完全无关的特性，给客户带来灵活和可变的综合硬件价格优势。红帽的云计算平台可实现各种功能服务器实例。

云计算广泛应用于智能交通、医药医疗、制造、金融、能源、电子商务、电子政务、教育科研等行业。

6. 金融云

金融云服务旨在为银行、基金、保险等金融机构提供 IT 资源和互联网运维服务。

2013 年 11 月 27 日，阿里云宣布将整合阿里巴巴集团旗下各方面资源推出阿里金融云服务。该服务在阿里云内部被称为“聚宝盆”项目。到目前为止，已经有多家银行实现了网上支付交易的功能。另外，阿里云的云盾附加服务可以进行应用、数据库、系统、网络安全护航。

7. 教育云

云计算在教育领域中的迁移称为“教育云”，是未来教育信息化的基础架构，包括教育信息化所必需的一切硬件计算资源，这些资源经虚拟化之后，向教育机构、教育从业人员和学员提供一个良好的平台，该平台的作用就是为教育领域提供云服务。

教育云包括云计算辅助教学（Cloud Computing Assisted Instruction，CCAI）和云计算辅助教育（Cloud Computing Based Education，CCBE）多种形式。

目前教育云在教育领域的实际应用主要是根据国家“十二五”规划《素质教育云平台》要求，教育网素质教育云平台获得教育部教育信息化应用领域唯一的创新奖、视频教育教学平台在同类远程教育平台中处于先进地位、教学资源平台和教育社交平台的整合应用为国内最丰富的平台。

8. 智慧城市

智慧城市就是运用信息和通信技术手段感测、分析、整合城市运行核心系统的各项关键信息，从而对包括民生、环保、公共安全、城市服务、工商业活动在内的各种需求做出智能响应。其实质是利用先进的信息技术，实现城市智慧式管理和运行，进而为城市中的人创造更美好的生活，促进城市的和谐、可持续成长。

2013 年 1 月 29 日，住房城乡建设部公布首批国家智慧城市试点名单。首批国家智慧城市试点共 90 个，其中地级市 37 个，区（县）50 个，镇 3 个。国家开发银行表示，在“十二五”后三年，与住建部合作投资智慧城市的资金规模将达 800 亿元。

根据《2015—2020 年中国智慧城市建设行业发展趋势与投资决策支持报告前瞻》调查数据显示，我国已有 311 个地级市开展数字城市建设，其中 158 个数字城市已经建成并在 60 多个领域得到广泛应用，同时最新启动了 100 多个数字县域建设和 3 个智慧城市建设试点。2013 年，国家测绘地理信息局将在全国范围内组织开展智慧城市时空信息云平台建设试点工作，每年将选择 10 个左右城市进行试点，每个试点项目建设周期为 2～3 年，经费总投入不少于 3 600 万元。在不久的将来，人们将尽享智能家居、路网监控、智能医院、食品药品管理、数字生活等所带来的便捷服务，“智慧城市”时代已经到来。

2.2 大数据架构介绍

我们在设计大数据解决方案时会发现，设计一个好的大数据解决方案是一个非常复杂的工作，其涉及的因素需要了解大数据的数据类型，在了解数据类型之前，应了解大数据的分类。

2.2.1 大数据的分类

大数据就是使用新的系统、工具和模型对大量、动态、能持续的数据进行挖掘，从而获得具有新价值的数据。在以往的数字信息分析中，我们面对庞大的数据，认为它只是历史数据的一部分，仅仅起到记录以及追溯根源的作用，但是并不能真正了解到这些数据的实际本质，从中获取正确推断的机会，而大数据时代的来临，使我们可以正确的使用和分析这些数据。根据数据类型，按特定方向分析大数据的特征会有所帮助，例如数据如何收集、分析和处理。对数据进行分类后，就可以将它与合适的大数据模式匹配。

我们站在不同角度对大数据进行分类，大体分为以下几种类型。

1. 按数据类型划分

按数据类型进行划分，大数据可以分为以下 3 类。

（1）传统企业数据（Traditional Enterprise Data）：包括 MIS 系统的数据、传统的 ERP 数据、库存数据以及财务账目数据等。

（2）机器和传感器数据（Machine-generated/sensor Data）：包括呼叫记录（Call Detail Records）、智能仪表、工业设备传感器、设备日志、交易数据等。

（3）社交数据（Socialdata）：包括用户行为记录、反馈数据等，如 Twitter、Facebook 这样的社交媒体平台。

2. 按处理过程划分

除了大数据的数据类型，根据数据处理过程中的区别，大数据计算可以分为 5 种不同的类型。

（1）海量型数据。大数据计算中的数据挖掘是通过挖掘海量的数据推动科学知识的界限，数据集越大，结论越精确。但随着海量数据而来的问题是数据将如何存放、存放在什么地方、如何实现数据共享。很多大数据计算领先的实验室也已经发现自己不堪重负。

（2）响应型数据。响应型的数据集很大，但它的价值围绕着很具价值的分析结果，例如，一个根据近实时数据做出的精确车流预测要比一个小时之后通过实时监测才能得到的完美分析要好很多。事实上，这是一种大多数企业将会用到的一种大数据应用。

（3）影随型数据。影随型数据是一种你可以拥有，但并不容易拿到的数据。大部分数据是非结构化数据，如视频流、照片、手写意见卡、保安亭的出入数据。但是挖掘这些数据并不容易。数据量太大，需要庞大的计算量才能够找出相关的场景。

（4）过程型数据。又称为操作数据。这是从生产设备、工业机械和其他在商业建筑和工业厂房里找到的信息。这不是技术上的丢失，问题在于这些数据是在操作系统内部。

（5）未知型数据。未知型数据包括现在可以能够拿到的、希望拿到的、然而还不充足的信息。例如，全世界每年约有 86 000 亿加仑石油在流入管道时丢失，这足以填满一个胡佛水坝，如何设计一个算法查明其泄漏源。

3. 按产生数据的主题划分

（1）少量企业应用产生的数据，比如关系型数据库中的数据和数据仓库中的数据等。

（2）大量人产生的数据，比如微信、移动通信数据、电子商务在线交易日志数据、企业应用的相关评论数据等。

（3）巨量机器产生的数据，比如应用服务器日志、图像和视频监控数据、二维码和条形码扫描数据等。

4. 按大数据架构划分

按大数据架构进行划分，大数据分类如图 2-3 所示。

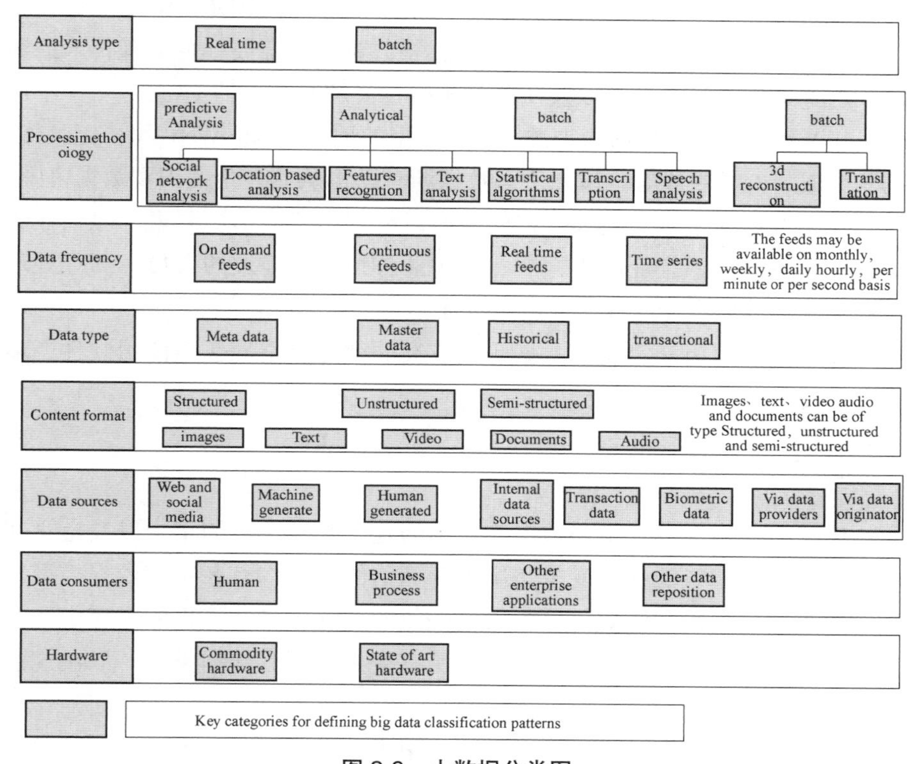

图 2-3　大数据分类图

（1）分析类型。判断进行数据分析时，对数据执行实时分析还是批量分析。要认真考虑分析类型的选择，否则影响一些有关产品、工具、硬件、数据源和预期的数据频率的其他决策。部分用例需要混合使用两种类型，分别是欺诈检测和针对战略性业务决策的趋势分析。其中欺诈检测分析必须实时或近实时地完成。针对战略性业务决策的趋势分析可采用批量模式。

（2）处理方法。用来处理数据的技术类型（如预测、分析、临时查询和报告）。业务需求确定了合适的处理方法。处理方法的选择，有助于识别要在大数据解决方案中使用的合适的工具和技术。

（3）数据频率和大小。预计有多少数据和数据到达的频率有多高。知道频率和大小，有助于确定存储机制、存储格式及所需的预处理工具。数据频率和大小依赖于数据源，数据源的表现形式有 3 种：

- 按需分析，与社交媒体数据一样。
- 实时、持续提供（天气数据、交易数据）。
- 时序（基于时间的数据）。

（4）数据类型。要处理数据的类型，如交易、历史、主数据等。当知道数据类型后，有助于将数据隔离在存储中。

（5）内容格式（传入数据的格式）结构化（例如 RDMBS）、非结构化（例如音频、视频和图像）或半结构化。格式确定了需要如何处理传入的数据，这是选择工具、技术以及从业务角度定义解决方案的关键。

（6）数据源。即数据的来源（生成数据的地方），如 Web 和社交媒体、机器生成、人类生成等。识别所有数据源有助于从业务角度识别数据范围。

（7）数据使用者。处理数据的所有可能使用者的情况列表，包括业务流程、业务用户、企业应用程序、各种业务角色中涉及的人员、部分处理流程、其他数据存储库或企业应用程序。

（8）硬件。用来实现大数据解决方案的硬件类型，包括商用硬件或最先进的硬件。

2.2.2 数据类型

传统的数据类型是指在数据结构中的定义是一个值的集合以及定义在这个值集上的一组操作。变量是用来存储值的，它们有名字和数据类型。变量的数据类型决定了如何将代表这些值的位存储到计算机的内存中。在声明变量时也可指定它的数据类型。所有变量都具有数据类型，以决定能够存储哪种数据。

数据类型包括原始类型、多元组、记录单元、代数数据类型、抽象数据类型、参考类型以及函数类型。

然而，大数据时代的来临，数据量的激增越来越明显，各种各样的数据铺天盖地地砸下来，企业在选择相应工具来存储、分析与处理它们的同时也在寻找将数据最优化处理的工具。从 Excel、BI 工具，到现在最新的可视化数据分析工具，数据分析软件进步越来越快，那么在大数据时代中，又有哪些数据类型出现呢？

（1）移动互联网出现后，移动设备的很多传感器收集了大量的用户点击行为数据，已知 iPhone 有 3 个传感器，三星有 6 个传感器。它们每天产生了大量的点击数据，这些数据被某些公司所拥有，形成用户大量行为数据。

（2）电子地图。如高德、百度、凯立德地图出现后，产生了大量的数据流数据，这些数据有别于传统数据，传统数据代表一个属性或一个度量值，但这些地图产生的流数据代表着一种行为、一种习惯，这些流数据经频率分析后会产生巨大的商业价值。基于地图产生的数据流是一种新型的数据类型，是值得去分析研究的。

（3）社交网络的出现，如微博、微信、QQ 等。互联网行为主要由用户参与创造，大量的互联网用户创造出海量的社交行为数据，这些数据是过去没有出现过的。其揭示了人们的行为特点和生活习惯，我们将它划为行为数据，具有很大的隐藏价值。

（4）电子商务的崛起带来了大量的网上交易数据，这里面包含支付数据、查询行为、物流运输、购买喜好、点击顺序、评价习惯等，这些都属于信息流和资金流数据，这些数据的产生为大数据的研究带来了很大的契机，其中隐藏了更大的商业价值。

（5）传统的互联网入口转向搜索引擎之后，用户的搜索行为和提问行为聚集了海量数据。单位存储价格的下降也为存储这些数据提供了经济上的可能性。

目前，大数据不同于过去传统的数据，其产生方式、存储载体、访问方式、表现形式、来源特点等都同传统数据不同。大数据更接近于某个群体行为数据，它是全面的数据、准确的数据、有价值的数据。这些新类型数据已经普及在生活中，我们已经不再陌生。

我们在做大数据分析时，有以下 4 种数据类型可供参考：

（1）交易数据（TRANSACTION DATA）。使用大数据平台能够帮助我们获取时间跨度更大、更海量的结构化交易数据，这样就能够对更广泛的交易数据类型进行数据分析，其中不仅包括 POS 或电子商务购物数据，还包括行为交易数据。

（2）人为数据（HUMAN-GENERATED DATA）。非结构化数据广泛应用并存在于电子邮件、文档、图片、音频、视频中，同时通过博客、维基，尤其是社交媒体所产生的数据流。这些数据为使用文本分析功能进行分析提供了丰富的数据资源。

（3）移动数据（MOBILE DATA）。现在智能手机和平板电脑越来越普遍。这些移动设备上的 App 都能够追踪和沟通大量事件，从 App 内的交易数据（如搜索产品的记录事件）到个人信息资料或状态报告事件（如地点变更即报告一个新的地理编码）。

（4）机器和传感器数据。包括使用设备创建或生成的数据，如智能电表、智能温度控制器、工厂机器和连接互联网的家用电器。这些设备可以配置为与互联网络中的其他节点之间通信，还可以自动向中央服务器进行数据的传输，通过这样的方式可以对数据进行分析。机器和传感器数据是来自新兴的物联网（IoT）所产生的主要例子。物联网的数据可以用于构建分析模型，连续监测预测性行为，提供规定的指令，做出及时正确的判断。

2.2.3 大数据解决方案

随着移动互联网的普及，如位置、生活信息等富含价值的数据，现有的或者传统的对数据的处理手段和硬件配置，已越来越跟不上数据发展的步伐，当我们传入数据的数量、种类和速度太大，以至于难以实时处理和使用当前的关系数据库时，就会采用大数据的解决方案进行设计。

在采用大数据方案解决问题时，应熟悉项目的实际状况，熟悉项目的建设流程，弄清大数据分析技术的原理，架构，设计理念，以及掌握大数据的关键技术，才可以从容不迫地对待建设项目进行调研实施。

1. 大数据的体系架构

（1）架构的概念

架构，又称软件架构，是有关软件整体结构与组件的抽象描述，用于指导大型软件系统各个方面的设计。软件架构是一个系统的草图，是构建计算机软件实践的基础。好比设计人员对房屋进行设计，作为绘图员画图一样，一个软件架构师或者系统架构师陈述软件构架以作为满足不同客户需求的实际系统设计方案的基础。软件系统的架构有两个要素：首先他是一个软件系统从整体到部分的最高层的划分，再则一个系统通常是由元件组成，而这些元件如何形成、相互之间怎样发生作用，就是这个系统本身结构的问题。所以说软件架构是平衡的艺术。

软件架构是对存储在 Active Directory 中的对象类别和属性进行的描述。对于每一个对象类别来说，该架构定义了对象类必须具有的属性，它也可以有附加的属性，并且该对象可以是它的父对象。可以动态更新的 Active Directory 架构。应用程序可以使用新的属性和类扩展该架构，并能立刻使用该扩展。通过在 Active Directory 中创建或修改存储在 Active Directory 中的架构对象来完成架构的更新。与 Active Directory 中的所有对象一样，架构对象能访问控制列表，因此只有授权的用户才可以更改架构。这便是软件架构的特性。要想设计一个高性能的系统架构，就要使系统对于用户的商业经营和管理来讲具有较高的可靠性，保证系统交易中承担较高的商业价值，即系统的安全性，系统必须能够在用户的使用率、用户的数目增加很快的情况下，保持合理的性能，这就对系统的可扩展性提出来新的要求，对于同一套软件而言，要能够根据客户群和市场需求的不同进行变化，允许软件进行定制，当新技术出现时，系统应允许将新技术导入，从而对现有系统进行功能和性能的扩展，使系统具有可伸缩性，系统应有可维护性，首先在软件系统的维护方面，一要排除现有错误，二要将新的软件需求反映到现有系统中去，软件系统应多让用户进行体验，来提高系统的性能，同时还要面对同行业的竞争和新技术的出现，抓住最佳商业时机。

大数据技术与架构技术相结合，能够实现数据的智能应用。架构考虑的要点如图 2-4 所示。

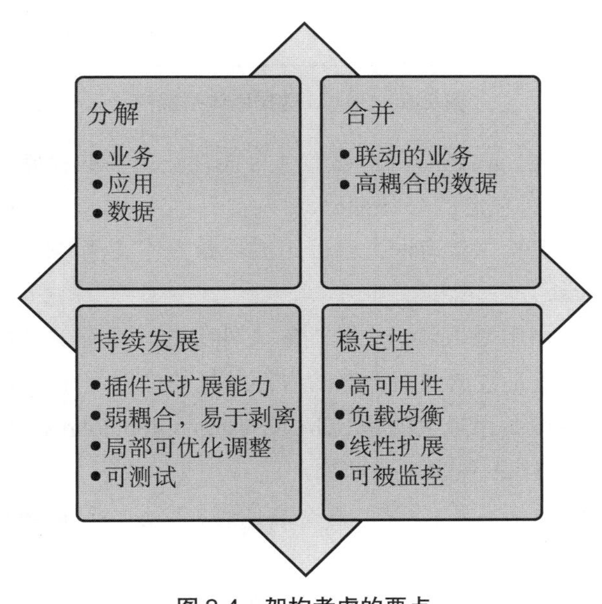

图 2-4　架构考虑的要点

（2）传统数据库技术架构

这里以 Oracle 数据库为例，如图 2-5 所示，由 3 部分组成，User Process、Server Process、PGA 可以看做成 Clinet 端，实例（Instance）和数据库（Database）及参数文件（parameter files）、密码文件（password files）和归档日志文件（archived log files）组成 Oracle Server，属于 C/S 架构。

Oracle Server 由两个实体组成：实例（instance）与数据库（database）。两个实体连在一起，但相互独立。在数据库创建过程中，首先被创建的是实例，然后才创建数据库。在单实例环境中，实例与数据库是一对一的，一个实例连接一个数据库。实例与数据库也可以是多对一的关系。多对一关系被称为实际应用群集（Real Application Clusters，RAC），RAC 极大提

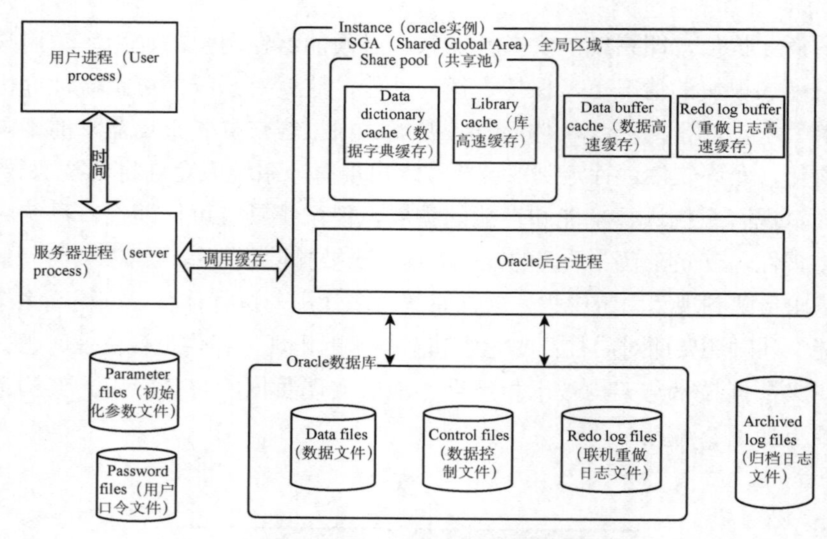

图 2-5　Oracle 数据库体系架构

高了数据库的性能、容错与可伸缩性（可能耗费更多的存储空间）并且是 Oracle 网格（grid）概念的必备部分。

Oracle 体系架构主要有两大部分组成：数据库实例（Instance）和数据库文件（database）。

数据库实例指用来访问一个数据库文件集的一个存储结构及后台进程的集合，简单说就是数据库服务器的内存及相关处理程序，是 Oracle 的心脏。与 Oracle 性能关系最大的是 SGA（System Global Area，即系统全局区或共享内存区），SGA 包含 3 个部分：

- 数据缓冲区，是 SGA 的一个高速缓存区域，可避免重复读取常用的数据。
- 日志缓冲区，提升了数据增删改的速度，减少磁盘的读写而加快速度。
- 共享池，使相同的 SQL 语句不再编译，提升了 SQL 的执行速度，共享池的大小（以字节为单位）由 init.ora 文件参数 SHARED_POOL_SIZE 决定。

Oracle 数据库实例的另一部分是一些后台进程了，主要包括系统监控进程、进程监控、数据库写进程、日志写进程、检验点进程、其他进程，这些后台进程合起来完成数据库管理任务。

在访问数据库的时候。服务器后台先启动实例。启动实例前要先分配内存区。然后再启动后台进程。数据库启动过程中必须启动上面的前 5 个进程。否则实例无法创建。

（3）大数据技术架构

典型的开源大数据架构如图 2-6 所示。

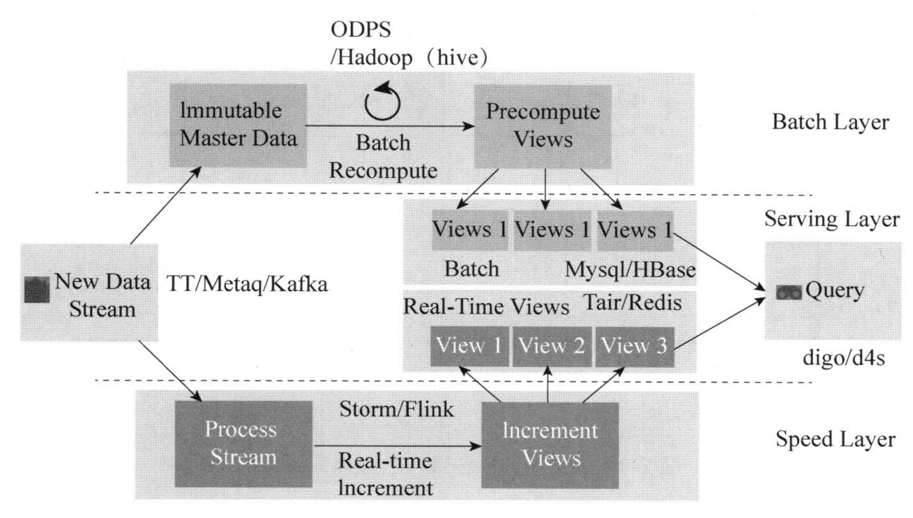

图 2-6　典型的开源大数据架构 Lambda Architecture

大数据的架构技术，可以从图 2-7～图 2-9 直观地看出，图 2-7 描述了大数据的分层架构，从数据的生命周期看，大数据从数据源经过分析挖掘直到最终获得价值需要经过 5 个环节，包括数据准备、数据存储与管理、计算处理、数据分析和知识展现。图 2-8 是对大数据整体的系统架构，图 2-9 则为大数据整体逻辑功能架构。图 2-7～图 2-9 相互独立又不失连贯。

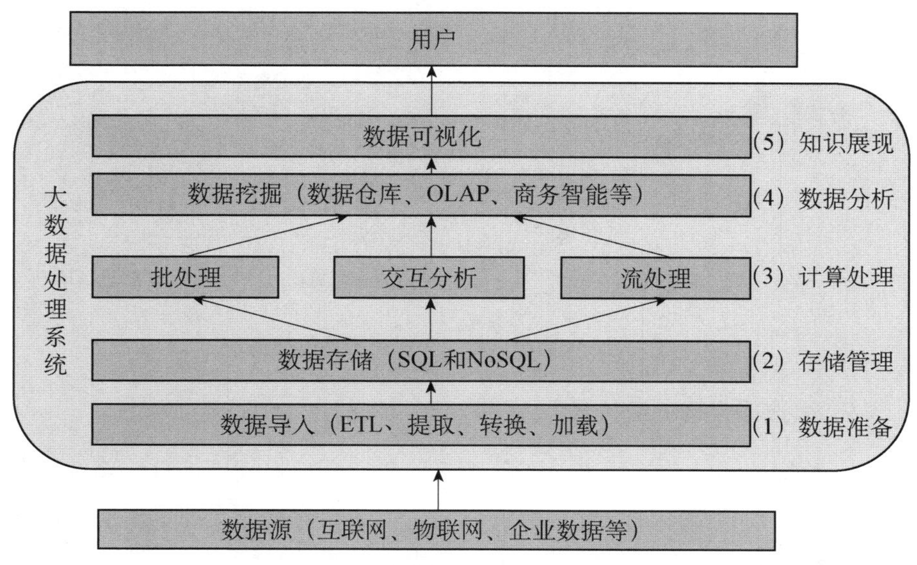

图 2-7　大数据架构：分层架构

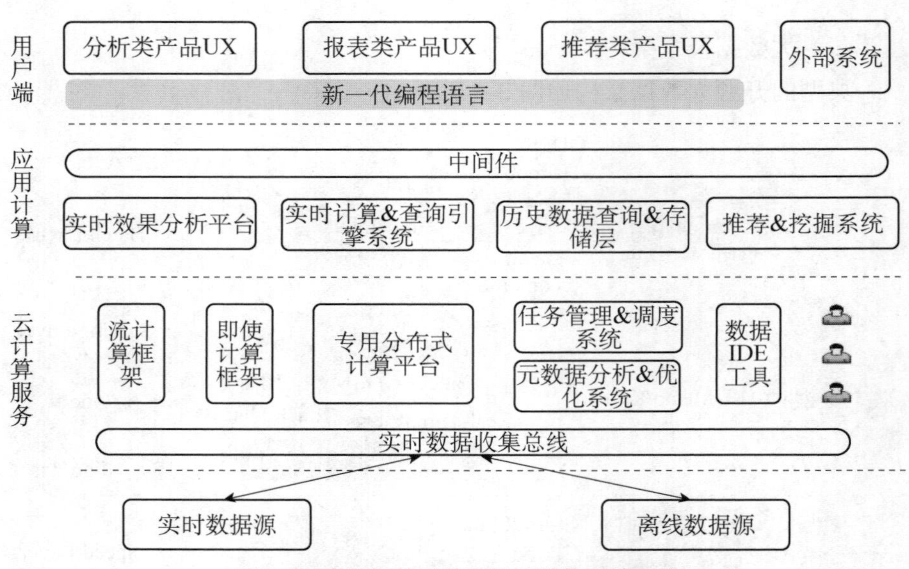

图 2-8　大数据的系统架构：整体系统架构

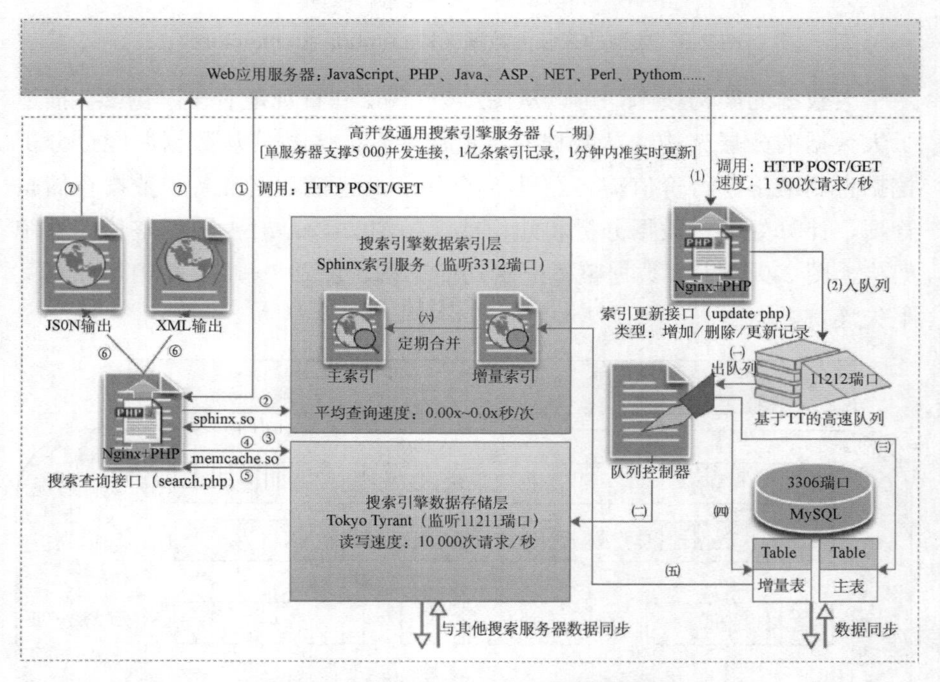

图 2-9　大数据架构：整体逻辑功能架构

2. 大数据架构关键技术

大数据架构的关键技术，有助于帮助我们合理规划设计目标系统的建设，定义合理科学的建设问题解决方案。大数据解决方案的逻辑层可以帮助定义和分类各个必要的组件，需要使用这些组件来满足给定业务项目的功能性和非功能性需求。这些逻辑层列出了大数据解决方案的关键组件，包括从各种数据源获取数据的位置，以及向需要观察的流程、设备和人员提供业务能力所需的分析。

（1）大数据存储技术

典型的大数据存储技术有以下 3 种。

第一种是采用 MPP 架构的新型数据库集群，重点面向行业大数据，采用 Shared Nothing 架构，通过列存储、粗粒度索引等多项大数据处理技术，再结合 MPP 架构高效的分布式计算模式，完成对分析类应用的支撑，运行环境多为低成本 PC Server，具有高性能和高扩展性的特点，在企业分析类应用领域获得极其广泛的应用。这类 MPP 产品可以有效支撑 PB 级别的结构化数据分析，这是传统数据库技术无法胜任的。对于企业新一代的数据仓库和结构化数据分析，目前选择是 MPP 数据库。

第二种是基于 Hadoop 的技术扩展和封装，围绕 Hadoop 衍生出相关的大数据技术，应对传统关系型数据库较难处理的数据和场景，例如针对非结构化数据的存储和计算等，充分利用 Hadoop 开源的优势，伴随相关技术的不断进步，其应用场景也将逐步扩大，目前典型的应用场景就是通过扩展和封装 Hadoop 来实现对互联网大数据存储、分析的支撑。这里面有几十种 NoSQL 技术，也在进一步的细分。对于非结构、半结构化数据处理、复杂的 ETL 流程、复杂的数据挖掘和计算模型，Hadoop 平台更擅长。

第三种是大数据一体机，这是一种专为大数据的分析处理而设计的软、硬件结合的产品，由一组集成的服务器、存储设备、操作系统、数据库管理系统以及为数据查询、处理、分析用途而特别预先安装及优化的软件组成，高性能大数据一体机具有良好的稳定性和纵向扩展性。

（2）并行计算能力

所谓并行计算（Parallel Computing）是指同时使用多种计算资源解决计算问题的过程，是提高计算机系统计算速度和处理能力的一种有效手段。其基本思想是采用多个处理器来协同解决问题，即将被求解的问题分解成若干个部分，各部分均由一个独立的处理机来并行计算。并行计算系统既可以是专门设计的、含有多个处理器的超级计算机，也可以是以某种方式连接的若干台独立计算机构成的集群。通过并行计算集群完成数据的处理工作，再将处理的结果返回给用户，如图 2-10 所示。

并行计算在学科领域中主要研究的是空间上的并行问题。从程序设计人员的角度来看，并行计算又可分为数据并行和任务并行。通常来讲，因为数据并行主要是将一个大任务化解成相同的各个子任务，比任务并行要容易处理。空间上的并行导致了两类并行机的产生，按照 Flynn 的说法分为：

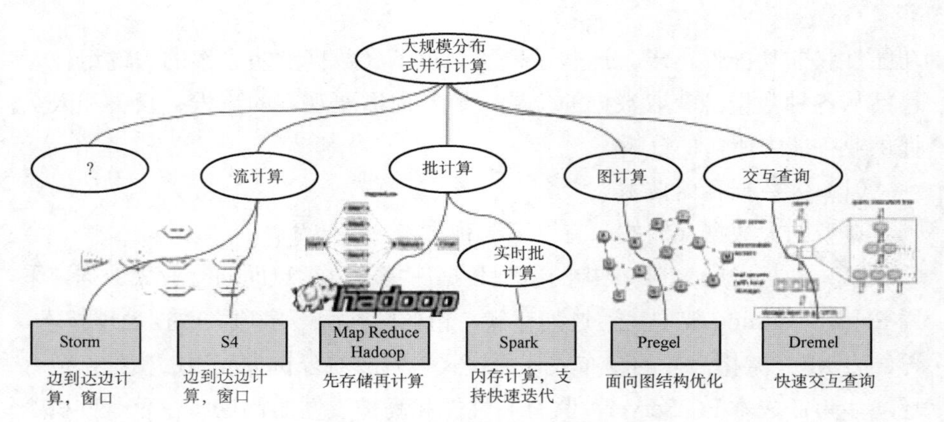

图 2-10　大规模分布式并行计算

单指令流多数据流（SIMD）和多指令流多数据流（MIMD）。我们常用的串行机也叫作单指令流单数据流（SISD）。MIMD 类的机器又可分为以下常见的五类：并行向量处理机（PVP）、对称多处理机（SMP）、大规模并行处理机（MPP）、工作站机群（COW）、分布式共享存储处理机（DSM）。

大数据的分析技术是数据密集型计算，需要计算机拥有巨大的计算能力，针对不同计算场景发展出特定分布式的计算框架。比如 Yahoo 提出的 S4 系统、Twitter 的 Storm，谷歌 2010 年公布的 Dremel 系统，MapReduce 内存化以提高实时性的 Spark 框架等都合理地利用了大数据的并行计算方式。

（3）数据分析技术

由于大数据复杂多变的特殊属性，目前还没有公认的大数据分析方法体系，不同的学者对大数据分析方法的看法各异。总结起来，包括 3 种方法体系，分别是面向数据视角的分析方法、面向流程视角的分析方法和面向信息技术视角的分析方法。

- 面向数据视角的大数据分析方法：主要是以大数据分析处理的对象“数据”为依据，从数据本身的类型、数据量、数据处理方式以及数据能够解决的具体问题等方面对大数据分析方法进行分类。如利用历史数据及定量工具进行回溯性数据分析来对模式加以理解并对未来做出推论，或者利用历史数据和仿真模型对即将发生的事件进行预测性分析。
- 面向流程视角的大数据分析方法：主要关注大数据分析的步骤和阶段。一般而言，大数据分析是一个多阶段的任务循环执行过程。一些专家学者按照数据搜集、分析到可视化的流程，梳理了一些适用于大数据的关键技术，包括神经网络、遗传算法、回归分析、聚类、分类、数据挖掘、关联规则、机器学习、数据融合、自然语言处理、网络分析、情感分析、时间序列分析、空间分析等，为大数据分析提供了丰富的技术手段和方法。

- 面向信息技术视角的大数据分析方法：强调大数据本身涉及的新型信息技术，从大数据的处理架构、大数据系统和大数据计算模式等方面来探讨具体的大数据分析方法。

实际上，现实中往往综合使用这 3 种大数据分析方法。综合来看，大数据分析方法正逐步从数据统计（Statistics）转向数据挖掘（Mining），并进一步提升到数据发现（Discovery）和预测（Prediction）。

（4）数据显示技术

数据可视化主要旨在借助于图形化手段，清晰有效地传达与沟通信息。但是，这并不意味着数据可视化就一定因为要实现其功能用途而令人感到枯燥乏味，或者是为了看上去绚丽多彩而显得极端复杂。为了有效地传达思想观念，美学形式与功能需要齐头并进，通过直观地传达关键的方面与特征，从而实现对于相当稀疏而又复杂的数据集的深入洞察。

数据可视化技术包含以下几个基本概念。

- 数据空间：是由 n 维属性和 m 个元素组成的数据集所构成的多维信息空间。
- 数据开发：是指利用一定的算法和工具对数据进行定量的推演和计算。
- 数据分析：指对多维数据进行切片、块、旋转等动作剖析数据，从而能多角度多侧面观察数据。
- 数据可视化：是指将大型数据集中的数据以图形图像形式表示，并利用数据分析和开发工具发现其中未知信息的处理过程。

数据可视化已经提出了许多方法，这些方法根据其可视化的原理不同可以划分为基于几何的技术、面向像素技术、基于图标的技术、基于层次的技术、基于图像的技术和分布式技术等。

目前，市场上的数据可视化技术比较多，常用的有 Excel、Google Chart API、D3、Processing、Openlayers 等。图 2-11 是基于计算流体力学的三维呈现：用能场所 3D 场景、CFD 温度及能效云场呈现。

（5）数据挖掘算法

数据挖掘就是从大量的、不完全的、有噪声的、模糊的、随机的实际应用数据中，提取隐含在其中的、人们事先不知道的、但又是潜在有用的信息和知识的过程。

大数据挖掘常用的算法有分类、聚类、回归分析、关联规则、特征分

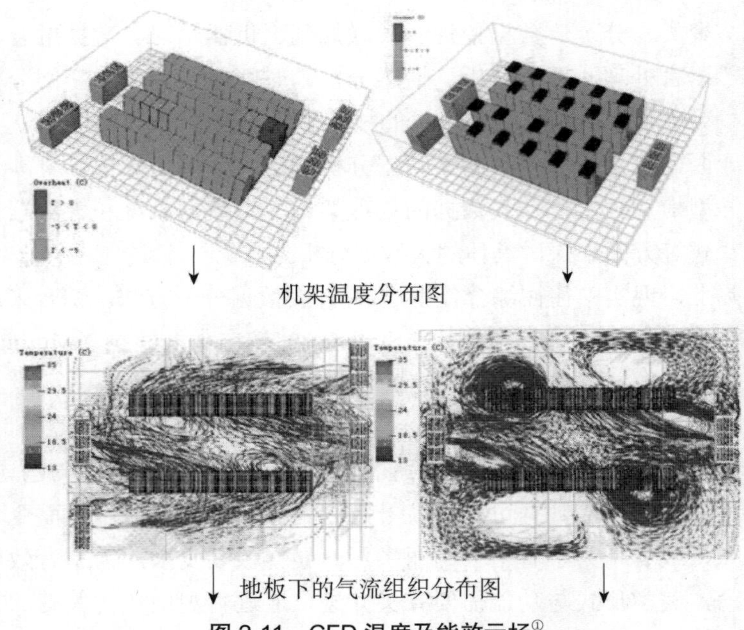

图 2-11 CFD 温度及能效云场[①]

析、Web 页挖掘、神经网络等智能算法。这些算法的实际应用实例，包括决策树算法、序列分析、聚类分析、关联分析和神经网络。

2.3 Hadoop 体系架构

2.3.1 Hadoop 概述

Hadoop 最初是一个由 Apache 软件基金会研发的一种分布式计算机系统。主要用来处理大于 1TB 的海量数据。Hadoop 采用 Java 语言开发，其核心模块包括分布式文件系统（Hadoop Distri buted File System，Hadoop HDFS）和分布式计算框架 MapReduce。HDFS 为海量数据提供存储，MapReduce 为海量数据提供计算，这样的结构实现了计算与存储的高度耦合，成为大数据技术的事实标准。

1. Hadoop 发展史

2004 年——最初的版本（现在称为 HDFS 和 MapReduce）由 Doug Cutting 和 Mike Cafarella 开始实施。

2005 年 12 月——Nutch 移植到新的框架，Hadoop 在 20 个节点上稳定运行。

① 图片参见 https://wenku.baidu.com/view/84b109cbf111f18582d05a01.html

2006 年 2 月——Apache Hadoop 项目正式启动以支持 MapReduce 和 HDFS 的独立发展。

2008 年 9 月——Hive 成为 Hadoop 的子项目。

2009 年 3 月——Cloudera 推出 CDH（Cloudera's Distribution Including Apache Hadoop）。

2009 年 7 月——MapReduce 和 Hadoop Distributed File System（HDFS）成为 Hadoop 项目的独立子项目。

2009 年 7 月——Avro 和 Chukwa 成为 Hadoop 新的子项目。

2010 年 5 月——Avro 脱离 Hadoop 项目，成为 Apache 顶级项目。

2010 年 5 月——HBase 脱离 Hadoop 项目，成为 Apache 顶级项目。

2010 年 9 月——Hive（Facebook）脱离 Hadoop，成为 Apache 顶级项目。

2010 年 9 月——Pig 脱离 Hadoop，成为 Apache 顶级项目。

2011 年 1 月——ZooKeeper 脱离 Hadoop，成为 Apache 顶级项目。

2011 年 3 月——Apache Hadoop 获得 Media Guardian Innovation Awards。

2011 年 8 月——Dell 与 Cloudera 联合推出 Hadoop 解决方案——Cloudera Enterprise。Cloudera Enterprise 基于 Dell PowerEdge C2100 机架服务器以及 Dell PowerConnect 6248 以太网交换机。

2012 年 3 月——在 Hadoop 1.0 版的基础上发布 Hadoop 1.2.1 稳定版。

2013 年 10 月——Hadoop 2.2.0 版本成功发布。

2014 年 11 月——Hadoop 已经发展到了 2.6.0 版本。

2. Hadoop 的优点

Hadoop 是一个能够让用户轻松架构和使用的分布式计算平台，具有下面 5 个优点。

- 高可靠性。Hadoop 具有按位存储和处理数据的能力。
- 高扩展性。Hadoop 是在可用的计算机集群间分配数据并完成计算任务的，可以方便地扩展到其他节点中。
- 高效性。Hadoop 能够在节点之间动态地移动数据，并保证各个节点的动态平衡，具有较快的处理速度。
- 高容错性。Hadoop 能够自动保存数据的多个副本，并自动将失败的任务重新分配。
- 低成本。Hadoop 是开源的，项目的软件成本因此会大大降低。

3. Hadoop 版本的选择

当前 Hadoop 版本比较混乱，以致用户不知道怎样选择，实际上，目前

Hadoop 只有两个版本：Hadoop 1.0 和 Hadoop 2.0，其对比如图 2-12 所示。其中，Hadoop 1.0 由一个分布式文件系统 HDFS 和一个离线计算框架 MapReduce 组成，而 Hadoop 2.0 则由一个支持 NameNode 横向扩展的 HDFS、一个资源管理系统 YARN 和一个运行在 YARN 上的离线计算框架 MapReduce 组成。相比于 Hadoop 1.0，Hadoop 2.0 功能更加强大，且具有更好的扩展性，并支持多种计算框架。我们在选择使用某个开源环境时，通常会考虑几个因素：是否是免费的开源软件；版本是否稳定；是否有强大的实践验证及出现故障后是否有一个强大的社区支持，快速获取问题的解决方法。Hadoop 的生态系统如图 2-13 所示。

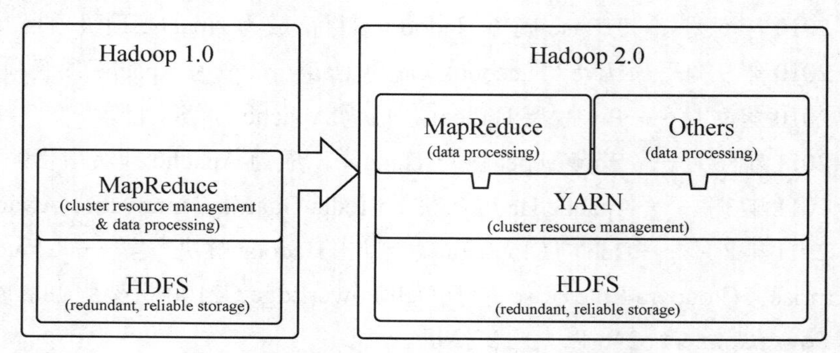

图 2-12　Hadoop 1.0 和 Hadoop 2.0 的对比

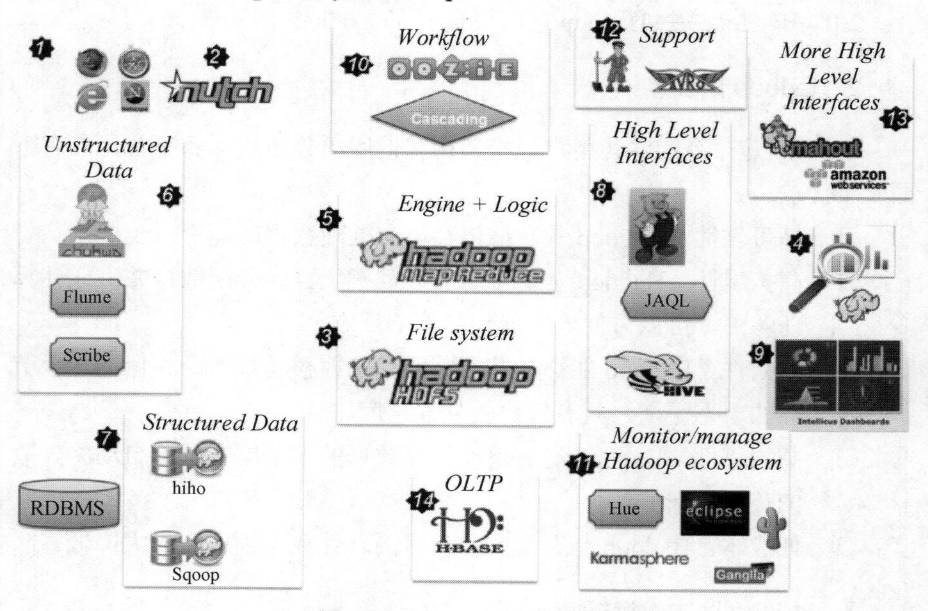

图 2-13　Hadoop 生态系统

2.3.2　Hadoop 核心组件

（1）HDFS

Hadoop 分布式文件系统（HDFS）被设计成适合运行在通用硬件（commodity hardware）上的分布式文件系统。它是一个高度容错性的系统，适合部署在廉价的机器上，能提供高吞吐量的数据访问，非常适合大规模数据集上的应用。HDFS 在最开始是作为 Apache Nutch 搜索引擎项目的基础架构而开发的，是 Apache Hadoop Core 项目的一部分。HDFS 把节点分成两类：NameNode 和 DataNode。NameNode 存储集群的元数据，DataNode 存储真正的数据。

HDFS 具有高容错性（fault-tolerant）的特点，可以用来部署在低廉的（low-cost）硬件上，提供高吞吐量（high throughput）来访问应用程序的数据，适合那些有着超大数据集（large data set）的应用程序。

（2）MapReduce

MapReduce 是一种编程模型，它的主要思想，都是从函数式编程语言里借来的，还有从矢量编程语言里借来的特性。

MapReduce 是面向大数据并行处理的计算模型、框架和平台，它隐含了以下 3 层含义：

- 是一个基于集群的高性能并行计算平台（Cluster Infrastructure）。
- 是一个并行计算与运行软件框架（Software Framework）。
- 是一个并行程序设计模型与方法（Programming Model & Methodology）。

（3）其他主要功能组件

- HBase：类似 Google BigTable 的分布式 NoSQL 列数据库。
- Hive：是基于 Hadoop 的一个数据仓库工具，可以将结构化的数据文件映射为一张数据库表，并提供完整的 sql 查询功能，可以将 sql 语句转换为 MapReduce 任务进行运行。
- Zookeeper：分布式锁，提供类似 Google Chubby 的功能。
- Avro：新的数据序列化格式与传输工具，将逐步取代 Hadoop 原有的 IPC 机制。
- Pig：大数据数据流分析平台，为用户提供多种接口。
- Sqoop：在 Hadoop 与传统的数据库间进行数据的传递。

2.4 上机与项目实训

（1）安装虚拟机和 Linux，虚拟机推荐使用 vbox 或 vmware，PC 可以使用 workstation，服务器可以使用 ESXi，在管理上比较方便。可以使用复制虚拟机功能简化准备流程。如果只是实验用途，内存分配可以在 1GB 左右，硬盘大约预留 20GB～30GB 空间即可。

（2）以 CentOS 为例，分区可以选择默认，安装选项选择 Desktop Gnome，以及 Server、Server GUI 即可。其他 Linux，注意选项里应包括 ssh、vi（用于编辑配置文件）、perl 等（有些脚本里包含 perl 代码需要解析）。

（3）到 Oracle 官网下载 java jdk 安装包。

（4）安装 Linux 后一定要确认 iptables，selinux 等防火墙或访问控制机制已经关闭，否则实验很可能受影响。

2.5 习题

1. 简述云计算的特点？
2. 简述云计算的集中服务方法。
3. 大数据分类有哪些，请分别指出。
4. 请列举 3 种大数据的应用解决方案。
5. 大数据中 Hadoop 核心技术是什么？

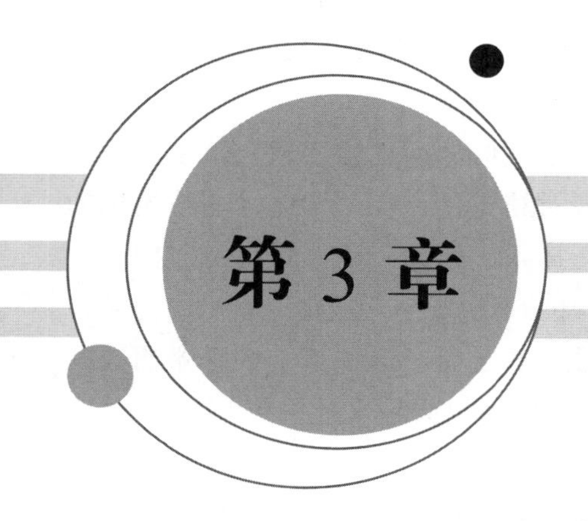

大数据采集及预处理

由于数据纷繁复杂，变化多样，因此对于研究和分析大数据，前提是要拥有非常多的数据，形成海量数据，然后对海量数据进行分析和利用，利用大数据技术和方法提炼出有用的数据，从而形成真正意义上的大数据采集而创造的价值。拥有数据的方式有很多种，可以通过自己采集和汇聚数据，也可以通过其他方式和手段获取收据，如通过业务系统来积累大量的业务数据和用户的行为数据。

数据是大数据分析和应用的基础，数据采集和预处理是数据分析的第一个环节，也是最重要的环节之一。本章从数据采集的概念谈起，从大数据采集、大数据预处理和 ETL 工具等几个方面介绍大数据采集和预处理的相关知识。读者可以了解到大数据采集与预处理的原理，以及常用的 ETL 工具。

3.1 大数据采集

3.1.1 概念

数据采集（DAQ）又称数据获取，是大数据生命周期中的第一个环节，通过 RFID 射频数据、传感器数据、社交网络数据、移动互联网数据等方式获得各种类型的结构化、半结构化及非结构化的海量数据。

大数据采集是在确定目标用户的基础上，针对该范围内所有结构化、半结构化和非结构化的数据进行的采集。其数据量大、数据种类繁多、来源广泛，大数据采集的研究分为大数据智能感知层和基础支撑层。

（1）智能感知层

智能感知层包括数据传感体系、网络通信体系、传感适配体系、智能识别体系及软硬件资源接入系统，实现对结构化、半结构化、非结构化的海量数据的智能化识别、定位、跟踪、接入、传输、信号转换、监控、初步处理和管理等。涉及有针对大数据源的智能识别、感知、适配、传输、接入等技术。随着物联网技术、智能设备的发展，这种基于传感器的数据采集会越来越多，相应对于这类的研究和应用也会越来越重要。

（2）基础支撑层

基础支撑层提供大数据服务平台所需的虚拟服务器，结构化、半结构化及非结构化数据的数据库及物联网络资源等基础支撑环境。重点要解决分布式虚拟存储技术，大数据获取、存储、组织、分析和决策操作的可视化接口技术，大数据的网络传输与压缩技术，大数据隐私保护技术等。

大数据的分析从传统关注数据的因果关系转变为相关关系，且为了后期分析的时候找到数据的价值，在采集阶段我们的态度应该是“全而细”。“全”是指各类数据都要采集到。“细”则是说在采集阶段要尽可能的采集到每一个数据。

根据采集数据的结构特点，可以将数据划分为结构化数据和非结构化数据。其中结构化数据包括生产报表、经营报表等具有关系特征的数据；非结构化数据包括互联网网页、格式文档、文本文件等文字性描述的资料。这些数据通过关系数据库和专用的数据挖掘软件进行数据的挖掘采集。特别是非结构化数据，综合运用定点采集、元搜索和主题搜索等搜索技术，对互联网和企业内网等数据源中符合要求的信息资料进行搜集整理，并保证有价值信息的发现和提供及时性及有效性。在数据采集模块中，针对不同的数据源，设计针对性的采集模块，分别进行采集工作，主要的采集模块有：网络信息采集模块、关系数据库采集模块、文件系统资源采集模块、其他信息源数据的采集。

3.1.2 采集工具

数据采集最常用的传统方式是企业自己搜集自己生产系统所产生的数据，如淘宝的商品交易数据、京东商城的交易数据。在采集自身数据的同时还采集了大量的客户信息，如客户的交易行为数据等。随着时间的推移，这些数据越来越多地被商家关注，得到重视，通过假设日志采集系统来对这些采集来的数据进行保存分析，可以获取其更大的商业或社会价值。

常用的日志系统有 Hadoop 的 Chukwa、Cloudera 的 Flume、Facebook 的 Scribe 和 LinkedIn 的 Kafka，这些工具大部分采用分布式架构，来满足大规模日志采集的需求。下面对集中常用日志系统的采集工具进行简单介绍。

1. Chukwa

Apache 的开源项目 Hadoop，被业界广泛认可，很多大型企业都有了各自基于 Hadoop 的应用和扩展。当 1000+以上个节点的 Hadoop 集群变得常见时，Apache 提出了用 Chukwa 的方法来解决。

Chukwa 是一个开源的用于对大型分布式系统数据进行监控搜集的，如图 3-1 所示。它构建在 Hadoop 的 hdfs 和 map/reduce 框架之上，继承了 Hadoop 的可伸缩性和鲁棒性。Chukwa 还包含了一个强大和灵活的工具集，可用于展示、监控和分析已收集的数据。在一些网站上，Chukwa 被称为是一个“日志处理/分析的 full stack solution”。

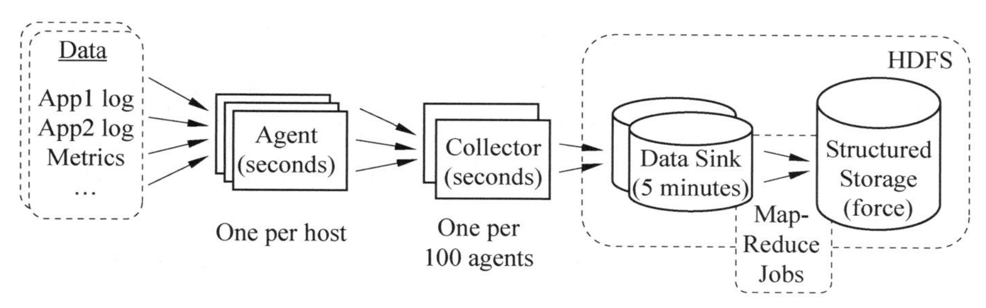

图 3-1　Chukwa 结构图

其中主要的部件为：

- agents：负责采集最原始的数据，并发送给 collectors。
- adaptor：直接采集数据的接口和工具，一个 agent 可以管理多个 adaptor 的数据采集。
- Collectors：负责收集 agents 收送来的数据，并定时写入集群中。
- map/reduce jobs：定时启动，负责把集群中的数据分类、排序、去重和合并。
- HICC：负责数据的展示。

2. Flume

Flume 是 Cloudera 提供的一个可靠性和可用性都非常高的日志系统，采用分布式的海量日志采集、聚合和传输的系统，支持在日志系统中定制各类数据发送方，用于收集数据；同时，Flume 具有通过对数据进行简单的处理，并写到各种数据接受方的能力，是 Apache 下的一个孵化项目，其体系架构如图 3-2 所示。

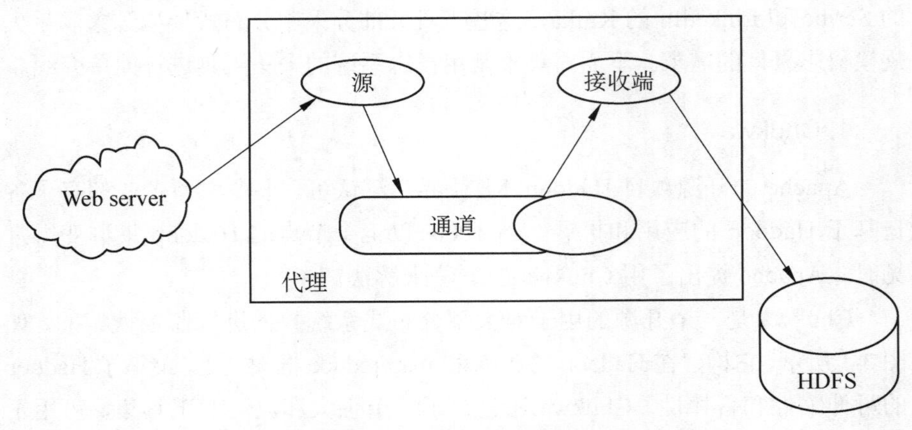

图 3-2 Flume 体系架构图

（1）在数据处理方面，Flume 提供对数据进行简单处理，并写到各种数据接受方处。它提供了从 console（控制台）、RPC（Thrift-RPC）、text（文件）、tail（UNIX tail）、syslog（syslog 日志系统，支持 TCP 和 UDP 等两种模式）、exec（命令执行）等数据源上收集数据的能力。

（2）在工作方式上，Flume-og 采用了多 Master 的形式。为了保证配置数据的一致性，Flume 引入了 ZooKeeper，用于保存系统配置的数据，ZooKeeper 本身具有可保证配置数据的一致性和高可用，同时，在配置数据发生变化时，ZooKeeper 可以通知 Flume Master 节点。Flume Master 间使用 gossip 协议同步数据。

Flume-ng 取消了集中管理配置的 Master 和 Zookeeper，变为一个纯粹的传输工具。Flume-ng 还有一个不同点是读入数据和写出数据现在由不同的工作线程处理（称为 Runner）。在 Flume-og 中，读入线程同样做写出工作（除了故障重试）。如果写出慢（不是完全失败），它将阻塞 Flume 接收数据的能力。这种异步的设计使读入线程可以顺畅的工作而无须关注下游的任何问题。

3. Scribe

Scribe 是 Facebook 开源的日志收集系统，在 Facebook 内部已经得到大量应用。它能够从各种日志源上收集日志，存储到一个中央存储系统（可以是 NFS、分布式文件系统等）上，便于进行集中统计分析处理，其体系架构如图 3-3 所示。Scribe 最重要的特点是容错性好。当后端的存储系统 crash 时，Scribe 会将数据写到本地磁盘上，当存储系统恢复正常后，Scribe

将日志重新加载到存储系统中。

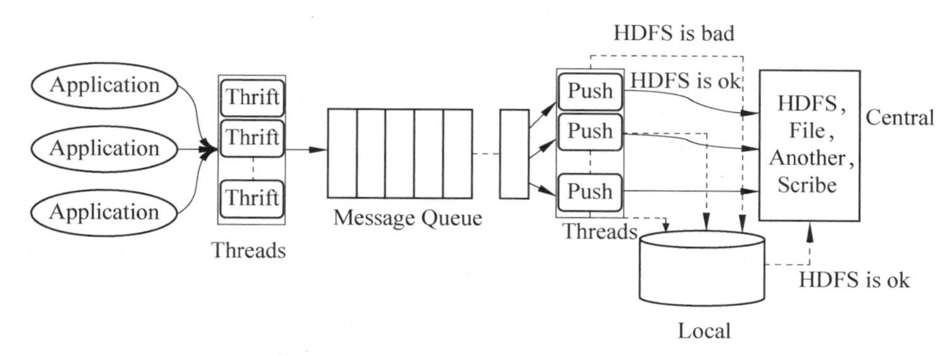

图 3-3　Scribe 体系架构图

Scribe 为日志收集提供了一种容错且可扩展的方案。Scribe 可以从不同数据源、不同机器上收集日志，然后将它们存入一个中央存储系统，便于进一步处理。当采用 HDFS 作为中央系统时，可以进一步使用 Hadoop 进行处理数据，于是就有了 scribe+HDFS+MapReduce 方案。

4. Kafka

Kafka 是一种高吞吐量的分布式发布订阅消息系统，它可以处理大规模的网站中的所有动作流数据。这些数据通常是由于吞吐量的要求而通过处理日志和日志聚合来解决。目的是通过 Hadoop 的并行加载机制来统一线上线下的消息处理，也是为了通过集群来提供实时的消费。

Kafka 是一种高吞吐量的分布式发布订阅消息系统，具有如下的特性。

- 高稳定性：通过 O（1）的磁盘数据结构提供消息的持久化。
- 高吞吐量：非常普通的硬件 Kafka 也可以支持每秒数百万的消息。
- 支持通过 Kafka 服务器和消费机集群来分区消息。
- 支持 Hadoop 并行数据加载。

Kafka 中主要有 3 种角色，分别为 producer、broker 和 consumer。Kafka 的拓扑结构如图 3-4 所示。

（1）Producer

Producer 的任务是向 Broker 发送数据。为其提供了两种 producer 接口，一种是 low level 接口，使用这种接口会向特定的 Broker 的某个 topic 下的某个 partition 发送数据；另一种是 high level 接口，这种接口支持同步/异步发送数据，基于 Zookeeper 的 broker 自动识别和负载均衡。

（2）Broker

Broker 采取了多种不同的策略来提高对数据处理的效率。

（3）Consumer

Consumer 的作用是将日志信息加载到中央存储系统上。

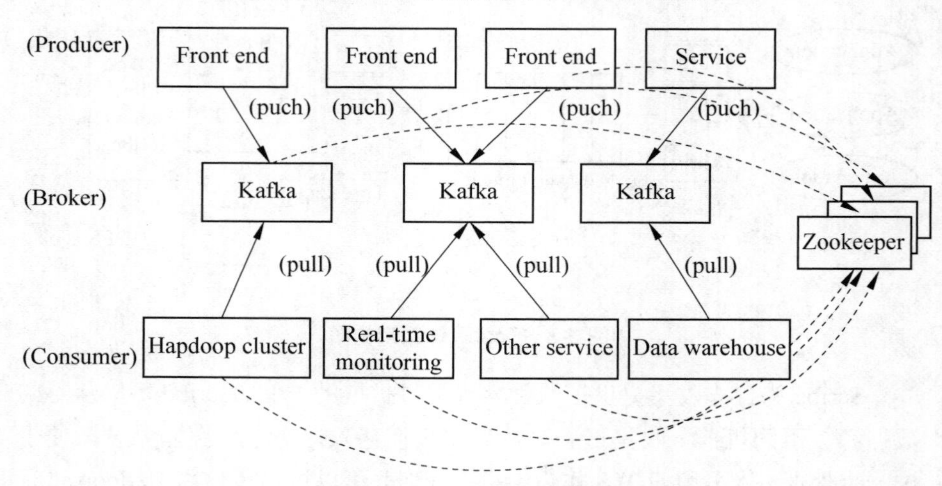

图 3-4 Kafka 拓扑结构图

常用的 Scribe、Chukwa、Kafka 和 Flume 这 4 个日志系统各有优缺点，其对比如表 3-1 所示。

表 3-1 常用 4 种日志系统对比

	Scribe	Chukwa	Kafka	Flume
公司	Facebook	Apache/yahoo	Linkedin	Cloudera
开源时间	2008 年 10 月	2009 年 11 月	2010 年 12 月	2009 年 7 月
实现语言	C/C++	Java	Scala	Java
框架	（Push/pull）	（Push/pull）	（Push/pull）	（Push/pull）
容错性	collector 和 store 之间有容错机制，而 agent 和 collector 之间的容错需要用户自己实现	agent 定期记录已送给 collector 的数据偏移量，一旦出现故障，可根据偏移量继续发送数据	agent 可用通过 collector 自动识别机制获取可用 collector，store 自己保持已经获取的数据偏移量，一旦出现故障，可根据编移量继续发送数据	agent 和 collector，collector 和 store 之间均有容错机制，且提供了三种级别的可靠性保证
负载均衡	无	无	使用 zookeeper	使用 zookeeper
可扩展性	好	好	好	好
agent	Thrift client 需自己实现	自带一些 agent，如获取 hadoop logs 的 agent	用户需要根据 Kafka 提供的 Low-level 和 High-level API 自己实现	提供了各种非常丰富的 agent

续表

	Scribe	Chukwa	Kafka	Flume
collector	实际上是一个 thrift server	——	使用了 sendfile，zero-copy 等技术提高性能	系统提供了很多 collector，直接可以使用
store	直接支持 HDFS	直接支持 HDFS	直接支持 HDFS	直接支持 HDFS
总体评价	设计简单，易于使用，但容错率和负载均衡方面不够好，且资料较少	属于 Hadoop 系列产品，直接支持 Hadoop，目前版本升级较快，但还有待完善	设计架构（Push/pull）非常巧妙，适合异构集群，但产品较新，其稳定性有待验证	非常优秀

3.1.3 采集方法

大数据环境下数据来源非常丰富且数据类型多样，依据采集的数据来源分，大数据的采集有以下几种方法。

1. 系统日志采集方法

许多公司的业务平台每天都会产生大量的日志数据。日志收集系统要做的事情就是收集业务日志数据供离线和在线的分析系统使用。

日志收集系统所具有的基本特征是高可用性、高可靠性、可扩展性。常用的日志系统有 Apache Hadoop 的 Chukwa、Cloudera 的 Flume、Facebook 的 Scrible 和 LinkedIn 的 Kafka，这些工具大部分采用分布式架构，来满足大规模日志采集的需求。Chukwa 是 Apache 旗下的，是一个开源的用来对大型分布式系统数据进行监控搜集的，是构建在 Hadoop 的 HDFS 和 map/reduce 框架之上的；Flume 是 Cloudera 提供的一个高可用的、高可靠的、分布式的海量日志采集、聚合和传输系统，目前是 Apache 的一个子项目；Scribe 是 Facebook 开源日志收集系统，它为日志的分布式收集、统一处理提供一个可扩展的、高容错的解决方案；Kafka 是 LinkedIn 公司提供的一种高吞吐量的分布式发布订阅消息系统，它可以处理大规模的网站中的所有动作流数据。

1）Chukwa 的日志采集流程

（1）模拟增量日志环境

```
    /home/matrix/Program/project/log/testlog
    - 10.0.0.10 [17/Oct/2011:23:20:40 +0800] GET /img/chukwa.jpg HTTP/1.0
"404" "16" "Mozilla/5.0 ( MSIE 9.0; Windows NT 6.1; ) "
    - 10.0.0.11 [17/Oct/2011:23:20:40 +0800] GET /img/chukwa.jpg HTTP/1.0
"404" "16" "Mozilla/5.0 ( MSIE 9.0; Windows NT 6.1; ) "
```

```
- 10.0.0.12 [17/Oct/2011：23：20：40 +0800] GET /img/chukwa.jpg HTTP/1.0 "404" "16" "Mozilla/5.0（MSIE 9.0；Windows NT 6.1；）"
- 10.0.0.13 [17/Oct/2011：23：20：40 +0800] GET /img/chukwa.jpg HTTP/1.0 "404" "16" "Mozilla/5.0（MSIE 9.0；Windows NT 6.1；）"
- 10.0.0.14 [17/Oct/2011：23：20：40 +0800] GET /img/chukwa.jpg HTTP/1.0 "404" "16" "Mozilla/5.0（MSIE 9.0；Windows NT 6.1；）"
- 10.0.0.15 [17/Oct/2011：23：20：40 +0800] GET /img/chukwa.jpg HTTP/1.0 "404" "16" "Mozilla/5.0（MSIE 9.0；Windows NT 6.1；）"
- 10.0.0.16 [17/Oct/2011：23：20：40 +0800] GET /img/chukwa.jpg HTTP/1.0 "404" "16" "Mozilla/5.0（MSIE 9.0；Windows NT 6.1；）"
- 10.0.0.17 [17/Oct/2011：23：20：40 +0800] GET /img/chukwa.jpg HTTP/1.0 "404" "16" "Mozilla/5.0（MSIE 9.0；Windows NT 6.1；）"
- 10.0.0.18 [17/Oct/2011：23：20：40 +0800] GET /img/chukwa.jpg HTTP/1.0 "404" "16" "Mozilla/5.0（MSIE 9.0；Windows NT 6.1；）"
- 10.0.0.19 [17/Oct/2011：23：20：40 +0800] GET /img/chukwa.jpg HTTP/1.0 "404" "16" "Mozilla/5.0（MSIE 9.0；Windows NT 6.1；）"
/home/matrix/Program/project/log/logtest
- 192.168.0.10 [17/Oct/2011：23：20：40 +0800] GET /img/chukwa.jpg HTTP/1.0 "404" "16" "Mozilla/5.0（MSIE 9.0；Windows NT 6.1；）"
- 192.168.0.11 [17/Oct/2011：23：20：40 +0800] GET /img/chukwa.jpg HTTP/1.0 "404" "16" "Mozilla/5.0（MSIE 9.0；Windows NT 6.1；）"
- 192.168.0.12 [17/Oct/2011：23：20：40 +0800] GET /img/chukwa.jpg HTTP/1.0 "404" "16" "Mozilla/5.0（MSIE 9.0；Windows NT 6.1；）"
- 192.168.0.13 [17/Oct/2011：23：20：40 +0800] GET /img/chukwa.jpg HTTP/1.0 "404" "16" "Mozilla/5.0（MSIE 9.0；Windows NT 6.1；）"
- 192.168.0.14 [17/Oct/2011：23：20：40 +0800] GET /img/chukwa.jpg HTTP/1.0 "404" "16" "Mozilla/5.0（MSIE 9.0；Windows NT 6.1；）"
- 192.168.0.15 [17/Oct/2011：23：20：40 +0800] GET /img/chukwa.jpg HTTP/1.0 "404" "16" "Mozilla/5.0（MSIE 9.0；Windows NT 6.1；）"
- 192.168.0.16 [17/Oct/2011：23：20：40 +0800] GET /img/chukwa.jpg HTTP/1.0 "404" "16" "Mozilla/5.0（MSIE 9.0；Windows NT 6.1；）"
- 192.168.0.17 [17/Oct/2011：23：20：40 +0800] GET /img/chukwa.jpg HTTP/1.0 "404" "16" "Mozilla/5.0（MSIE 9.0；Windows NT 6.1；）"
- 192.168.0.18 [17/Oct/2011：23：20：40 +0800] GET /img/chukwa.jpg HTTP/1.0 "404" "16" "Mozilla/5.0（MSIE 9.0；Windows NT 6.1；）"
- 192.168.0.19 [17/Oct/2011：23：20：40 +0800] GET /img/chukwa.jpg HTTP/1.0 "404" "16" "Mozilla/5.0（MSIE 9.0；Windows NT 6.1；）"
/home/matrix/Program/project/log/write_log.sh
#!/bin/bash
cat /home/matrix/Program/project/log/testlog>>/home/matrix/Program/project/log/testlog1
cat /home/matrix/Program/project/log/logtest>>/home/matrix/Program/project/log/testlog2
/etc/crontab
*/1 * * * * matrix /home/matrix/Program/project/log/write_log.sh
```

```
$CHUKWA_HOME/conf/initial_adaptors
add filetailer.CharFileTailingAdaptorUTF8 TestLog1 0 /home/matrix/Program/project/log/testlog1 0
add filetailer.CharFileTailingAdaptorUTF8 TestLog2 0 /home/matrix/Program/project/log/testlog2 0
```

（2）chukwa 的目录结构

```
/chukwa/
    archivesProcessing/
    dataSinkArchives/
    demuxProcessing/
    finalArchives/
    logs/
    postProcess/
    repos/
    rolling/
    temp/
```

（3）Chukwa 的处理过程

① Adaptors 使用 tail 方式监测日志增量。

② Agent 发送数据到 collectors。

③ Collectors 将各 Agent 收集的数据在/chukwa/logs/目录下写成*.chukwa 文件。

④ 当*.chukwa 文件大小达到阈值或达到一定时间间隔时将其改名为*.done 文件。

⑤ demux 进程将/chukwa/logs/*.done 文件转移到/chukwa/demuxProcessing/mrInput/目录下进行处理。

⑥ postProcess 进程将 demux 进程处理完成的*.evt 文件转储到/chukwa/repos/目录下。

⑦ 可以根据 postProcess 进程按照日志类型在/chukwa/rolling/目录下生成的文件进行按天或按小时的数据合并。

2）Flume 日志采集流程

（1）整体描述

从整体上描述代理（Agent）中 sources、sinks、channels 所涉及的组件。

```
# Name the components on this agent
        a1.sources = r1
        a1.sinks = k1
        a1.channels = c1
```

（2）详细描述

详细描述 Agent 中每一个 source、sink 与 channel 的具体实现：在描述 source 的时候，需要指定 source 到底是什么类型的，即这个 source 是接受文件的，还是接受 http 的，抑或是接受 thrift 的；对于 sink 也是同理，需要指定结果是输出到 HDFS 中，还是 Hbase 中等。

```
# Describe/configure the source
a1.sources.r1.type = netcat
a1.sources.r1.bind = localhost
a1.sources.r1.port = 44444

# Describe the sink
a1.sinks.k1.type = logger

# Use a channel which buffers events in memory
a1.channels.c1.type = memory
a1.channels.c1.capacity = 1000
a1.channels.c1.transactionCapacity = 100
```

（3）连接

通过 channel 将 source 与 sink 连接起来。

```
# Bind the source and sink to the channel
a1.sources.r1.channels = c1
a1.sinks.k1.channel = c1
```

启动 agent 的 shell 操作：

```
flume-ng   agent -n a1   -c   ../conf    -f   ../conf/example.file
-Dflume.root.logger=DEBUG，console
```

- -n 指定 agent 名称（与配置文件中代理的名字相同）
- -c 指定 flume 中配置文件的目录
- -f 指定配置文件
- -Dflume.root.logger=DEBUG, console 设置日志等级

3）Scribe 日志采集流程

（1）Server

适用于压力较小的网站或服务。

日志流程如下：

```
用户 --> WebServer --> Scribe --> 存储 --> 分析 --> 展示
用户 --> WebServer -------|
```

记录日志的程序框架由 thrift 自动生成，只需 include 或者 import 即可。

（2）C/S 结构

适合访问量大的网站和服务，并可根据需要进行平行扩展，采用散列的方式分配服务器压力。

```
用户 --> WebServer1 --> ScribeClient --> ScribeServer-->存储-->分析-->展示
用户 --> WebServer2--------|
用户 --> WebServer3--------|
```

Client 及 Server 均可进行水平扩展，在程序中设置 hash 访问。

4）Kafka 日志采集流程

Kafka 的日志采集流程为发布-订阅消息的工作流程。

（1）生产者定期向主题发送消息

Kafka 存储为该特定主题配置的分区中的所有消息。确保消息在分区之间平等共享。如果生产者发送两个消息并且有两个分区，Kafka 将会将消息分别保存在两个分区中。

（2）消费者订阅特定主题

一旦消费者订阅主题，Kafka 将向消费者提供主题的当前偏移，同时偏移将保存在 Zookeeper 系统中。

（3）消费者将定期请求 Kafka 需要新消息

① Kafka 收到来自生产者的消息，则会将这些消息转发给消费者。

② 消费者将收到消息并进行处理。

③ 当消息被处理，消费者将向 Kafka 代理发送消息确认。

④ Kafka 收到确认，将偏移更改为新值，并在 Zookeeper 中更新它。

⑤ 重复上述流程，直到消费者停止请求。

⑥ 消费者可以随时回退/跳到所需的主题偏移量，并阅读所有后续消息。

（4）队列消息/用户组的工作流

在队列消息传递系统而不是单个消费者中，具有相同组 ID 的一组消费者将订阅主题。实际工作流程如下。

① 生产者以固定间隔向某个主题发送消息。

② Kafka 存储在为该特定主题配置的分区中的所有消息。

③ 单个消费者订阅特定主题，假设 Topic-01 的 Group ID 为 Group-1。

④ Kafka 以与发布-订阅消息相同的方式与消费者交互，直到新消费者以相同的组 ID 订阅相同主题 Topic-01。

⑤ 当新消费者到达时，Kafka 将其操作切换到共享模式，并在两个消费者之间共享数据，直到用户数达到为该特定主题配置的分区数。

⑥ 当消费者的数量超过分区的数量，新消费者将不会接收任何进一步的消息，直到现有消费者取消订阅任何一个消费者。

2. 网络数据采集方法

“网络数据采集”是利用互联网搜索引擎技术对数据进行针对性、行业性、精准性的抓取，并按照一定规则和筛选标准将数据进行归类，形成数据库文件的一个过程。

互联网网络数据是大数据的重要来源之一，这些数据包含了用户的消费、交易、产品评价等商业信息，也包含了其社交、关注和特点爱好等行为信息。网络数据采集常用的即使是通过网络爬虫或网站公开 API 等方式从网站上获取数据信息。该方法可以将非结构化数据从网页中抽取出来，将其存储为统一的本地数据文件，并以结构化的方式存储。它支持图片、音频、视频等文件或附件的采集，附件与正文可以自动关联。

目前网络数据采集采用的技术上都是利用垂直搜索引擎技术的网络蜘蛛（或数据采集机器人）、分词系统、任务与索引系统等技术进行。

人们一般通过专门技术将海量信息和数据采集后，进行分拣和二次加工，实现网络数据价值与利益最大化、更专业化的目的。

国内从事“海量数据采集”的企业越来越多，大多是采用垂直搜索引擎技术实现，还有一些企业同时实现了多种技术的综合运用。根据网络环境不同的数据类型与网站结构，一套完善数据采集系统都采用分布式抓取、分析、数据挖掘等功能于一身的信息技术，数据采集系统能对指定的网站进行定向数据抓取和分析，在专业知识库建立、企业竞争分析、报社媒体资讯获取、网站内容建设等领域应用很广。比如“火车采集器”采用的垂直搜索引擎+网络雷达+信息追踪与自动分拣+自动索引技术，将海量数据采集与后期处理进行了结合。数据采集系统能大大降低企业和政府部门在信息建设过程中人工的成本。同时能够挖掘更巨大的商机。

网络数据采集的基本步骤是：将需要抓取数据网站的 URL 信息写入 URL 队列；爬虫从 URL 队列中获取需要抓取数据网站的 Site URL 信息；爬虫从 Internet 抓取对应网页内容，并抽取其特定属性的内值；爬虫将从网页中抽取出的数据写入数据库；Dp 读取 SpiderData，并进行处理；Dp 将处理后的数据写入数据库。

通俗地讲，从事海量数据采集的企业就是从事计算机数据分析的研究。

除了网络中包含的内容之外，对于网络流量的采集可以使用 DPI 或 DFI 等带宽管理技术进行处理。

3. 数据库采集

一些企业会使用传统的关系型数据库 MySQL 和 Oracle 等来存储数据。这些数据库中存储的海量数据，相对来说结构化更强，也是大数据的主要来源之一。其采集方法支持异构数据库之间的实时数据同步和复制，基于的理论是对各种数据库的 Log 日志文件进行分析，然后进行复制。

4. 其他数据采集方法

在一些特定领域，比如对于企业生产经营数据或学科研究数据等保密性要求较高的数据，可以通过与企业或研究机构合作，使用特定系统接口等相关方式采集数据。

3.2　数据预处理

数据预处理（Data Preprocessing）是指在主要的处理以前对数据进行的一些处理。现实世界中存在的数据是零散不完整的，还有脏数据的存在，我们无法直接使用这些无关的数据。为了提高我们对数据使用的质量，于是需要对数据进行挖掘处理，在这个过程中就产生了数据预处理技术。数据预处理的方法有很多：数据清理、数据集成、数据变换、数据归约等。这些技术用在数据挖掘之前，能够提高数据挖掘模式的质量，降低实际挖掘所需要的时间。

数据的预处理是指对所收集数据进行分类或分组前所做的审核、筛选、排序等必要的处理。主要采用数据清理、数据集成、数据转换、数据规约的方法来完成数据的预处理任务。其流程如图 3-5 所示。

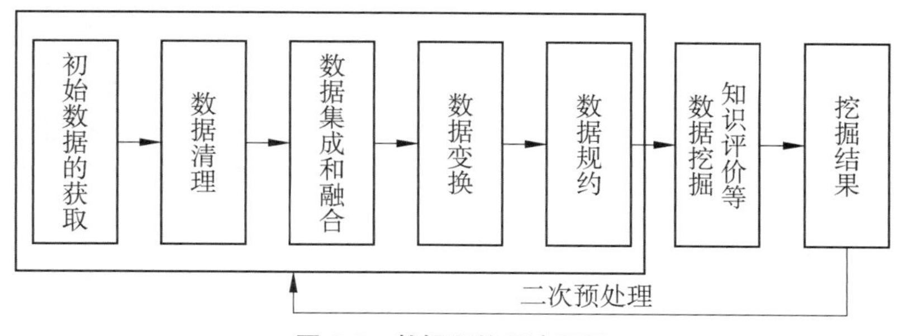

图 3-5　数据预处理流程图

3.2.1　数据清洗

数据清洗时发现并纠正数据文件中可识别的错误的最后一道程序，包括对数据一致性的检查、无效值和缺失值得处理。数据清洗与问卷审核结果不同时，录入后的数据清理工作一般是由计算机完成而不是人工来操作。

数据清洗的原理（如图 3-6 所示）是利用有关技术如数据挖掘或预定义的清理规则将脏数据转化为满足数据质量要求的数据。

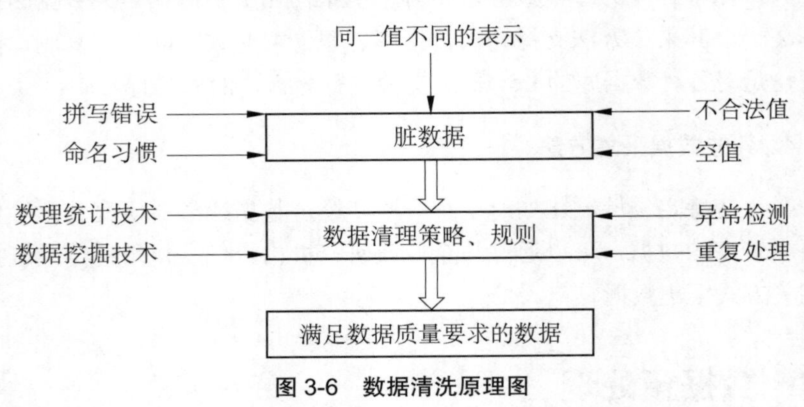

图 3-6　数据清洗原理图

在数据清洗过程中，针对数据的类型和特性的不同，大致将数据类型分为 3 类来进行数据的清洗工作。

1. 残缺数据

这一类数据主要是因为部分信息缺失，如公司的名称、客户的区域信息、业务系统中主表与明细表不能匹配等数据。将这一类数据过滤出来，按照缺失的内容分别填入对应的文档信息，并提交给客户，在规定时间内补全，才可写入数据仓库。

2. 错误数据

这一类错误产生的原因往往是业务系统不够健全，在接收输入信息后没有进行判断直接将数据写入后台数据库导致的，比如数值数据输成全角数字字符、字符串数据后面有一个回车操作、日期格式不正确等。这类数据也是需要分类，对于类似于全角字符、数据前后有不可见字符问题的时候，只能用写 SQL 语句的方式查找出来，然后要求客户在业务系统修正之后抽取。日期格式不正确的错误会导致 ETL 运行失败，这样的错误需要去业务系统数据库用 SQL 的方式挑出来，交给业务主管部门要求在一定时间范围内予以修正，修正之后再抽取。

3. 重复数据

这一类数据多出现在维护表中，是将重复数据记录的所有字段导出来，让客户确认并整理。

数据清洗是一个反复执行的过程，需要一定的时间来执行操作，要在这个过程中不断地发现问题，解决问题。对于是否过滤，是否修正，一般要求客户确认。对于过滤掉的数据，写入 Excel 文件或者将过滤数据写入数据表，在 ETL 开发的初期可以每天向业务单位发送过滤数据的邮件，从而促使他们尽快地完成对错误的修正，同时也可以作为将来验证数据的依据。在整个数据清洗过程中需要用户不断进行确认。

数据清理的方法是通过填写无效和缺失的值、光滑噪声的数据、识别或删除离群点并解决不一致性来“清理”数据。主要是为达到格式标准化、异常数据消除、错误纠正、重复数据的清除等目的。

一般来说，数据清理是将数据库中所存数据精细化，去除重复无用数据，并使剩余部分的数据转化成标准可接受格式的过程。数据清理流程是将数据输入数据清理处理设备中，通过一系列步骤对数据进行清理，然后以期望的格式输出清理过的数据。数据清理从数据的准确性、完整性、一致性、唯一性、适时性、有效性等几个方面来处理数据的丢失值、越界值、不一致代码、重复数据等问题。

数据清理一般针对具体应用来对数据做出科学的清理。下面介绍几种数据清理的方法。

（1）填充缺失值

大部分情况下，缺失的值必须要用手工来进行清理。当然，某些缺失值可以从它本身数据源或其他数据源中推导出来，可以用平均值、最大值或更为复杂的概率估计代替缺失的值，从而达到清理的目的。

（2）修改错误值

用统计分析的方法识别错误值或异常值，如数据偏差、识别不遵守分布的值，也可以用简单规则库检查数据值，或使用不同属性间的约束来检测和清理数据。

（3）消除重复记录

数据库中属性值相同的情况被认定为是重复记录。通过判断记录间的属性值是否相同来检测记录是否相等，相等的记录合并为一条记录。

4. 数据的不一致性

从多数据源集成的数据语义会不一样，可供定义完整性约束用于检查不一致性，也可通过对数据进行分析来发现它们之间的联系，从而保持数据的一致性。

数据清洗工具使用领域特有的知识对数据作清洗。通常采用语法分析和模糊匹配技术完成对多数据源数据的清理。数据审计工具可以通过扫描数据发现规律和联系。因此，这类工具可以看作是数据挖掘工具的变形。

3.2.2 数据集成

数据集成是将不同应用系统、不同数据形式，在原应用系统不做任何改变的条件下，进行数据采集、转换好储存的数据整合过程。其主要目的是在解决多重数据储存或合并时所产生的数据不一致、数据重复或冗余的问题，以提高后续数据分析的精确度和速度。目前通常采用联邦式、基于中间件模型和数据仓库等方法来构造集成的系统，这些技术在不同的着重点和应用上解决数据共享和为企业提供决策支持。简单说数据集成就是将多个数据源中的数据结合起来并统一存储，建立数据仓库。

目前来说异构性、分布性、自治性是解决数据集成的主要难点。

- 异构性指我们需要集成的数据往往都是独立开发的，数据模型异构，给集成也带来了困难，其主要表现在数据语义及数据源的使用环境等。
- 分布性指的是数据源是异地分布的，依赖网络进行数据的传输，网络在传输过程中对网络质量和安全性是个挑战。
- 自治性描述的是各数据源都有很强的自治性，可以在不通知集成系统的前提下改变自身的结构和数据，给数据集成系统的鲁棒性提出新挑战。

对数据集成体系结构来说，关键是拥有一个包含有目标计划、源目标映射、数据获得、分级抽取、错误恢复和安全性转换的数据高速缓存器。数据高速缓存器包含有预先定制的数据抽取工作，这些工作自动地位于一个企业的后端及数据仓库之中。

高速缓存器作为企业和电子商务数据的一个唯一集成点，最大限度地减少了对直接访问后端系统和进行复杂实时集成的需求。这个高速缓存器从后端系统中卸载众多不必要的数据请求，使电子商务公司可以增加更多的用户，同时让后端系统从事其指定的工作。

通常采用联邦式、基于中间件模型和数据仓库等方法来构造集成的系统，这些技术在不同方面解决了数据的共享和为企业提供了决策支持。

联邦数据库（FDBS）是早期人们采用的一种模式集成方法，是最早采用的数据集成方法之一，它通过构建集成系统时将各数据源的数据视图集成为全局模式，使用户能够按照全局模式访问各数据源的数据。用户可以直接在全局模式的基础上提交请求，由数据集成系统将这些请求处理后，转换成各个数据源在本地数据视图基础上能够执行的请求。模式集成方法的特点是直接为用户提供透明的数据访问方法。构建全局模式与数据源数据视图间的映射关系和处理用户在全局模式基础上的查询请求是模式集成要解决的两个基本问题。

在联邦数据库中，数据源之间共享自己的一部分数据模式，形成一个联邦模式。联邦数据库系统按集成度可分为两种：一种是采用紧密耦合联邦数据库系统；另一种是采用松散耦合联邦数据库系统。紧密耦合联邦数据库系统使用统一的全局模式，将各数据源的数据模式映射到全局数据模式上，解决了数据源间的异构性。这种方法集成度较高，需要用户参与少；缺点是构建一个全局数据模式的算法较为复杂，扩展性差。松散耦合联邦数据库系统比较特殊，没有全局模式，采用联邦模式。这种方法提供统一的查询语言，将很多异构性问题交给用户自己去解决。松散耦合方法对数据的集成度不高，但其数据源的自治性强、动态性能好，集成系统不需要维护一个全局模式。

所以说联邦数据库系统（FDBS）是由半自治数据库系统构成，相互之间分享数据，联盟其他数据源之间相互提供访问接口，同时联盟数据库系统可以是集中数据库系统或分布式数据库系统及其他联邦式系统。无论采用什么样的模式，其中核心都是必须解决所有数据源语义上的问题。

基于中间件模型通过统一的全局数据模型来访问异构的数据库、遗留系统、Web 资源等。中间件位于异构数据源系统和应用程序之间，向下协调各数据源系统，向上为访问集成数据的应用提供统一数据模式和数据访问的接口。各数据源的应用仍然独自完成它们的任务，中间件系统则主要集中为异构数据源提供一个高层次检索服务。

中间件模式是目前比较流行的数据集成方法，它通过在中间层提供一个统一的数据逻辑视图来隐藏底层的数据细节，使用户可以把集成数据源看成一个统一的整体。

与联邦数据库不同，中间件系统不仅能够集成结构化的数据源信息，还可以集成半结构化或非结构化数据源中的信息，中间件注重于全局查询的处理和优化，与联邦数据库系统相比，其优点是它能够集成非数据库形式的数据源，有很好的查询性能，自治性强；中间件集成的缺点在于它通常是只读，而联邦数据库对读写都支持。

数据仓库是一种典型的数据复制方法。该方法将各个数据源的数据复制到同一处，用来存放这些数据的地方即数据仓库。用户则像访问普通数据库一样直接访问数据仓库。数据仓库是在数据库已大量存在的情况下，为进一步挖掘数据资源和决策需要而产生。数据仓库方案建设的目的是将前端查询和分析作为基础，由于在查询和分析中会产生大量数据冗余，所以需要的存储容量也较大，因此形成一个专门存放数据的仓库。数据仓库其实就是一个环境，而不是一件产品。

简而言之，传统的操作型数据库是面向事务设计的，数据库中通常存储在线交易数据，设计时尽量合理规避冗余，一般采用符合范式的规则设计。而数据仓库是面向主题设计，存储的一般是历史数据，在设计时有意引入冗余，采用反范式的方式设计。

从设计的目的来讲，数据库是为捕获数据而设计，而数据仓库是为存储分析数据而设计，它两个基本的元素是维表和事实表。维是看问题的角度，事实表里放着要查询的数据，同时有维的ID。

数据仓库是在企业管理和决策中面向主题的、集成的、与时间相关的和不可修改的数据集合。其中，数据被归类为功能上独立的、没有重叠的主题。

这几种方法在一定程度上解决了应用之间的数据共享和互通的问题，但也存在异同。数据仓库技术则另外一个层面上表达数据信息之间的共享，它主要是为了针对企业某个应用领域提出的一种数据集成方法，我们可以说成是面向主题并为企业提供数据挖掘和决策支持的系统。

3.2.3 数据转换

数据转换（Data Transfer）时采用线性或非线性的数学变换方法将多维数据压缩成较少维的数据，消除它们在时间、空间、属性及精度等特征表现方面的差异。实际上就是将数据从一种表示形式变为另一种表现形式的过程。

由于软件的全面升级，致使数据库也要随之升级，因为每一个软件对与之对应的数据库的架构与数据的存储形式是不一样的，因此就需要数据转换。由于数据量在不断地增加，原来数据构架的不合理，不能满足各方面的要求，问题日渐暴露，也会产生数据转换。这是产生数据转换的原因。

常见的数据转换方法有5种：

有 n 个样本，m 个指标，得到观测数据 x_{ij}，$i=1, 2, \cdots, n$；$j=1, 2, \cdots, m$

均值：$$\bar{x}_j = \frac{1}{n}\sum_{t=1}^{n} x_{tj} \quad (j=1,2,\cdots,m)$$

标准差：$$s_j = \sqrt{\frac{1}{n-1}\sum_{t=1}^{n}(x_{tj}-\bar{x}_j)^2} \quad (j=1,2,\cdots,m)$$

极差：$$R_j = \max_{t=1,2,\cdots,n} x_{tj} - \min_{t=1,2,\cdots,n} x_{tj} \quad (j=1,2,\cdots,m)$$

（1）中心化变换：变换之后均值为0，协方差阵不变，可以用来方便地计算样本协方差阵。

$$x_{ij}^* = x_{ij} - \overline{x}_j \quad (i=1,2,\cdots,n;\ j=1,2,\cdots,m)$$

$$S^* = S = (S_{ij})m \times m$$

其中，$s_i j = \frac{1}{n-1}\sum_{t=1}^{n}(x_{ti} - \overline{x}_i)(x_{tj} - \overline{x}_j) = \frac{1}{n-1}\sum_{t=1}^{n} x_{ti}^* x_{tj}^*$。

（2）标准化变换：变换之后每个变量均值为0，标准差为1，变换后的数据与变量的量纲无关。

$$x_{ij}^* = \frac{x_{ij} - \overline{x}_j}{s_j} \quad (i=1,2,\cdots,n;\ j=1,2,\cdots,m)$$

（3）极差标准化变换：变换后每个变量样本均值为0，极差为1，变换后数据绝对值数据在（-1，1）中，能减少分析计算中的误差，无量纲。

$$x_{ij}^* = \frac{x_{ij} - \overline{x}_j}{R_j} \quad (i=1,2,\cdots,n;\ j=1,2,\cdots,m)$$

（4）极差正规化变换：变换后数据在[0，1]之间；极差为1，无量纲。

$$x_{ij}^* = \frac{x_{ij} - \min_{1\leqslant t\leqslant n}}{R_j} \quad (i=1,2,\cdots,n;\ j=1,2,\cdots,m)$$

（5）对数变换：将具有指数特征的数据结构变换为现行数据结构。

$$x_{ij}^* = \ln(x_{ij})x_{ij} > 0 \quad (i=1,2,\cdots,n;\ j=1,2,\cdots,m)$$

3.2.4 数据归约

由于在数据挖掘时会产生非常大量的数据信息，在少量数据上进行挖掘分析需要很长的时间，数据归约技术可以用来得到数据集的归约表示，它很小，但并不影响原数据的完整性，结果与归约前结果相同或几乎相同。所以，我们可以说数据归约是指在尽可能保持数据原貌的前提下，最大限度地精简数据量保持数据的原始状态。

数据归约主要有两个途径：属性选择和数据采样，分别针对原始数据集中的属性和记录。

数据归约可以分为3类，分别是特征归约、样本归约、特征值归约。

（1）特征归约

特征归约是将不重要的或不相关的特征从原有特征中删除，或者通过对特征进行重组和比较来减少个数。其原则是在保留甚至提高原有判断能力的同时减少特征向量的维度。特征归约算法的输入是一组特征，输出是它的一个子集。包括3个步骤。

① 搜索过程：在特征空间中搜索特征子集，每个子集称为一个状态由选中的特征构成。

② 评估过程：输入一个状态，通过评估函数或预先设定的阈值输出一

个评估值搜索算法的目的使评估值达到最优。

③ 分类过程：使用最后的特征集完成最后的算法。

（2）样本归约

样本归约就是从数据集中选出一个有代表性的子集作为样本。子集大小的确定要考虑计算成本、存储要求、估计量的精度以及其他一些与算法和数据特性有关的因素。

样本都是预先知道的，通常数目较大，质量高低不等，对实际问题的先验知识也不确定。原始数据集中最大和最关键的维度数就是样本的数目，也就是数据表中的记录数。

（3）特征值归约

特征值归约是特征值离散化技术，它将连续型特征的值离散化，使之成为少量的区间，每个区间映射到一个离散符号。优点在于简化了数据描述，并易于理解数据和最终的挖掘结果。

特征值归约分为有参和无参两种。有参方法是使用一个模型来评估数据，只需存放参数，而不需要存放实际数据，包含回归和对数线性模型两种。无参方法的特征值归约有3种，包括直方图、聚类和选样。

对于小型或中型数据集来说，一般的数据预处理步骤已经可以满足需求。但对大型数据集来讲，在应用数据挖掘技术以前，更可能采取一个中间的、额外的步骤就是数据归约。步骤中简化数据的主题是维归约，主要问题是是否可在没有牺牲成果质量的前提下，丢弃这些已准备好的和预处理的数据，能否在适量的时间和空间中检查已准备的数据和已建立的子集。

对数据的描述，特征的挑选，归约或转换决定了数据挖掘方案的质量。在实践中，特征的数量可达到数百万计，如果我们在对数据进行分析的时候，只需要上白条样本，就需要进行维归约，以挖掘出可靠的模型；另外，高维度引起的数据超负，会使一些数据挖掘算法不实用，唯一的方法也就是进行维归约。在进行数据挖掘准备时进行标准数据归约操作，计算时间、预测/描述精度和数据挖掘模型的描述将让我们清楚地知道这些操作中将得到和失去的信息。

数据归约的算法特征包括可测性、可识别性、单调性、一致性、收益增减、中断性、优先权7条。

3.3 常用 ETL 工具

3.3.1 概念

ETL（Extract-Transform-Load）是一种数据仓库技术，即数据抽取

（Extract）、转换（Transform）、装载（Load）的过程，其本质是数据流动的过程，将不同异构数据源流向统一的目标数据。ETL 负责将分布的、异构数据源中的数据如关系数据、平面数据文件等抽取到临时中间层后进行清洗、转换、集成，最后加载到数据仓库或数据集市中，成为联机分析处理和数据挖掘的基础，是构建数据仓库的重要环节。

典型的 ETL 工具有 Informatica、Datastage、OWB、微软 DTS、Beeload、Kettle 等。开源的工具有 Eclipse 的 ETL 插件 cloveretl。

实现 ETL，首先要实现 ETL 转换的过程。

（1）空值处理：能够捕获字段空值，进行加载或替换为其他含义数据，并可根据字段空值实现分流加载到不同目标库。

（2）规范化数据格式：可实现字段格式约束定义，对于数据源中时间、数值、字符等数据，可自定义加载格式。

（3）拆分数据：依据业务需求对字段可进行分解。

（4）验证数据正确性：可利用 Lookup 及拆分功能进行数据验证。

（5）数据替换：对于因业务因素，可实现无效数据、缺失数据的替换。

（6）Lookup：查获丢失数据 Lookup 实现子查询，并返回用其他手段获取的缺失字段，保证字段完整性。

（7）建立 ETL 过程的主外键约束：对无依赖性的非法数据，可替换或导出到错误数据文件中，保证主键唯一记录的加载。

在 ETL 架构中，数据的流向是从源数据流到 ETL 工具，ETL 工具可以看成是一个单独的数据处理引擎，通常在单独的硬件服务器上，实现所有数据转化的工作，然后将数据加载到目标数据仓库中，如果要增加整个 ETL 过程的效率，那么只能增强 ETL 工具服务器的配置，优化系统处理流程。IBM 的 datastage 和 Informatica 的 Powercenter 原来都是采用的这种架构。

ETL 架构的优势如下：

- 可以分担数据库系统的负载；
- 相对于 ELT 架构可以实现更为复杂的数据转化逻辑；
- 采用单独的硬件服务器；
- 与底层的数据库数据存储无关。

这里简单介绍下 ELT 架构，在 ELT 架构中，它只负责提供图形化的界面来设计业务规则，数据的整个加工过程都在目标和源的数据库之间流动，ELT 协调相关的数据库系统来执行相关的应用，数据加工过程既可以在源数据库端执行，也可以在目标数据仓库端执行。

一个优秀的 ETL 设计应该具有如下功能：管理简单，采用元数据方法，集中进行管理；接口、数据格式、传输有严格的规范；尽量不在外部数据源安装软件；数据抽取系统流程自动化，并有自动调度功能；抽取的数据及时、准确、完整；可以提供同各种数据系统的接口，系统适应性强；提供软件框架系统，系统功能改变时，应用程序很少改变便可适应变化；可扩展性强。

标准定义数据，合理的业务模型设计对 ETL 至关重要。数据仓库的设计建模一般都依照三范式、星型模型、雪花模型，无论哪种设计思想，都应该最大化地涵盖关键业务数据，把运营环境中杂乱无序的数据结构统一成为合理的、关联的、分析型的新结构，而 ETL 则会依照模型的定义去提取数据源，进行转换、清洗，并最终加载到目标数据仓库中。模型的标准化定义的内容包括标准代码统一、业务术语统一。

拓展新型应用对业务数据本身及其运行环境的描述与定义的数据，称为元数据（Metadata）。元数据是描述数据的数据。业务数据主要用于支持业务系统应用的数据，而元数据则是企业信息门户、客户关系管理、数据仓库、决策支持和 B2B 等新型应用所不可或缺的内容。

而元数据对于 ETL 的集中表现为：定义数据源的位置及数据源的属性、确定从源数据到目标数据的对应规则、确定相关的业务逻辑、在数据实际加载前的其他必要的准备工作等，它一般贯穿整个数据仓库项目，而 ETL 的所有过程必须最大化地参照元数据，这样才能快速实现 ETL。

3.3.2 常用 ETL 工具比较

ETL 工具有很多种，如图 3-7 所示。可根据以下几个方面考虑选择合适的 ETL 分析工具：对平台的支持程度；对数据源的支持程度；抽取和装载的性能是不是较高，且对业务系统的性能影响大不大，倾入性高不高；数据转换和加工的功能强不强；是否具有管理和调度功能；是否具有良好的集成性和开放性。常用的 ETL 工具有以下几种。

Kettle 是一款国外开源的 ETL 工具，纯 Java 编写，绿色无须安装，数据抽取高效稳定（数据迁移工具）。Kettle 中有两种脚本文件：Transformation 和 Job，Transformation 完成针对数据的基础转换，Job 则完成整个工作流的控制。

Talend 可执行数据仓库到数据库之间的数据同步，提供基于 Eclipse RCP 的图形操作界面。Talend 采用用户友好型，综合性很强的 IDE（类似于 Pentaho Kettle 的 Spoon）来设计不同的流程。这些流程可以在 IDE 内部测试并编译成 Java 代码，可以随时查看并编辑生成的 Java 代码，同时实现强大的控制力和灵活性。

Apache Camel 是一个非常强大的基于规则的路由以及媒介引擎，该引擎提供了一个基于 POJO 的企业应用模式（Enterprise Integration Patterns）

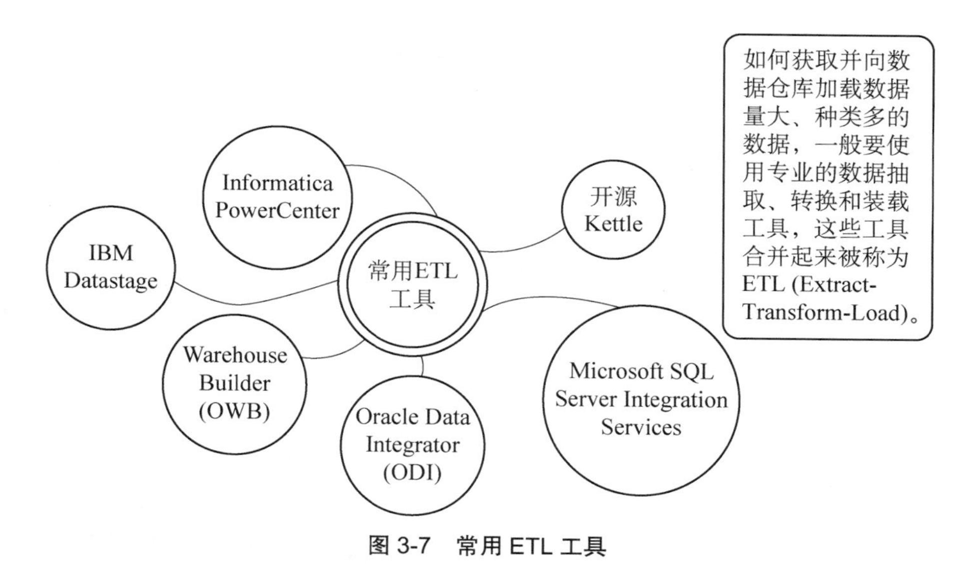

图 3-7　常用 ETL 工具

的实现，用户可以采用其异常强大且十分易用的 API（可以说是一种 Java 的领域定义语言 Domain Specific Language）来配置其路由或者中介的规则。通过这种领域定义语言，可以在自己的 IDE 中用简单的 Java Code 写出一个类型安全并具有一定智能的规则描述文件。

Scriptella 是一个开源的 ETL（抽取-转换-加载）工具和一个脚本执行工具，采用 Java 开发。Scriptella 支持跨数据库的 ETL 脚本，并且可以在单个的 ETL 文件中与多个数据源运行。Scriptella 可与任何 JDBC/ODBC 兼容的驱动程序集成，并提供与非 JDBC 数据源和脚本语言的互操作性的接口。它还可以与 Java EE、Spring、JMX、JNDI 和 JavaMail 集成。

Logstash 是一个应用程序日志、事件的传输、处理、管理和搜索的平台，可以用它来统一对应用程序日志进行收集管理，提供 Web 接口用于查询和统计。Logstash 通常搭配 ElasticSearch 和 Kibana 俗称 ELK Stack，为编程人员提供了一个分布式的可扩展的信息储存和基于 Lucene 的信息检索机制、基于 Logstash、Kibana 的挖掘结果可视化架构。

3.4　习题

1. 常用大数据采集工具有哪些？
2. 简要阐述数据预处理原理。
3. 数据清洗有哪些方法？
4. 数据转换的主要内容包括什么？
5. 分别阐述常用的 ETL 工具。

大数据的存储

由于云计算、物联网、社交网络的发展使人类社会的数据产生方式发生了变化，社会数据的规模正在以前所未有的速度增长，数据的种类不胜枚举。这种海量、异构的数据不仅改变我们的生活，也带来了数据存储技术的变革与发展。

存储本身就是大数据中一个很重要的组成部分，随着大数据技术的到来，对于结构化、半结构化、非结构化的数据存储也呈现出新的要求，特别对统一存储也有了新的变化。大数据集容易消耗巨大的时间和成本，从而造成非结构化数据的雪崩。也即是说如果没有合适的大数据存储方式，就不能轻松访问或部署大量数据。

本章以大数据当前系统、管理、应用方面带来的挑战牵头，展开介绍了大数据存储方式、数据仓库的相关概念和技术。

4.1 面临的挑战

4.1.1 系统问题

自人类诞生以来，数据的存储就一直伴随人们左右。最早的原始人类采用结绳记事的方式实现数据的记录与存储，后来商代利用甲骨文记录信息，西周和春秋时期则利用竹简作为信息记录的载体，再到东汉造纸术的成功出现都持续地体现了数据存储对人类生活的重要性。从公元 1900 年到现在，人们相对较快地经历了机器打孔、电子存储计算器、在线数据库、关系型数据库、多类型数据处理 5 个阶段后，正式进入了大数据处理阶段。从关系型数据库阶段起，被称之为现代数据处理。其基础技术组件如图 4-1 所示。包含数据集成、文件存储、数据存储、数据计算、数据分析、平台管理 6 个基本能力组件。

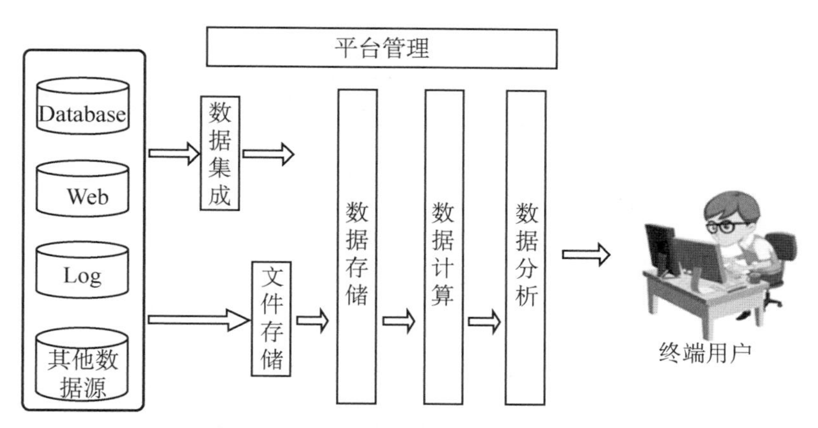

图 4-1　现代数据处理基础组件结构图

从结构图中可以看出，数据存储是数据处理架构中进行数据管理的高级单元。其功能是存储按照特定的数据模型组织起来的数据集合，并提供独立于应用的数据增加、删除、修改能力。例如 IBM 的 DB2 就是一个数据存储能力组件。面对大数据的爆炸式增长，且具有大数据量、异构型、高时效性的需求时，数据的存储不仅仅有存储容量的压力，还给系统的存储性能、数据管理乃至大数据的应用方面带来了挑战。

为了应对大数据对存储系统的挑战，数据存储领域的工作者通过不懈努力提升了数据存储系统的能力。数据存储系统能力的提升主要有 3 个方面：一是提升系统的存储容量；二是提升系统的吞吐量；三是系统的容错性。

1. 提升系统的存储容量

提升系统容量有两种方式：一种是提升单硬盘的容量，通过不断采用新的材质和新的读写技术来提升，目前单个硬盘的容量已经进入 TB 时代；另一种是在多硬盘的情况下如何提升整体的存储容量。经过多年发展，系统存储技术由早期的 DAS（Direct-Attached Storage，直连式存储）发展到 NAS（Network-Attached Storage，网络接入存储）和 SAN（Storage Area Network，存储区域网络），现在已经进入到云存储阶段。

1）DAS 直连式存储

直连式存储是最早出现的最直接的扩展数据存储模式，即将数据存储设备与数据使用设备（服务器或工作站）直接相连的模式。DAS 很典型的应用场景就是一个包含大量数据存储能力的设备（如磁盘阵列）与一个数据使用设备（如数据处理服务器）通过数据传输接口相连，而常用的传输接口就是 SCSI 和 FC（Fibre Channel）。在这种模式下，数据存储设备和数据使用设备之间没有任何存储网络连接，如图 4-2 所示。

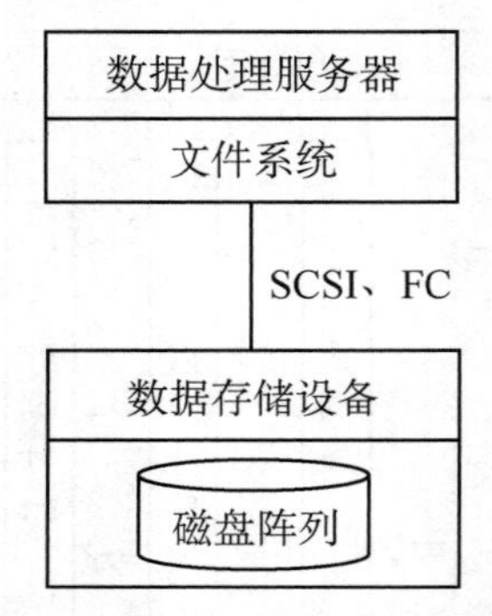

图 4-2　DAS 存储技术结构

DAS 结构在早期数据量不大、应用场景比较简单的时候发挥了主要作用。但是随着数据量的增长，数据处理应用场景变得复杂化的一系列变化，DAS 结构的不足之处也随之表现出来。

（1）扩展性差，成本高

当新的数据应用出现时，数据使用设备与数据存储设备直接相连，需要为新的数据使用设备增加单独的数据存储设备，导致投资成本加大，并且随着数据量的增大，数据使用设备和数据存储设备间的传输通道很容易成为性能瓶颈。

（2）资源利用率低

用于不同数据处理服务器间的数据存储设备存在孤岛效应，一些设备存储能力不足而另一些设备却有大量空间空闲，从而出现数据分布不均衡，数据存储能力不能共享，管理功能分散，以及效率低下的局面。

（3）备份、恢复和扩容过程复杂

基于数据使用设备与数据存储设备直接相连的模式，进行数据备份与恢复时，会占用正常的数据处理传输通道，使得数据的备份与恢复不能实时进行，必须在系统空闲时执行，带来了较大风险，而在进行扩容时还需要停机维护，对业务影响较大。

这些不足都制约了 DAS 结构在大数据应用场景下的使用，为了解决这些问题，存储界的工作者提出了 NAS 和 SAN，以不同的方式应对大数据的挑战。

2）NAS 网络接入存储

NAS（网络接入存储），顾名思义是通过网络与其他设备相连并提供具有文件访问能力的存储设备。通过高速的网络交换机连接存储设备和服务器主机，以实现高速度和大容量的数据存储和访问。NAS 的存储技术结构如图 4-3 所示。

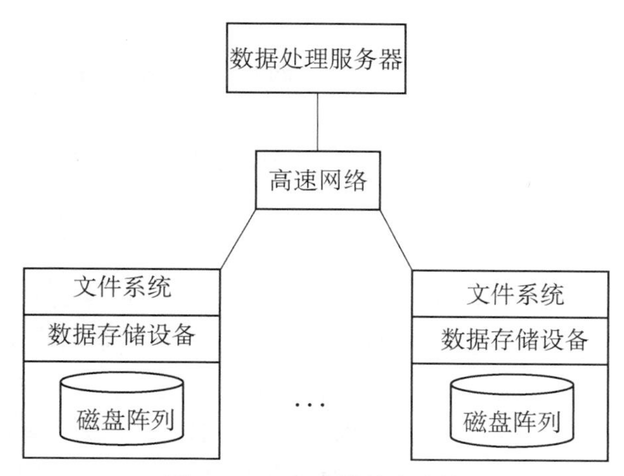

图 4-3 NAS 存储技术结构

NAS 结构文件存储能力的雏形是由英国纽卡斯大学的 Brownbridge 等人提出，其目的是解决在多个 UNIX 服务器之间远程访问文件的问题。在此基础上，Sun 公司开发了 NFS 系统以实现网络中客户端访问多个网络服务器的文件存储能力。Novell 公司也在 NetWare 服务器中通过 NCP 协议实现类似功能。随后，3Com、微软、IBM 等大公司也纷纷研发出了基于 NAS 架构的文件服务器并推向市场。但是在 20 世纪 80 年代至 90 年代期间，受到局域网技术的限制，在 10Mbit/s 局域网环境下 NAS 架构的能力没有得到充分展示，到 20 世纪末 21 世纪初，随着快速以太网、虚拟局域网等技术的推进，特别是吉比特以太网技术的商用化，基于 NAS 机构实现的数据存储设备完成了质的飞越，并得到了市场的广泛认可。NAS 结构采用标准的 TCP/IP 协议进行数据交换，具有兼容异构系统和设备的强大能力，同时继承了磁盘阵列技术的几乎所有优点，可以将设备通过标准的网络拓扑结构连接，摆脱了服务器和异构化构架的限制。随着万兆以太网技术的商用和存储设备的成本降低，NAS 已经被各类型企业和机构广泛采用。虽然 NAS 技术经过了市场的充分验证，但是由于架构的先天不足，也存在一些与大数据处理不相适应的问题。

（1）受局域网带宽的限制

NAS 设备与客户机通过企业网进行连接，数据存储和备份会占用网络的带宽，这必然影响企业内部网络上的其他应用，共用网络带宽成为限制NAS性能的主要问题。

（2）不适用数据块级访问方式

NAS访问需要经过文件系统格式转换，是以文件一级来访问，不适合Block级的应用，尤其是要求使用数据块访问的数据库系统。

（3）无法实现集中备份

NAS结构下，在存储空间不足时通过增加NAS设备提升空间是比较方便，但是在NAS设备的数据访问时需要一个独特的网络标识符，因此无法将多台NAS设备中的数据视为一台统一数据设备进行访问，这就导致了在NAS环境下数据不能进行集中备份。

3）SAN存储区域网络

相对于直连式存储和网络接入存储，存储区域网络的发展历史较短，是指提供格式统一的、数据块级访问能力的一种专用局域网络。SAN通常是用于将具有大数据存储能力的存储设备（如磁盘阵列、磁带库、光盘机等），通过高速交换网络连接在数据处理服务器上，数据处理服务器上的操作系统可以像访问本地盘数据一样对这些存储设备进行高速访问。SAN的存储技术结构如图4-4所示。

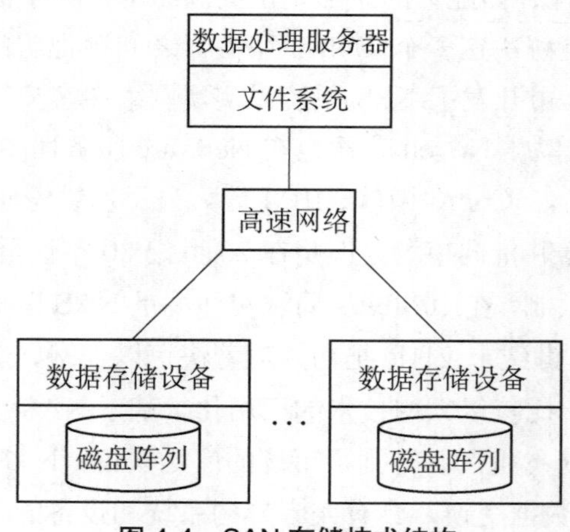

图4-4 SAN存储技术结构

SAN技术是从20世纪90年代后期开始兴起。由于当时以太网的带宽限制，而FC协议可以支持1Gb的带宽，因此早期的SAN存储系统多数由FC存储设备构成。但是SAN架构的本质上是与具体的连接协议和设备类型无关，随着吉比特以太网和太比特以太网的实现与普及，尤其是iSCSI协议的成熟，SAN架构的采购成本逐渐降低，有力地推动了SAN技术设备的推广部署。SAN架构的优良特性也确保了其在大数据处理应用环境中的重要地位。

（1）系统的整合度高

在 SAN 架构下，多台服务器可以同时通过存储网络访问后端存储系统，不用为每台服务器单独配备存储设备，这极大地降低了存储设备异构化的程度，降低投资成本、维护工作量和维护费用。

（2）数据集中度高

不同应用和服务器的数据实现了物理上的集中，有利于提高存储资源的利用率，减轻了空间分配调整和数据备份恢复等维护工作。

（3）高扩展性

SAN 架构下，可以很方便地将数据处理服务器和数据存储设备接入现有的 SAN 环境，可以很好地适应应用变化的需要。NAS 和 SAN 从结构上来看，具有一定的相似性，这也是在实际应用中这两个概念容易让人混淆的原因。它们最核心的区别在于文件系统模块是位于数据处理服务器一侧还是位于数据存储设备一侧。比较图 4-3 和图 4-4 可以看出，NAS 架构中的文件系统位于数据存储设备一侧，且数据存储设备提供的是文件级别的数据访问能力。而在 SAN 架构中，文件系统位于数据处理服务器一侧，能够以数据块的形式访问数据存储设备。正是由于 NAS 和 SAN 之间存在这样的区别，因此它们在大数据处理的应用场景中也各有重点。NAS 架构的重点是关注在应用、用户和文件以及它们共享的数据上，适合 I/O 请求次数较少、对文件存储能力要求高、对扩展性和异构兼容性要求较高的场合，典型的应用就是文件共享。而 SAN 架构的重点则是在磁盘、磁带以及连接它们的可靠的基础结构，适合 I/O 请求次数较多、数据访问频繁、响应速度要求高、系统可靠性要求高的场合，典型的应用就是数据库访问。

因此，在一些大数据处理的复杂环境下，NAS 与 SAN 常常作为互补的两种技术同时使用，一种较为常见的 NAS/SAN 混合架构如图 4-5 所示。

在图 4-5 所示的架构中，NAS 与 SAN 实现了很好地相互补充，为数据使用者提供对不同类型数据的访问。NAS 提供了文件级的数据访问和共享服务，SAN 则实现了海量、面向数据块的数据传输。从图中可以看到随着 SAN 和 NAS 的结合，出现了 NAS 网关这样一个新兴部件，NAS 网关通常是由专门针对提供文件访问服务而进行优化的硬件和定制操作系统构成，可以视为一个专用的文件管理转接设备。其工作原理是：当网关接收到客户机的请求后，将该请求转换为向 SAN 存储设备发出的块数据请求，SAN 存储设备处理这个请求后将结果发回给 NAS 网关，NAS 网关又将这个块信息的结果转换为文件数据，发给客户机。通过 NAS 网关，数据使用者无缝透明地实现了对 SAN 存储设备的文件级访问。NAS 网关的引入使得 SAN

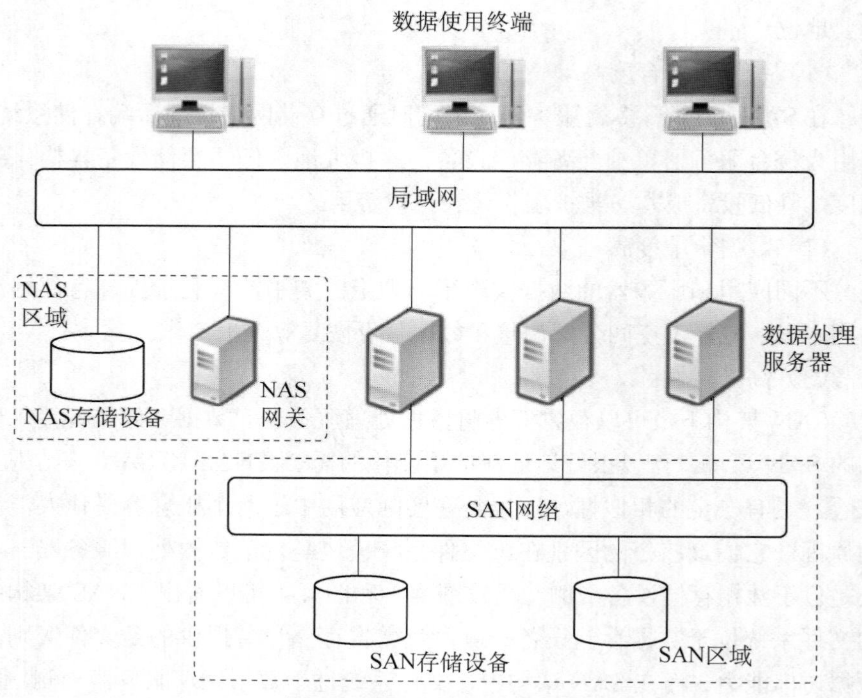

图 4-5 NAS/SAN 混合架构

的大容量存储空间可以为 NAS 使用，实现 NAS 存储空间根据环境的需求扩展容量。NAS 网关作为混合架构中的关键性转接组件，也存在一定的局限性，虽然在一定程度上解决了 NAS 与 SAN 系统的存储设备级的共享问题，但在文件级的共享问题上却与传统的 NAS 系统一样遇到了可扩展性的问题。当一个文件系统负载很大时，NAS 网关很可能成为系统的性能瓶颈。

4）云存储

随着全球数据量的迅猛增长，对现有的存储技术提出了挑战，数据存储问题受到越来越多的企业关注，云计算的发展伴随着数据存储技术的云化发展，云存储的发展同样源于集群技术、网络技术、分布式存储技术、虚拟化存储技术的发展。因此云存储是指：通过网络技术、分布式文件系统、集群应用、服务器虚拟化等技术将网络中海量的不同类型的存储设备构成可扩展、低成本、低能耗的共享存储资源池，并提供数据存储访问、处理功能的系统服务。在云存储的快速发展过程中，不同厂商对云存储提供了不同的结构模型，目前云存储还没有统一的结构模型，文章选择一种比较具有代表性的云存储结构模型，如图 4-6 所示。这种云存储的结构模型自底向上分为存储层、基础管理层、应用接口层和访问层。

（1）存储层

存储层是云存储最基础的促成部分，由大量的、多种多样的存储设备

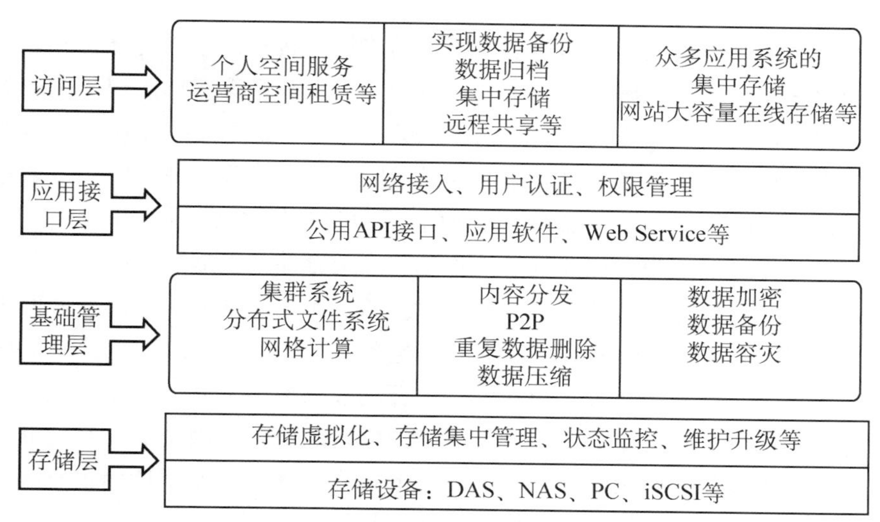

图 4-6　云存储系统的结构模型

构成。比如 FC 光纤通道存储设备，NAS 和 iSCSI 等 IP 存储设备，SCSI 或 SAS 等 DAS 存储设备。处于这一层的存储设备数量众多，大多分布于不同的地理位置，彼此之间通过广域网、互联网或者 FC 光纤通道网络进行连接，构成一个海量的资源池。在存储设备的上层，需要一个统一的存储设备管理系统，来实现存储设备的逻辑虚拟化管理、多链路冗余管理以及硬件设备的状态监控和故障维护。

（2）基础管理层

基础管理层是云存储最核心的部分，也是云存储中实现起来最为困难和复杂的部分。基础管理层通过集群、分布式文件系统和网格计算技术，实现云存储中多个存储设备之间的协同工作，使多个存储设备可以对外提供一致的服务，并且提供更好的数据访问性能。该层中的内容分发、数据加密技术用于保证云存储环境中的数据被安全地访问，不会被恶意用户访问或修改。同时通过各种数据备份和容灾技术和措施可以有效地保证云存储自身的安全和稳定。

（3）应用接口层

应用接口层是云存储结构模型中最为灵活多变的部分。用户通过应用接口层实现对云端数据的存取操作，云存储更加强调服务的易用性。云储存提供了基本的数据存储功能，在不同的存储应用领域中，具体需求会千差万别，而服务提供商可以根据实际业务类型，为特定领域的用户提供更加友好的服务接口，提供针对具体应用的云存储解决方案。

（4）访问层

访问层，任何一个授权的用户都可以通过标准的公用应用接口来登录云存储系统，享受云存储提供的服务。访问层的构建一般都追寻友好化、简便化和实用化的原则。访问层的用户通常有个人数据存储用户、企业数据存储用户和服务集成商等。目前商用云存储系统对于中小型用户具有较大的性价比优势，尤其适合处于快速发展阶段的中小型企业。而由于云存储运营单位的不同，云存储提供的访问类型和访问手段也不尽相同。

云存储已然成为存储发展的一种趋势，但存储的发展也面临着一些挑战。首先是云存储中心的建设需要大量投入，不同企业的实力不均，而大型企业已经有了自己的IT设施，是否愿意放弃原先的IT设施，对企业的信息化系统、存储系统进行重新布置，需要的投入巨大。其次是国内虽然已经建立了部分云存储中心，但大部分客户都是政府或大型企业，客户群局限，盈利能力较弱。最后是云存储服务的可靠性还无法完全达到企业级的要求，如何确保用户数据的绝对可靠也是云存储需要解决的问题。

2. 提升系统的吞吐量

对于单个硬盘，提升吞吐量的主要方法是提高硬盘转速、改进磁盘接口形式或增加读写缓存等。而要提升数据存储系统的整体吞吐量，比较典型的技术是早期的专用数据库机体系。在20世纪70年代，一些大型企业需要对数据仓库中累积的海量数据进行分析，因此需要对这些大数据进行大量的关系性查询。在当时的技术条件下，数据库服务器普遍采用基于冯·诺依曼架构实现的通用计算机，在这种架构及当时的硬件条件下，通用数据库服务器在处理当时的大数据时出现了严重的不足。在当时基于采用通用计算单元处理所有的数据操作，使用有限能力的I/O总线在分离的内存组件和磁盘组件间传输大量数据的架构来实现的数据库服务器不适用于大数据的处理。其原因在于基于通用计算机架构实现的数据库服务器将大量的计算能力用于解析软件发出的数据库操作请求，然后调用一系列软件模块去处理这些请求并检索出相应的数据，再通过I/O操作将大量数据从次要存储组件如硬盘复制到主要存储组件如内存，最终经过大量运算得出结果返回给应用软件。所以当时的技术条件下，大数据库操作的需求与通用计算机架构间的差距就表现在以下两个方面。

首先，数据库的操作目的不同。通用计算机设计面向操作更多是计算。特点是少量数据，大量计算，关注的计算与寻址，实现方式是计算单元访问高速存储部件（如内存）中的数据获得计算结果。而数据库操作更多的是检索与更新，特点是大量数据，少量运算，关注的是查找与内容，实现方式计算单元访问大容量存储部件（如硬盘）中的数据获得处理结果。

其次，由于通用计算机上操作系统隔离了数据库软件模块与底层硬件，使得对数据存储部件和 I/O 缓存的控制变得非常困难，从而导致了数据访问效率低下。

基于以上矛盾和当时日趋成熟的数据关系模型中可描述任意复杂数据操作的基本数据操作集理论，数据库的学者们提出了一种在当时解决大数据处理的思路，即将一些基础的数据操作功能（如检索、更新等）在单独的专用硬件上实现，而将通用计算资源和 I/O 通道释放出来用于其他复杂处理，从而实现高效的数据访问。基于这样的思路，并利用当时逐渐提高的硬件技术和不断降低的硬件成本，逐步实现了用于支持大规模高速数据库访问的专用计算机和硬件系统，即数据库机（Database Machine）。数据库机的抽象模型如图 4-7 所示。

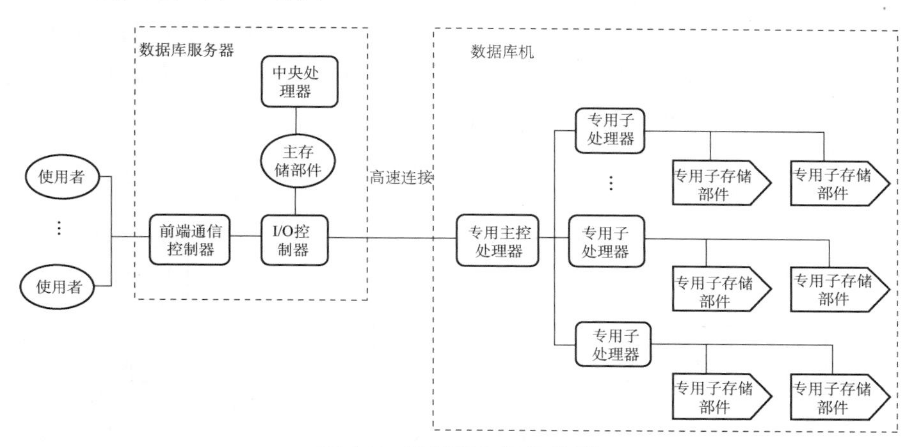

图 4-7 数据库机抽象模型

数据库机通过高速连接与使用者直接交互的数据库服务器，以提供高速访问能力。与数据服务器不同，数据库机并不存放数据库的全部数据，而通常存放该数据库机需要处理的那部分数据。数据库机与服务器之间的高速连接确保了在需要时数据库机可以在秒级时间内将需要处理的数据下载到数据库机的存储部件中，在数据库机中，功能简单，专注于使用专用子处理器实现基础的数据库操作，如数据检索、更新等。每个专用子处理器负责处理对应的一个或多个子存储部件，这些专用子处理器的执行任务由一个主控制处理器统一调配。在数据库机不是很长的发展过程中，不同的研究者在将数据操作基础功能转移到数据库机上的基本共识下，提出了不同的实现架构，这些架构按照其特点可以分为：每磁道专用处理器架构（Processor-Per-Track，PPT）、每磁头专用处理器架构（Processor-Per-Head，PPH）、多处理缓存架构（Multi-Processor Cache，MPC）。为了更好地理解这些架构，先简单介绍数据存储主要部件磁盘的结构：硬盘是由一片或多片磁性盘片构成的，每个盘片由两个面（Side）构成，都可以用来读写数据，依次为 0 面、1 面、2 面……每个面都有一个读写磁头（Head），因此这些面通常被称为 0 号读/写头、1 号读/写头、2 号读/写头……每个磁性盘片为一个圆形，盘片旋转磁头不动，当盘片旋转一周时磁头可对盘片上的一个圆周进行读写，这样的一个圆周叫作一个磁道（Track）。

1）PPT 每磁道专用处理器架构

每磁道专用处理器架构是由 Slotnick 在 1970 年提出的，这是最早的专用数据库架构。为了支持在大数据量的情况下直接搜索数据库并降低搜索过程中主处理器与数据存储部件间的数据传输量以提高性能，Slotnick 提出为大数据存储部件的每个磁道配置一个单独的处理器单元，这些处理器单元可以执行指定的数据检索操作，并通过相连的高速数据总线将符合检索条件的数据传输到主处理器以进行后续的处理，从而降低主处理器的负载和数据传输量。PPT 架构的结构图如图 4-8 所示。

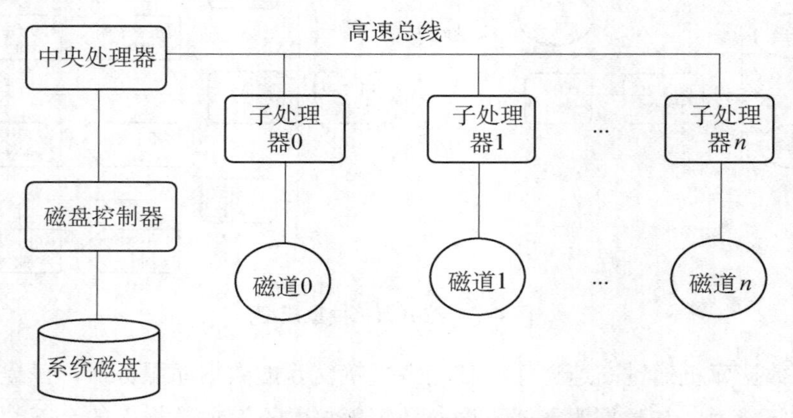

图 4-8　每磁道专用处理器架构的结构图

后续的研究者在 Slotnick 提出的 PPT 架构上进行了一些改进，虽然 Slotnick 提出的架构和这些改进并没直接应用到实际产品中，但它为后来的研究提供了指导和借鉴。直到 20 世纪 70 年代中期提出了具有使用价值的 PPT 架构，包括 CASSM、RAP、RARES。

（1）CASSM 架构

CASSM 架构是第一个完整的数据库机设计方案。采用 CASSM 架构实现的数据库机使用每个磁道都有一个单独的磁头的硬盘以及一组联合的子处理对数据进行并行处理，实现大数据的存入与取出。CASSM 提供了布尔型检索、数据采集和一些高层次的数据库操作功能，用于支持三种类型的数据模型：关系型、分层模型和网状结构。在 CASSM 的基础上，几类新兴的 PPT 架构（CAFS、LEECH、RINDA）对数据检索需要的 Join 操作进行了优化。

（2）RAP 架构

RAP 架构的核心思路是引入了与 Codd 定义的类似关系规则，并将存在相同关系类型的数据按字节顺序存储在一个磁道中。可以理解为，这种数据存储方式是将一个定义好表结构的数据表中的若干行数据按顺序存储在一个磁道的多个数据块中，并且只有在相同表中的若干行数据才可以存储在同一磁道中。这一存储方式带来的好处是当检索数据时，一个磁道中相同的数据组织结构可以带来更加高效的写读效率。同时，由于每个磁道有一个专门的处理器，RAP 架构可以实现并行的不同条件的数据检索，并可以将 Join 操作分解为一系列子检索操作以提高效率。

（3）RARES 架构

在 RARES 架构中，存储部件的一个柱面（Cylinder，即各个磁盘面上相同位置的磁道集合）被分为两部分，0 头磁道被定义为控制空间，其他（1 头、2 头……）被定义为数据空间，每个数据采用（Name，Data）的形式进行存储，Name 存储在控制空间，Data 存储在数据空间。每个数据的 Name 和 Data 的存储位置并行的分布在一个柱面的相同位置的磁道位置上。基于此结构存放的数据可以支持更加高效的读写。在访问特定的数据时，只需要在很小的控制空间查找此数据 Name 的位置，然后全部磁头读取其他盘面与此 Name 相同磁道位置的数据即可完成。并且由于数据是分布在不同盘面上，在读取时可以充分利用不同盘面对应的子处理缓存，从而实现 RAP 架构更高效的数据访问。

以上的几种 PPT 架构虽然能在一定程度上解决大数据访问面临的效率问题，但实际上 PPT 架构很快就面临了导致其不能被大规模应用的重大问题，那就是磁道的容量局限性。

2）每磁头专用处理器架构

为了解决 PPT 架构的磁道容量限制缺陷，一部分研究者提出了每磁头专用处理器架构（PPH），PPH 架构面向的是采用移动技术的磁盘，每个磁头伴有一个专用处理器，可根据检索条件将数据以并行的方式输出到数据总线上，因此可以在磁盘的一次旋转周期内读取完一个整柱面的数据。PPH 架构的结构图如图 4-9 所示。

基于 PPH 的数据库机方案主要有 DBC 和 SURE 两种：DBC 架构是为了解决 PPT 架构在实现大容量数据库机时成本过高的问题而进行的项目。随着磁盘技术的发展，基于移动磁头技术实现的高速磁盘逐渐普及，使得要求每个磁道配备一个磁头的 PPT 架构变得不太现实。DBC 架构采用了多个移动磁头硬盘作为大容量存储器，这些磁头集合具有并行读取能力以实现高速数据访问。并且这些磁盘的磁头通过一个切换器与多个处理器相连，

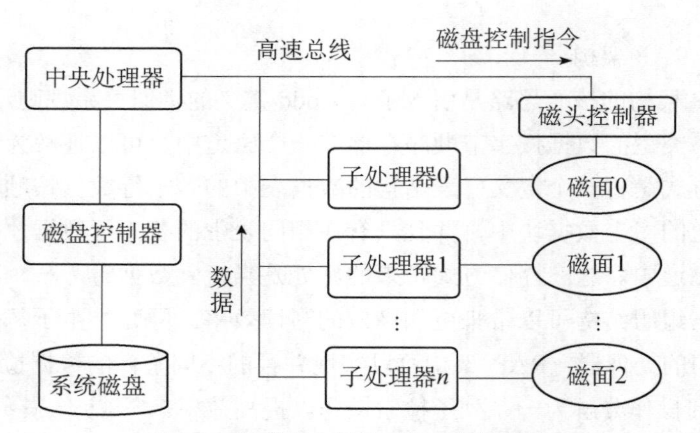

图 4-9　每磁头专用处理器架构结构图

以实现可控制的数据检索。SURE 架构采用了一种创新的数据访问结构以实现同时从所有磁盘盘面并行读取数据，SURE 架构将读取的数据通过一个高速广播通道发送给所有处理器。每个处理器均具有高效的流水线操作能力，使指令在流水线中并行的操作以实现高效的数据检索。一个检索操作会被分解为尽可能多的简单操作，并将每个操作分配到对应的处理器中执行，因此被使用的处理器与检索操作的复杂度紧密相关。SURE 架构的目标是优化数据库检索操作，因此通常被作为一个完整的数据库机的检索处理功能单元部分使用。

3）多处理器缓存架构

在解决 PPT 架构在大数据情况下磁道容量问题时，一部分研究者提出了不同 PPH 架构的思路，即将原来直接相连的处理器与存储组件分离，采用一个大容量的共享缓存将两者相连。这样做的目的是充分利用多处理器的并行读取的高速处理能力和通用大容量存储设备的低成本优势。多处理器缓存架构结构图如图 4-10 所示。

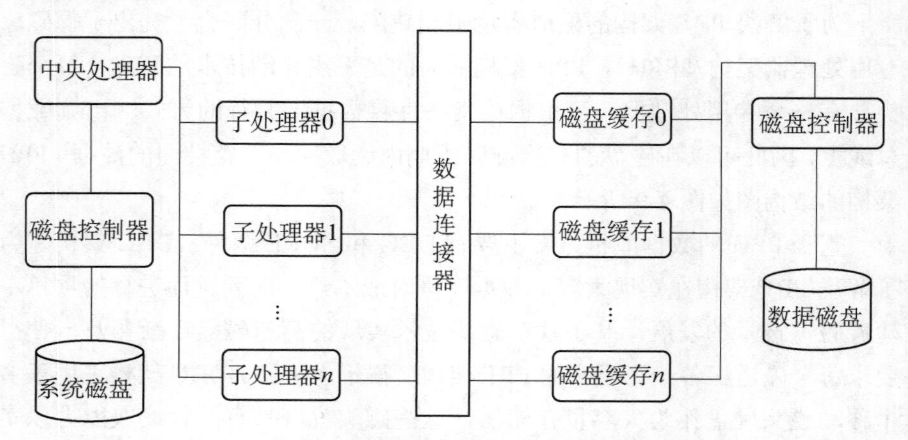

图 4-10　多处理器缓存架构结构图

在 MPC 架构中，新引入的共享缓存机制发挥了关键性的作用。一方面存储组件中的数据复制到共享缓存后即可被所有处理器并行使用；另一方面处理器运算后获得的处理结果也可以存入共享缓存中，使后续处理更加方便快捷。作为后起之秀，MPC 架构得到很多研究者的认可，并沿着 MPC 架构的方向提出了多种实现架构，包括 RAP.2、DIRECT、INFOPLEX、RDBM、DBMAC 等。还有一些研究者将 PPH 架构与 MPC 架构结合，提出了一些混合架构以发挥两者的优势。这里将主要介绍两种影响较大的 MPC 架构 RAP.2 和 DIRECT。

（1）RAP.2 架构

RAP.2 架构是从 PPT 架构的 RAP 方案进化而来，RAP.2 继承了 RAP 中按关系规则存储数据的方式，但是从以下两个方面进行了重要改进：一是子存储部件使用可进行块寻址的内存组件取代了原来的磁盘磁道，以解决磁道存储容量问题和实现降低成本。二是子处理器之间不再采用直接相连的架构，而是使用一个数据总线进行连接，以实现更加高效可靠的数据传输。

（2）DIRECT 架构

DIRECT 架构中，多个子处理器负责执行数据库操作，这些子处理器由一个控制处理器进行协调，控制处理器的功能是分配数据库机受到的操作指令并监控发送到主处理器中。数据存储部件采用移动磁头的大容量磁盘，相同关系型数据表中的数据采用相同的固定长度页面形式存储，并在缓存时也采用相同长度的页面存储，以确保高效的数据访问。

3. 数据存储系统的容错性

数据存储容错是指当系统中的部件或节点由于硬件或软件故障，导致数据、文件损坏或丢失时，系统能够自动将这些损坏或丢失的文件和数据恢复到故障发生前的状态，使系统能够维持正常运行的技术。从支撑的技术角度来分，目前主要的数据存储容错技术包括以下 3 类。

（1）磁盘镜像和磁盘双工

磁盘镜像和磁盘双工是中小型网络系统中经常使用的容错技术。磁盘镜像是指将两个硬盘接在同一个硬盘控制卡上，用同一个硬盘控制卡来管理两个硬盘的数据读写，其结构如图 4-11（a）所示，当系统向服务器写入数据时，该部分数据将同时写入两个硬盘。当出现一个硬盘损坏时，可以从另一个硬盘获得数据，确保系统正常运行。从理论上来说，磁盘镜像可以成倍提高系统的可靠性。在磁盘镜像中磁盘可以划分主盘和从盘，主盘是系统中原有的一个硬盘或已存放数据的一个磁盘，从盘则为存放主盘数据的磁盘。从磁盘镜像结构图中可以看出，如果磁盘控制器出现故障，则主机无法使用任何一个磁盘上的数据，镜像的容错功能完全失效。为了改进这一问题，磁盘双工技术采用了两个独立的磁盘控制器分别控制两个磁盘，从而避免了磁盘控制器的单点故障问题。磁盘双工的结构如图 4-11（b）所示。

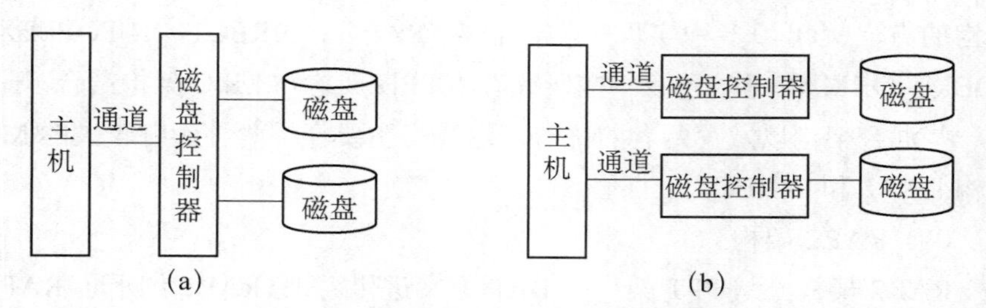

图 4-11　磁盘镜像与磁盘双工结构图

（2）基于 RAID 的磁盘容错

冗余磁盘阵列（Redundant Arrays of Inexpensive Disks，RAID）技术的基本原理是采用多块价格较便宜的磁盘，组成一个容量巨大的磁盘阵列，配合数据分散存储设计，提升数据存储容错性。RAID 技术分为多个等级，以数字编号。比较常见的等级有 RAID0、RAID1、RAID3、RAID5。

RAID0 以连续的位或字节为单位对数据进行分割，在多个磁盘上可以并行进行读写操作，因此具有很高的数据传输效率。但它没有数据冗余能力，因此不能提高容错性。

RAID1 通过磁盘镜像实现数据冗余，在成对的独立磁盘上产生互为备份的数据。当一个磁盘失效时，系统可以自动切换到镜像磁盘上读写，而不需要重组失效的数据。

RAID0 和 RAID1 有时会被组合到一起使用构成 RAIA10 或 RAID01，这样做的优点是具备了 RAID0 的高传输率和 RAID1 的高可靠性，但是磁盘的利用率比较低。RAID3 是将数据条块化分布于不同硬盘上，使用简单的奇偶校验并存放在单独的磁盘上。如果一块磁盘损坏，使用奇偶校验盘及其他磁盘中的数据可以重组出故障盘上的数据。RAID3 对于大量的连续数据可提供很好的传输率，但对于随机数据来说，奇偶校验盘容易成为写操作的瓶颈。

RAID5 不使用单独的磁盘存放校验数据，而是在所有磁盘上交叉地存取数据和奇偶校验信息，在 RAID5 上，读写指针可同时对阵列设备进行操作，实现了更高的数据传输效率，因此更适合小数据块和随机读写数据。

但是 RAID 技术构建的磁盘阵列，也存在一个潜在的单点故障，那就是 RAID 通道。当 RAID 通道出现故障时，所有的数据就不能读出。因此在

RAID系统中还可以使用冗余的RAID控制卡提高系统容错性。当多个RAID控制卡中的一个出现故障时，不会影响系统的整体可用性。通常使用双RAID控制卡系统有两种实现方式：一种是全激活方式，即两个RAID通道相互独立同时运行，两者之间通过心跳方式监控状态，当其中一个出现故障时，另一个会自动接管其工作，而故障恢复后自动回到独立双通道工作状态。另一种是主备方式，主控制器负责全部磁盘的控制，备用控制器通过心跳监控主控制器状态，当主控制器出现故障时，备用控制器会接管任务。

（3）基于集群的数据容错

基于集群的数据容错是构建在多台存储节点上的容错技术。集群容错的基本思想是将同一份数据在集群中的不同节点中进行冗余存储，确保部分节点的故障不会导致系统整体的正常运行。以比较简单的双机容错为例，其数据存储容错可以采用两种方式：双机互援模式和双机热备模式。在双机互援模式下，两台存储节点均为独立的数据服务节点，但互相之间通过某种机制检测对方的运行状态，当其中一个节点出现故障，另一个节点可以自动接管故障点原有的工作，确保系统正常运行。而在双机热备模式下，仅有一台节点作为工作节点，另一台节点以热备份的形式运行，备份节点会通过某种机制获取工作节点上存储的数据并监控工作节点运行状态，以确保在工作点出现故障时，备份节点可以平滑的变为工作节点，以提供完整的数据服务。

4.1.2 管理问题

存储管理是大数据的研究与应用中“重要组件”，它已经悄然潜入我们日常生活的方方面面。因为我们使用移动终端设备会不断产生数据，我们用计算机访问网页也会产生数据，我们生活的城市、小区遍布的摄像头也同样产生数据。利用这些海量的数据来改善人们的日常生活，提高企业运营能力的过程都离不开数据的存储与管理。而这些大量的数据结构复杂，种类繁多，如何对分布、多态、异构的大数据进行管理的问题已经不期而至，传统的数据存储方式面对大数据的猛烈增长已不能满足需求，需要开展分布式存储的研究，大数据的分布式存储主要涉及以下几个管理技术。

1. 存储资源管理方法

为了解决集群存储环境下的存储资源管理问题，采用存储资源映射方法通过在物理资源和虚拟存储资源请求之间建立合理的映射关系，来进行有效的存储资源管理。国内外相关研究提出合理的集群存储资源映射方法，将虚拟存储资源请求均匀地分配到节点上，然后进行节点内部设备级别的资源映射。

2. 支持多用户的资源使用和存储环境隔离机制

当用户数量增多，有限的存储资源已经不能满足用户对该类资源的需求时，用户与资源的矛盾就会凸显出来。解决这种矛盾的最有效的方法就是采取有效资源共享机制，将有限数量的资源按需求动态共享给多个用户使用。此外，在存储资源共享的同时，从用户角度看每个应用系统都是独立的，不依赖与其他应用系统运行而运行，也不受其他应用系统和资源运行结果的影响，因此需要存储环境隔离技术来屏蔽各个应用系统对存储资源运行的互相影响。

研究表明，利用存储虚拟化技术来整合不同厂商的存储系统，通过隔离主机层与物理存储资源，存储虚拟化技术可以将来自于不同存储设备（即使是不同厂商的设备）的存储容量汇集到一个共享的逻辑资源池中，这样存储的管理就更容易。任何单体存储阵列所创建的物理卷的容量都是有限制的，而多个异构的存储系统联合在一起就可以创建出一个更大的逻辑卷。

3. 基于 Hadoop 的大数据存储机制

大数据的各类描述方式的多样性，存在着结构化数据、半结构化数据和非结构化数据需要进行处理。对于结构化数据，虽然现在出现了各种各样的数据库类型，但通常的处理方式仍是采用关系型数据知识库进行处理，对于半结构和非结构化的知识，Hadoop 框架提供了很好的解决方案。

Hadoop 分布式文件系统 HDFS 是建立在大型集群上可靠存储大数据的文件系统，是分布式计算的存储基石。基于 HDFS 的 Hive 和 HBase 能够很好地支持大数据的存储。具体来说，使用 Hive 可以通过类 SQL 语句快速实现 MapReduce 统计，十分适合数据仓库的统计分析。HBase 是分布式的、基于列存储的、非关系型数据库，它的查询效率很高，主要用于查询和展示结果。Hive 是分布式的关系型数据仓库，主要用来并行处理大量数据。将 Hive 与 HBase 进行整合，共同用于大数据的处理，可以减少开发过程，提高开发效率。使用 HBase 存储大数据，使用 Hive 提供的 SQL 查询语言，可以十分方便地实现大数据的存储和分析。

4.1.3 应用问题

数据量的爆炸式增长不断刺激着计算机技术的发展，如何利用大数据为人们生活所用，即是大数据的应用问题。大数据的应用在人类活动中所涉及的范围越来越大，与我们已经密不可分。关于大数据的应用，通过介绍几种大数据的典型应用示例来加深理解。

1. 大数据在高能物理中的应用

高能物理学科一直是推动计算机技术发展的主要学科。万维网技术的出现就是来源于高能物理对数据交换的需求。高能物理是一个天然需要面对大数据的学科，高能物理学家经常需要从大量的数据中去发现一些小概率的粒子事件，这跟大海捞针一样。目前世界上最大的高能物理实验装置是在日内瓦欧洲核子中心（CERN）的大型强子对撞机。如图 4-12 所示，其主要物理目标是寻找希格斯粒子。现在最新的大型强子对撞机实验每年采集的数据达 15PB。高能物理中的数据特点是海量且没有关联性，为了从海量数据中找出有用的事件可以利用并行计算技术对各个数据文件进行较为独立的分析处理。中国科学院高能物理研究所的第三代探测器 BESIII 产生的数据规模已达 10PB 左右，在大数据条件下，计算、存储、网络一直考验着高能所的数据中心系统。在实际数据处理时，BESIII 数据分析甚至需要通过网络系统调用俄罗斯、美国、德国及我国国内的其他数据中心来协同完成。

图 4-12 大型强子对撞机

2. 百度迁徙

百度迁徙是 2014 年百度利用其位置服务所获得的数据，将人们在春节期间位置移动情况用可视化的方法显示在屏幕上。这些位置信息来自于百度地图的 LBS 开放平台，通过安装在大量移动终端上的应用程序获取用户位置信息，这些数以亿计的信息通过大数据处理系统的处理，可以反映全国总体的迁移情况。通过数据可视化，为春运时人们了解春运情况和决策管理机构进行管理决策提供了第一手的信息支持。这一大数据系统所提供的服务为今后政府部门的科学决策和社会科学的研究提供了新的技术手段，也是大数据进入人们生活的一个案例。

3. 搜索引擎是大家最为熟悉的大数据系统

成立于 1998 年的谷歌和成立于 2000 年的百度在简洁的用户界面下隐藏着世界上最大规模的大数据系统。搜索引擎是简单与复杂的完美结合，目前最为常见的开源系统 Hadoop 就是按照谷歌的系统架构设计的。为了有效地完成互联网上数量巨大的信息收集、分类和处理工作，搜索引擎系统大多是基于集群架构构建的，这一思路也被谷歌所采用，谷歌由于早期搜索利润微薄只能利用廉价服务器来实现。每一次搜索请求可能都会有大量服务响应，搜索引擎是一个典型且成熟的大数据系统，它的发展历程为大数据研究积累了宝贵的经验。

4. 推荐系统

推荐系统在电子商务网站上应用可以说是无处不在，当我们浏览网页时会看见某个位置出现一个商品推荐或者系统弹出一个商品信息，而这些商品可能正是我们自己感兴趣的或正希望购买的商品，这就是推荐系统在发挥作用。推荐系统是大数据非常典型的应用，只有基于大量数据的分析，推荐系统才能准确地获得用户的兴趣点。一些推荐系统甚至会结合用户社会网络来实现推荐，这需要对更大的数据集进行分析，从而挖掘出数据之间的关联性。推荐系统使大量看似无用的用户访问信息产生了巨大的商业价值，这就是大数据的成功应用。

4.2 大数据存储方式

在当今技术环境下，如何平衡各种技术，支持战略性存储并保护企业的数据，组成高效的存储系统，及时考虑数据的使用，确保企业数据存储的解决方案，使企业自信的引领这个包含大量、广泛信息的时代是眼下急迫解决的问题。

4.2.1 分布式系统

分布式系统究竟是干什么的呢？分布式系统就是利用多台计算机协同解决单台计算机不能解决的计算、存储等问题。换句话说，分布式系统可以解决大数据存储的问题，为大数据的存储提供了方式。分布式系统是多个独立计算机的集合，而这些计算机对于用户来说就像单个相关系统。这样的定义包括以下两个方面：

- 硬件方面：机器本身是独立的。
- 软件方面：对于用户来说，他们就像跟单个系统打交道。

这两个方面一起阐明了分布式系统的本质，缺一不可。既然分布式系统已经具备如此大的能力，那让我们来了解一下它的特性有哪些：

- 各计算机之间的差别以及计算机之间通信方式的差别对于用户是隐藏的。同样，用户也看不到分布式系统的内部组织结构。
- 用户和应用程序无论何时何地都能够以一种一致和统一的方式与分布式系统进行交互。
- 分布式系统的扩展或者升级应该是相对比较容易的。这是因为分布式系统是由独立的计算机组成，同时隐藏了单个计算机在系统中承担任务的细节。即使分布式系统中某些部分可能暂时发生故障，但其整体在通常情况下总是保持可用。用户和应用程序不会察觉到哪些部分正在进行替换和维修，以及加入了哪些新的部分来为更多的用户和应用程序提供服务。为了使种类各异的计算机和网络都呈现为单个的系统，分布式系统常常通过一个“软件层”组织起来，该“软件层”在逻辑上位于由用户和应用程序组成的高层与由操作系统组成的低层之间，如图 4-13 所示。这样的分布式系统有时又被称为中间件（Middleware）。

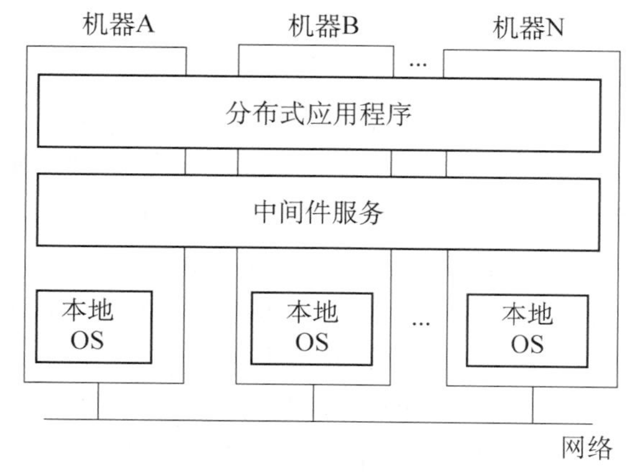

图 4-13　作为中间件组织的分布式系统

现在让我们来考察一下分布式系统的几个例子，以方便我们理解。

第一个例子是位于一所大学或者某个公司部门里的工作站网络。该系统除了包括每个用户自己的工作站以外，还应包括机房内的一个处理器池。

这些处理器并不分配给特定用户，而是根据需要进行动态调配。这样的系统可以包含一个单一的文件系统，允许所有的机器通过相同的方法并且使用相同路径名来访问所有文件。并且，当用户输入一个命令时，系统将寻找执行该命令的最佳位置，也许会在用户自己的工作站上直接执行该命令，也可能在别人的一个空闲工作站上执行，还有可能由机房中某个尚未分配的处理器执行。如果系统整体外观和行为与传统的单处理器分时系统（即多用户系统）相似，那么这个系统就可以看作是分布式系统。

第二个例子是某个工作流信息系统，该系统支持对订单的自动处理。一般情况下，会有来自多个不同部门的人员在不同的地点使用这样的系统。例如，销售部人员可能遍布在很大一个区域，甚至全国全球。可以通过电话网络（或者蜂窝电话）连接到系统的膝上型计算机下达订单。收到的订单由系统自动传送到计划部，接着新的内部调货订单就会送达仓储部，同时由财务部处理账单。该系统自动将订单传送到相关人员手中，用户根本看不到系统中订单处理的物理流程，对于用户来说这些订单是由一个集中式数据库处理的一样。

最后一个例子是万维网。它提供了一种简单、一致并且统一的分布式文档模型。要查看某个文档，用户只需激活一个引用（即链接），文档就会显示在屏幕上。理论上（但是目前在实际中并不是这样）并不需要知道该文档来自于哪个服务器，更用不着关心服务器所在的位置。要发布一个文档也很简单：只需要赋予它一个唯一的 URL 名，让该 URL 指向包含文档内容的本地文件即可。如果万维网向用户呈现的是一个庞大的集中式文档系统，也可以认为它是一个分布式系统。

为了方便对后续内容的理解，我们需要了解“集群”的概念，以及集群与分布式系统的关系。那么首先什么是集群？有一种常见的方法可以大幅度提高服务器的安全性，这就是集群。集群（Cluster）技术是指一组相互独立的计算机，利用高速通信网络组成一个计算机系统，每个群集节点（即集群中的每台计算机）都是运行其自己进程的一个独立服务器。这些进程可以彼此通信，对网络客户机来说就像是形成了一个单一系统，协同起来向用户提供应用程序、系统资源和数据，并以单一系统的模式加以管理。一个客户端（Client）与集群相互作用时，集群像是一个独立的服务器。

计算机集群技术的出发点是为了提供更高的可用性、可管理性、可伸缩性的计算机系统。一个集群包含多台拥有共享数据存储空间的服务器，各服务器通过内部局域网相互通信。当一个节点发生故障时，它所运行的应用程序将由其他节点自动接管。在大多数模式下，集群中所有的节点拥有一个共同的名称，集群内的任一节点上运行的服务都可被所有的网络客户所使用。

分布式系统与集群有怎样的关系？分布式系统和集群从表面上看是很类似的，都是将多台机器通过网络连接，解决某个问题或提供某个服务。

从广义上说，集群是分布式系统的一种类型，即基于 P2P 架构的分布式系统。

从狭义上说，集群是所有节点一起工作，实现同一服务。当一个节点出现故障，将会有其他节点接管其任务，不会对集群有任何影响。而分布式系统是系统的每一个节点，都实现不同的服务，如果一个节点失效，这个服务就不可访问。在实际部署中，分布式系统中的每个节点都可以是一个集群，以提高服务的可用性、性能等。

前面我们提到了分布式系统是利用多台独立的计算机协同解决单台计算机无法解决的计算、存储等问题，那么分布式系统解决问题的规模已经远远超出了单台系统所能处理的计算、存储的能力，即数据量的差异明显。将一个大数据量的问题利用分布式来解决，首先要解决的是如何将问题拆解为可以使用多机分布式解决，使得分布式系统中的每台机器负责原问题的一个子集。由于无论是计算还是存储，其问题输入对象都是数据，所以如何拆解分布式系统的输入数据成为分布式系统的基本问题，我们称这样的数据拆解为数据分布（存储）方式。分布式系统比较常见的数据分布方式有哈希方式、按数据范围分布、按数据量分布和一致性哈希 4 种方式。接下来我们分别介绍这 4 种数据分布方式。

1. 哈希方式

哈希方式是最常见的数据分布方式，其方法是按照数据的某一特征计算哈希值，并将哈希值与机器中的机器建立映射关系，从而将不同哈希值的数据分布到不同的机器上。所谓数据特征可以是 Key-value 系统中的 Key，也可以是其他与应用业务逻辑相关的值。例如，一种常见的哈希方式是按数据属于的用户 ID 计算哈希值，把集群中的服务器按 0 到机器数减 1 进行编号，再用哈希值除以服务器个数，结果的余数作为处理该数据的服务器编号。工程中，往往需要考虑服务器的副本冗余，将每台（比如 2 台）服务器组成一组，用哈希值除以总的组数，其余数为服务器组的编号。图 4-14 给出了利用哈希方式分布数据的一个例子，将数据按照哈希值分配到 4 个节点上。

可以将哈希方式想象为一个哈希表，每台（组）机器就是一个哈希表中的桶，数据根据哈希值分布到各个桶面上。只要哈希函数散列特性较好，哈希方式可以较为均匀地将数据分布到集群中去。哈希方式需要记录的元

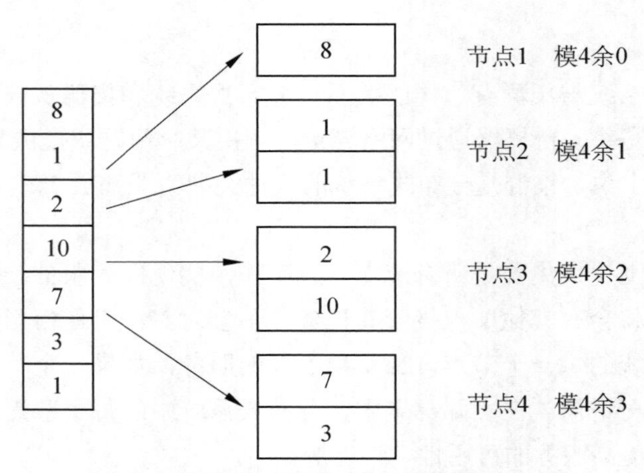

图 4-14 哈希方式分布数据

信息也非常简单，任何时候任何节点只需要知道哈希函数的计算方式及模的服务器总数就可以计算出处理具体数据的机器是哪台。

哈希分布数据的一个突出缺点表现为可扩展性不高，一旦集群规模需要扩展，则几乎所有的数据需要被迁移并重新分布。工程中，扩展哈希分布数据的系统时，往往使得集群规模成倍扩展，按照数量重新计算哈希，这样原来一台机器上的数据需迁移一半到另一台对应的机器上才可完成扩展。针对这个缺点，提出一种思路是不再简单的将哈希值与机器做除法取模映射，而是将对应关系作为元数据由专门的元数据服务器管理。访问数据时，首先计算哈希值并查询元数据服务器，获得该哈希值对应的机器。同时，哈希值取模个数往往大于机器个数，这样同一台机器上需要负责多个哈希取模的余数。在集群扩容时，将部分余数分配到新加入的机器并迁移对应的数据到新机器上，从而使得扩容不再依赖机器数量的成倍增长。这种做法就需要比较复杂的机制来维护大量的元数据。

哈希分布数据另一个缺点是，一旦某数据特征值的数据不均时，容易出现“数据倾斜”（Data Skew）问题。例如某系统中以用户 ID 做哈希分数据，当某个用户 ID 的数据量异常庞大时，该用户的数据始终由某一台服务器处理，假如该用户的数据量超过了单台服务器处理能力的上限，则该用户的数据不能被处理。更为严重的是，无论如何扩展集群规模，该用户的数据始终只能由某一台服务器处理，都无法解决这个问题。图 4-15 给出了一个数据倾斜的例子，当使用用户的 ID 分数据，且用户 1 的数据非常多时，该用户的数据全部堆积到节点 2 上。

在这种情况下只能重新选择哈希的数据特征，例如选择用户 ID 与另一个数据维度的组合作为哈希函数的输入，如这样做，则需要完全重新分布

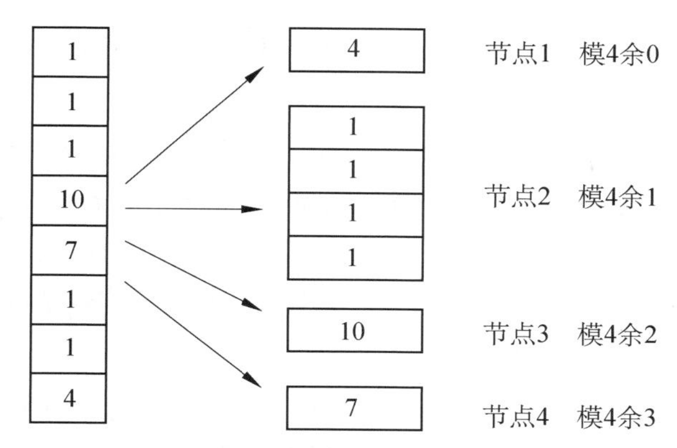

图 4-15　哈希方式的数据倾斜

数据，在工程实践中可操作性不高。另一种极端的思路是，使用数据的全部而不是某些维度的特征计算哈希，这样数据将被完全打散在集群中。然而实践中有时并不这样做，这是因为这样做使得每个数据之间的关联性完全消失，例如上述例子中一旦需要处理某种指定用户 ID 的数据，则需要所有的机器参与计算，因为一个用户 ID 的数据可能分布到任何一台机器上。如果系统处理的每条数据之间没有任何逻辑上的联系，则可以使用全部数据做哈希的方式解决数据倾斜问题。

2. 按数据范围分布

按数据范围分布是另一种常见的数据分布方式。将数据按特征值的值域范围划分为不同的区间，使得集群中每台（组）服务器处理不同区间的数据。

例 4-1　已知某系统中用户 ID 的值域范围是 [1，100)，集群有 3 台服务器，使用按照数据范围分布数据的方式。将用户 ID 的值域分为 3 个区间 [1，33)，[33，90)，[90，100)，分别由 3 台服务器负责处理。本例的示意图如图 4-16 所示。

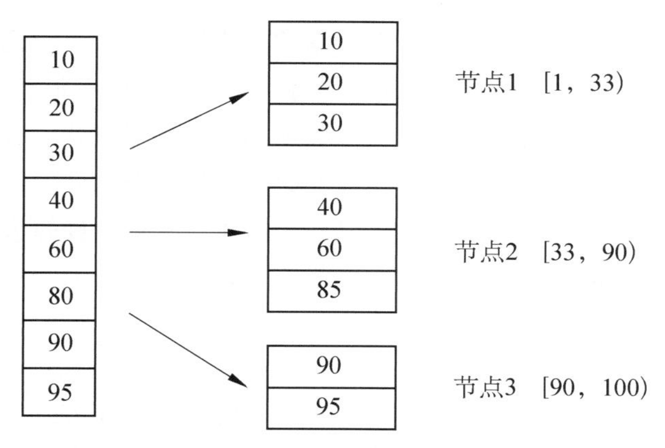

图 4-16　按数据范围分布

需要注意的是，每个数据区间的数据大小和区间大小没有关系。例 4-1 中按用户 ID 划分的 3 个区间，虽然 ID 的值域不是相等大小，但 3 个区间的数据量却有可能是差不多。这是因为可能有的用户 ID 的数据量大，而有些用户 ID 数据量小；也有可能有些区间中实际存在的用户 ID 多，有些区间中实际存在的用户 ID 少。工程中，为了数据迁移等负载均衡操作的方便，往往利用动态划分区间的技术，使得每个区间中服务的数据量尽量一样多，当某个区间的数据量较大时，通过将区间“分裂”的方式拆分为两个区间，使得每个数据区间中的数据量尽量维持在一个较为固定的阈值之下。与哈希分布数据的方式只需要记录哈希函数及分桶个数（机器数）不同，按数据范围分布数据需要记录所有的数据分布情况。往往需要使用专门的服务器在内存中维护数据分布信息，称这种数据的分布信息为一种元信息。甚至对于大规模的集群，由于元信息的规模非常庞大，单台计算机无法独立维护，需要使用多台机器作为元信息服务器。

例如，某分布式系统使用数据范围分布数据的方式，每个数据分区中保存 256MB 的数据，每个数据分区有 3 个副本。每台服务器有 10TB 的存储容量，集群规模为 1 000 台服务器。每个数据分区需要 1KB 的元信息记录数据分布情况及副本所在的服务器。1 000 台服务器的总存储量为 10 000TB，总分区数为 10 000TB/256MB=40M，由于使用 3 个副本，则独立分区数为 40M/3=13M，需要的元信息 13M*1KB=13GB，假设考虑到读写压力单个元数据服务器可以维护的元数据量为 2GB，则需要 7 台元数据服务器。哈希分布数据的方式使得系统中的数据类似一个哈希表，按范围分布数据的方式则使得从全局看数据类似一个 B 树，每个具体的服务器都是 B 树的叶子结点，元数据服务器是 B 树的中间节点。

使用范围分布数据方式的优点是可以灵活地根据数据量的具体情况拆分原有数据区间，拆分后的数据区间可以迁移到其他机器，一旦需要集群完成负载均衡时，按使用范围分布数据的方式与哈希方式相比来说非常灵活。另外，当集群需要扩容时，可以随意添加机器，而不限为倍增的方式，只需将原机器上的部分数据分区迁移到新加入的机器上就可以完成集群扩容。按范围分布数据方式的缺点是需要维护较为复杂的元信息。随着集群规模的增长，元数据服务器较为容易成为瓶颈，从而需要较为负责的多元数据服务器机制解决这个问题。

3. 按数据量分布

按数据量分布数据的方式也是一种常见的数据分布方式，与哈希方式和按数据范围分布有所区别的是按数据量分布数据与具体的数据特征无关，而是将数据视为一个顺序增长的文件，并将这个文件按照某一较为固定的大小划分为若干数据块（Chunk），不同的数据块分布到不同的服务器上。与按数据范围分布数据的方式类似的是按数据量分布也许要记录数据块的具体分布情况，并将该分布信息作为元数据使用元数据服务器管理。

由于与具体的数据特征无关，按数据量分布数据的方式一般没有数据倾斜的问题，数据总被均匀切分并分不到集群中。当集群需要重新负载均衡时，只需通过迁移数据块即可完成。集群扩容也没有太大限制，只需将部分数据库迁移到新加入的机器上即可以完成扩容。按数据量分布数据的缺点是需要管理较为复杂的元信息，与按范围分布数据的方式类似，当集群规模扩大时元信息的数据量也变得很大，高效的管理元信息成为新的研究课题。

4. 一致性哈希

一致性哈希（Consistent Hashing）也是一种比较广泛使用的数据分布方式。一致性哈希最初在 P2P 网络中作为分布式哈希表（DHT）的常用数据分布算法，一致性哈希的基本方式是使用一个哈希函数计算数据或数据特征的哈希值，使得哈希函数的输出值域为一个封闭的环，也就是说哈希函数的输出最大值是最小值的前序，将节点随机分布到这个环上，每个节点负责处理从自己开始顺时针至下一个节点的全部哈希值域上的数据。

例 4-2　某个一致性哈希函数值域为［0，10），系统有 3 个节点 A、B、C，这 3 个节点处于的一致性哈希的位置分别为 1、4、9，则节点 A 负责的值域范围为［1，4），节点 B 负责的范围为［4，9），节点 C 负责的范围为［9，10）和［0，1）。若某数据的哈希值为 3，则该数据应由节点 A 负责处理。图 4-17 给出了这个例子的示意图。

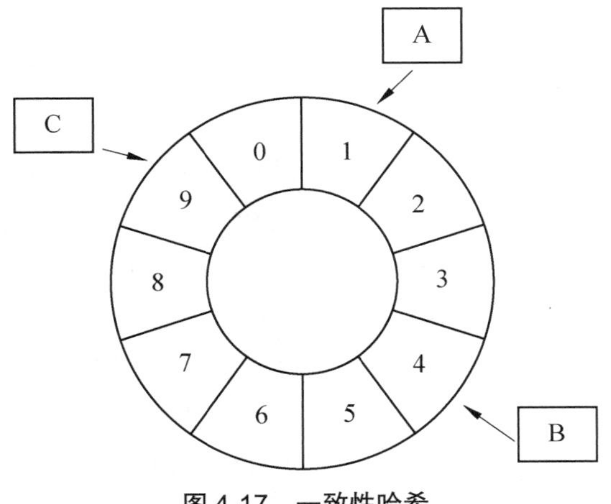

图 4-17　一致性哈希

哈希分布数据的方式在集群扩容时非常复杂，往往需要倍增节点个数，与之相比一致性哈希的优点在于可以任意动态添加、删除节点，每次添加、删除一个节点仅影响一致性哈希环上相邻的节点。

例 4-3 假设需要在上图中增加一个新节点 D，为 D 分配的哈希位置为 3，则首先将节点 A 中［3，4）的数据从节点 A 复制到节点 D，然后加入节点 D 即可。

使用一致性哈希的方式需要将节点在一致性哈希环上的位置作为元信息加以管理，这样比直接使用哈希分布数据的方式要复杂，然而，节点的位置信息只与集群中的机器规模相关，其元信息的量通常比按数据范围分布数据和按数据量分布的元信息量要小很多。上述最基本的一致性哈希算法有很明显的缺点，随机分布节点的方式导致很难均匀地分布哈希值域，尤其在动态增加节点后，即使原先的分布均匀，但也很难保证继续均匀，由此带来的另一个较为严重的缺点是当一个节点异常时，该节点的压力全部转移到相邻的一个节点，当加入一个新节点时只能为一个相邻节点分摊压力。

为此一种常见的改进算法是引入虚节点（Virtual Node）的概念，系统初始时就创建许多虚节点，虚节点的个数一般远大于未来集群中机器的个数，将虚节点均匀分布到一致性哈希值域环上，其功能与基本一致性哈希算法中的节点相同。为每个节点分配若干虚节点，操作数据时，首先通过数据的哈希值在环上找到对应的虚节点，进而查找元数据找到对应的真实节点。使用虚节点改进有多个优点。首先，一旦某个节点不可用，该节点将使得多个虚节点不可用，从而使得多个相邻的真实节点负载失效节点的压力。同理，一旦加入一个新节点，可以分配多个虚节点，从而使得新节点可以负载多个原有节点的压力，从全局来看，较容易实现扩容时的负载均衡。

4.2.2 NoSQL 数据库

提到数据存储，一般都会想到关系型数据库。但是关系型数据库也不是万能的，它也有不足之处，因而 NoSQL 非关系型数据库应运而生。NoSQL 数据库究竟是什么含义呢？它是“Not Only SQL”的缩写，即适用关系型数据库的时候就使用关系型数据库，不适用的时候也没必要非使用关系型数据库不可，可以考虑使用更加合适的数据存储方式。为了更好地理解 NoSQL 数据库，对关系型数据库进行了解很有必要。

在 1969 年，埃德加・弗兰克・科德（Edgar Frank Codd）发表了一篇划时代的论文，首次提出了关系型数据库模型的概念。但可惜的是，刊登论文的 *IBM Research Report* 只是 IBM 公司的内部刊物，因此论文反响平平，1970 年他再次在刊物 *Communication of the ACM* 上发表了题为 *A Relational Model of Data for Large Shared Data banks*（《大型共享数据库的关系模型》）的论文，终于引起了大家的关注。科德所提出的关系型数据模型的概念成为现今关系型数据库的基础。当时的关系型数据库由于硬件性能低劣、处理速度过慢而迟迟没有得到实际应用，但之后随着硬件性能的提升，加之使用简单、性能优越等优点，关系型数据库得到了广泛的应用。

关系型数据库具有非常好的通用性和非常高的性能，对于绝大多数应用来说它都是最有效的解决方案。关系型数据库作为应用广泛的通用型数据库，它的突出优势主要有以下几点：

- 保持数据的一致性（事务处理）；
- 由于以标准化为前提，数据更新的开销很小（相同的字段基本上都只有一处）；
- 可以进行 JOIN 等复杂查询；
- 存在很多实际成果和专业技术信息（成熟的技术）。

其中保持数据的一致性是关系型数据库的最大优势。当需要保证数据一致性和处理完整性的时候，使用关系型数据库是最适合不过的。但是有些时候并不需要 JOIN，对上述关系型数据库的优点也不是特别需要，这时候就没必要拘泥于关系型数据库了。

关系型数据库的短板又有哪些呢？前面我们提到过关系型数据库的性能非常高。但它毕竟是一个通用型的数据库，并不适用某些特殊的用途，具体来说它不擅长的处理主要有以下几点。

（1）大量数据的写入处理

在数据读入方面，由复制产生的主从模式（数据的写入由主数据库负责，数据的读入由型数据库负责），可以比较简单地通过增加从数据库来实现规模化。但是在数据写入方面却没有简单的方法来解决规模化的问题。

（2）为有数据更新的表做索引或表结构（schema）变更

在使用关系型数据库时，为了加快查询速度需要创建索引，为了增加必要的字段就一定需要改变表结构。为了进行这些处理，需要对表进行共享锁定，这期间数据变更（更新、插入、删除等）是无法进行的。如果需要进行一些耗时操作（例如为数据量比较大的表创建索引或者是变更其表结构），必然会出现长时间内数据可能无法进行更新的情况。

（3）字段不固定时应用

如果字段不固定，利用关系型数据库也是比较困难的。一种方案是在需要的时候，加入相应字段，这在实际运用中每次都进行反复的表结构变更是一件非常痛苦的事。另一种方案是预先设定大量的预备字段，这样做带来的烦恼是很容易弄不清楚字段和数据的对应状态（即哪个字段保存哪些数据），不易操作。

（4）对简单查询需要快速返回结果的处理

关系型数据库并不擅长对简单的查询快速返回结果。这是因为关系型数据库是使用专门的SQL语言进行数据读取，它需要对SQL语言进行解析，同时还有对表的锁定和解锁这样的额外开销。这样并不是说关系型数据库太慢，而是当希望对简单查询进行高速处理时，没有必要非使用关系型数据库不可。

为了弥补上述不足，设计了NoSQL数据库。它不是对关系型数据库的否定，而是对关系型数据库的补充，增加了数据存储的方式。那么，NoSQL数据库有何特点可以对具有非常好的通用性和非常高的性能的关系型数据库做以补充？

首先，NoSQL数据库易于数据的分散。如前所述，关系型数据库并不擅长大量数据的写入处理。原本关系型数据库就是以JOIN为前提的，也就是说，各个数据之间存在关联是关系型数据库得名的主要原因。为了进行JOIN处理，关系型数据库不得不把数据存储在同一个服务器内，这不利于数据的分散。相反，NoSQL数据库原本就不支持JOIN处理，各个数据都是独立设计的，很容易把数据分散到多个服务器上。由于数据被分散到了多个服务器上，减少了每个服务器上的数据量，即使要进行大量数据的写入操作，处理起来也更加容易。同理，数据的读入操作当然也同样容易。

其次，NoSQL数据库能适应低成本的方式来提高服务器对大数据的处理能力。让我们来设想一下，如果想要使服务器能够轻松地处理大数据，那么只有两个选择：一是提升性能，二是增大规模。那它们之间有何不同？

提升性能指的就是通过提升现行服务器自身的性能来提高处理能力。这是一个非常简单的方法，程序方面也不需要进行变更，但需要一些费用。若要购买性能翻倍的服务器，需要花钱的资金往往不只是原来的2倍，可能需要达到5~10倍。这种方法虽然简单，但是成本高。提升性能的费用的曲线关系如图4-18所示。

而增大规模指的是使用多台廉价的服务器来提高处理能力。它需要对程序进行变更，但由于使用廉价服务器，可以控制成本。另外，以后想要更高的处理能力，只需要再增加服务器的数量就可以了。图4-19为提升性能和增大规模示意图。

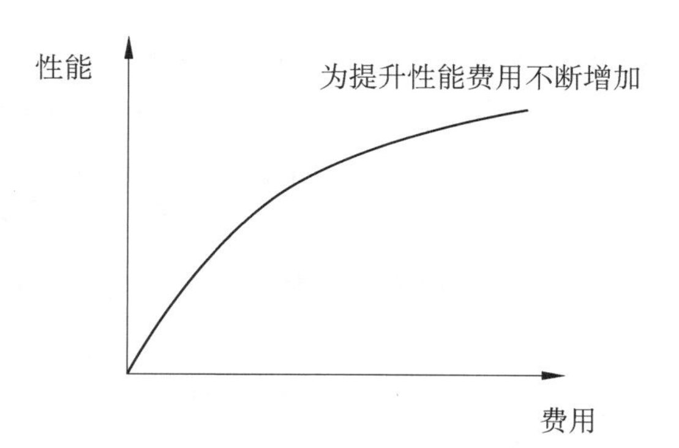

图 4-18　提升性能的费用与性能曲线

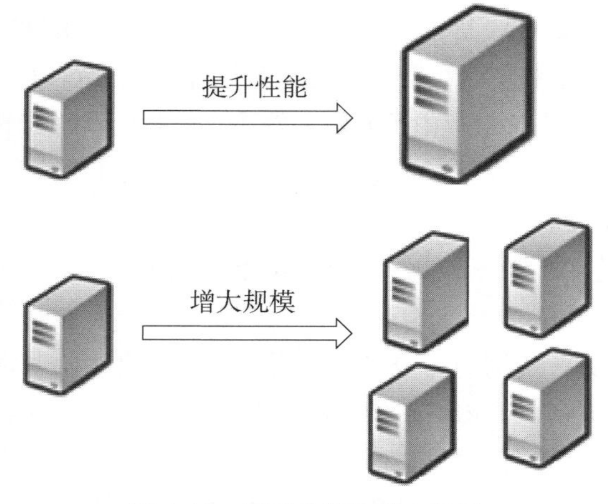

图 4-19　提升性能和增大规模

再次，NoSQL 数据库用途非常广泛。NoSQL 数据库虽然是为了使大量数据的写入处理更加容易而设计的，但如果不是对大量数据进行操作，NoSQL 数据库的应用就没有意义了吗？答案是否定的。的确，它在处理大量数据方面很有优势，但实际 NoSQL 数据库还有各种各样的特点，如果能够恰当地利用这些特点，它就会非常有用，如希望顺畅地对数据进行缓存处理的时候，希望对数组类型的数据进行高速处理的时候，希望进行全部保存的时候等。

NoSQL 数据库说起来简单，实际已经高达 225 种之多。其中包括键值存储、文档型数据库、列存储数据库、图数据库、对象数据库等。下面介绍几种具有代表性的 NoSQL 数据库及它们的特点。可到 NoSQL 数据库的官网（http://nosql-database.org/）去了解一下。

（1）键值存储

这是最常见的 NoSQL 数据库，它的数据是以键值的形式存储的。虽然它的处理速度非常快，但是基本上只能通过键的完全一致查询获取数据。

根据数据的保存方式可以分为临时性、永久性和两者兼具 3 种。

① 临时性。所谓临时性就是“数据有可能丢失”的意思。memcached 把所有的数据都保存在内存中，这样保存和读取的速度非常快，但是当 memcached 停止的时候，数据就不存在了。由于数据保存在内存中，所以无法操作超出内存容量的数据（旧数据会丢失）。临时性键值存储的特点如下：

- 在内存中保存数据；
- 可以进行非常快速的保存和读取处理；
- 数据有可能丢失。

② 永久性。所谓永久性键值存储就是“数据不会丢失”的意思，Tokyo Tyrant、Flare、ROMA 等就属于永久性键值存储。这种键值存储不像 memcached 在内存中保存数据，而是把数据保存在硬盘上。与 memcached 在内存中处理数据比起来，由于必然要发生对硬盘的 I/O 操作，所以性能上还是有差距。但是可以保证的是数据不会丢失。永久性键值存储的特点如下：

- 在硬盘上保存数据；
- 可以进行非常快速的保存和读取处理（但无法与 memcached 相比）；
- 数据不会丢失。

③ 两者兼具。所谓两者兼具的意思就是“集合了临时性键值存储和永久性键值存储的优点”。Redis 就属于这种类型。Redis 首先将数据保存在内存中，在满足特定条件（默认是 15 分钟一次以上，5 分钟内 10 个以上，1 分钟内 10 000 个以上的键值发生变更）的时候将数据写入到硬盘中。这样既保存了内存数据的处理速度，又可以通过写入硬盘来保证数据的永久性。这种类型的数据库特别适合处理数组类型的数据。其特点如下：

- 同时在内存和硬盘上保存数据；
- 可以进行非常快速的保存和读取处理；
- 保存在硬盘上的数据不会消失（可以恢复）；
- 适合处理数组类型的数据。

（2）面向文档的数据库

MongDB、CouchDB 是面向文档的数据库，它们属于 NoSQL 数据库，但与键值存储不同。面向文档的数据库具有以下特征。

① 不定义表结构。即使不定义表结构，也可以像定义了表结构一样使用。关系型数据库在变更表结构时比较费事，而且为了保持一致性还需要修改程序。然而 NoSQL 数据库则可省去这些麻烦，确实是方便快捷。

② 可以使用复杂的查询条件。跟键值存储不同的是，面向文档的数据库可以通过复杂的查询条件来获取数据。虽然不具备事务处理和 JOIN 这些关系型数据库所具有的处理能力，但除此以外的其他处理基本上都能实现，

这是非常容易使用的 NoSQL 数据库。

（3）面向列的数据库

Cassandra、Hbase、HyperTable 属于这种类型。由于近些年来数据量爆发性增长，这种类型的 NoSQL 数据库尤其引人注目。普通的关系型数据库都是以行为单位来存储数据的，擅长进行以行为单位的读入处理，比如特定条件数据的获取。因此，关系型数据库也被称为面向行的数据库。相反，面向列的数据库是以列为单位来存储数据的，擅长以列为单位读入数据。表 4-1 所示为面向行的数据库和面向列的数据库比较。

表 4-1　面向行的数据库和面向列的数据库比较

数 据 类 型	数据存储方式	优　　势
面向行的数据库	以行为单位	对少量行进行读取和更新
面向列的数据库	以列为单位	对大量行少数列进行读取，对所有行的特定列进行同时更新

面向列的数据库具有高扩展性，即使数据增加也不会降低相应的处理速度（特别是写入速度），所以它主要应用于需要处理大量数据的情况。另外，利用面向列的数据库的优势，把它作为批处理程序的存储器来对大量数据进行更新也非常有用。但是由于面向列的数据库跟现行数据库存储的思维方式有很大不同，应用起来十分困难。

4.2.3　云存储

1. 什么是云存储

云存储是伴随着云计算技术的发展而衍生出来的一种新兴的网络存储技术，它是云计算的重要组成部分，也是云计算的重要应用之一。它不仅是数据信息存储的新技术、新设备模型，也是一种服务的创新模型。因此，云存储的概念是指通过网络技术、分布式文件系统、服务器虚拟化、集群应用等技术将网络中海量的异构存储设备构成可弹性扩张、低成本、低能耗的共享存储资源池，并提供数据存储访问、处理功能的系统服务。

当云计算系统运算和处理的核心是大量数据的存储与管理时，云计算系统中就需要配置大量的存储设备，这时的云计算系统就转变为一个云存储系统。所以，云存储实际上也是一个以数据存储和管理为核心的云计算系统。简单来说，云存储就是将存储资源放到云上供人存取的一种新兴方案，使用者可以在任何时间、任何地点，通过任何可联网的设备连接到云上方便地存储数据。所以，云存储也是对大数据进行处理的一种方式。

2. 云存储的分类

云存储可以分为公共云存储、内部云存储和混合云存储 3 类。

（1）公共云存储

比如亚马逊公司的 Simple Storage Service（S3）和 Nutanix 公司提供的存储服务一样，他们可以低成本地提供大量的文件存储。供应商可以保持每个客户的存储、应用都是独立私有的。其中以 Dropbox 为代表的个人云存储服务是公共云存储发展较为突出的代表，国内比较突出的代表有搜狐企业网盘、百度云盘、360 云盘、115 网盘、华为网盘、腾讯微云等。公共云存储可以划出一部分用作私有云存储，一个公司可以拥有或控制基础架构以及应用的部署，私有云存储可以部署在企业数据中心或相同地点的设施上。私有云可以由公司的 IT 部门管理，也可以由服务供应商管理。

（2）内部云存储

内部云存储跟私有云存储比较类似，唯一的不同点在于它在企业的防火墙内部。目前可提供私有云的平台主要有 Eucalyptus、3A Cloud、minicloud 安全办公私有云、联想网盘等。

（3）混合云存储

混合云存储把公共云、内部云或私有云结合在一起。主要用于按客户要求的访问，特别是需要临时配置容量的时候，从公共云上划出一部分容量配置一种内部云或私有云可以帮助公司面对迅速增长的负载波动或高峰。正因如此，混合云存储带来了跨公共云和私有云分配应用的复杂性。

3. 云存储的特点

（1）低成本

我们所介绍的云存储通常是由大量的普通廉价主机构建成的集群，它可以是跨地域的多个数据中心，并且采用软件架构的方式来保障其可靠性和高性能。云存储的容灾机制与传统存储系统中的故障恢复机制不同，在一开始的架构体系设计和每一个开发环节中都已经包含了云存储的容灾机制，且快速更换单位不是单个 CPU、内存等硬件，而是一个存储主机。当集群中的某一个节点的硬件出现故障时，新的节点就会更换掉故障节点，数据就能自动恢复到新的节点上。由此可见，云存储的出现，企业不仅不再需要购买昂贵的服务器来应付数据的存储，还节省了聘请专业 IT 人士来管理、维护服务器的劳务开销，大大降低了企业的成本。

（2）服务模式

实际上云存储不仅是一个采用集群式的分布式架构，还是一个通过硬件和软件虚拟化而提供的一种存储服务。其显著的特点就是按需使用，按量收费。企业或个人只需购买相应的服务就可以把数据存储到云计算存储中心，而无须购买并部署这些硬件设备来完成数据的存储。

（3）可动态伸缩性

存储系统的动态伸缩性主要指的是读/写性能和存储容量的扩展与缩减。一个设计优良的云存储系统可以在系统运行过程中简单地通过添加或移除节点来自由扩展和缩减，这些操作对用户来说都是透明的。

（4）高可靠性

云存储系统是以实际失效数据分析和建立统计模型着手，寻找软硬件失效规律，根据不间断的服务需求设计多种冗余编码模式，然后在系统中构建具有不同容错能力、存取和重构性能等特性的功能区，通过负载、数据集和设备在功能区之间自动匹配和流动，实现系统内数据的最优布局，并在站点之间提供全局精简配置和公用网络数据及带宽复用等高效容灾机制，从而提高系统的整体运行效率，满足可靠性要求。

（5）高可用性

云存储方案中包括多路径、控制器、不同光纤网、端到端的架构控制、监控和成熟的变更管理过程，从而很大程度上提高了云存储的可用性。

（6）超大容量存储

云存储可以支持数十 PB 级的存储容量和高效管理上百亿个文件，同时还具有很好的线性可扩展性。

（7）安全性

自从云计算诞生以来，安全性一直是企业实施云计算首要考虑的问题之一，同样在云存储方面，安全性仍是首要考虑的问题。所有云存储服务间传输以及保存的数据都有被截取或篡改的隐患，因此就需要采用加密技术来限制对数据的访问。此外，云存储系统还采用数据分片混淆存储作为实现用户数据私密性的一种方案。因此云存储数据中心比传统的数据中心具有更高的数据安全性。

4. 存储系统的类别

不同类型的数据具有不同的访问模式，需要使用不同类型的存储系统。总体有 3 类存储系统：块存储系统、文件存储系统和对象存储系统。

（1）块存储系统

块存储系统是指能直接访问原始的未格式化的磁盘。这种存储的特点就是速度快、空间利用率高。块存储多用于数据库系统，它可以使用未格式化的磁盘对结构化数据进行高效读写。而数据库最适合存放的是结构化数据。

（2）文件存储系统

文件存储系统是最常用的存储系统。使用格式化的磁盘为用户提供文件系统的使用界面。当我们在计算机上打开或关闭文档的时候，所看到的就是文件系统。尽管文件系统在磁盘上提供了一层有用的抽象，但是它不适合于管理大量的数据，或者超量使用文件中的部分数据。

（3）对象存储系统

对象存储系统是指一种基于对象的存储设备，具备智能、自我管理能力，通过 Web 服务协议实现对象的读写和存储资源的访问。它只提供对整个对象的访问，简单来说就是通过特定的 API 对其进行访问。对象存储的优势在于它可以存放无限增长的内容，最适合用来存储包含文档、备份、图片、Web 页面、视频等非结构化或半结构化的数据。除此之外，对象存储还具备低成本、高可靠的优点。

4.3 数据仓库

4.3.1 数据仓库的组成

1991 年，W·H·Inmon 出版了 *Building Data Warehouse* 一书，第一次给出了数据仓库的清晰定义和操作性极强的指导意见，真正拉开了数据仓库得以大规模应用的序幕。W·H·Inmon 主张建立数据库时采用自上而下（DWDM）方式，以第 3 范式进行数据仓库模型设计。在该书中，W·H·Inmon 把数据仓库定义为："一个面向主题的、集成的、稳定的、随时间变化的数据的集合，以用于支持管理决策过程。"建立数据仓库的目的是为企业高层系统地组织、理解和使用数据以便进行战略决策。

数据仓库系统以数据仓库为核心，将各种应用系统集成在一起，为统一的历史数据分析提供坚实的平台，通过数据分析与报表模块的查询、分析工具 OLAP（联机分析处理）、决策分析、数据挖掘完成对信息的提取，以满足决策的需要。数据仓库系统通常是指一个数据库环境，而不是指一件产品。数据仓库系统的体系结构分为源数据层、数据存储与管理层、OLAP 服务器层和前端分析工具层。

1. 数据仓库

数据仓库是整个数据仓库环境的核心，是数据存放的地方和提供对数据检索的支持。相对于操作型数据库来说，其突出的特点是对海量数据的支持和快速的检索技术。

2. 抽取工具

抽取工具把数据从各种各样的存储环境中提取出来，进行必要的转化、整理，再存放到数据仓库内。对各种不同数据存储方式的访问能力是数据抽取工具的关键。其功能包括：删除对决策应用没有意义的数据，转换到统一的数据名称和定义，计算统计和衍生数据，填补缺失数据，统一不同的数据定义方式。

3. 元数据

元数据是关于数据的数据，在数据仓库中元数据位于数据仓库的上层，是描述数据仓库内数据的结构、位置和建立方法的数据。通过元数据进行数据仓库的管理和通过元数据来使用数据仓库。

4. 数据集市

数据集市是构建数据仓库时经常用到的一个词语。如果说数据仓库是企业范围的，收集的是关于整个组织的主题，如顾客、商品、销售、资产和人员等方面的信息，那么数据集市是包含企业范围数据的一个子集，例如，只包含销售主题的信息，这样数据集市只对特定的用户是有用的，其范围限于选定的主题。数据集市面向企业中某个部门（或某个主题）是从数据仓库中划分出来的，这种划分可以是逻辑上的，也可以是物理上的。数据仓库中存放了企业的整体信息，而数据集市只存放了某个主题需要的信息，其目的是减少数据处理量，使信息的利用更加快捷和灵活。

5. OLAP 服务

OLAP 服务是指对存储在数据仓库中的数据提供分析的一种软件，它能快速提供复杂数据查询和聚集，并帮助用户分析多维数据中的各维情况。

6. 数据报表、数据分析和数据挖掘

数据报表、数据分析和数据挖掘为用户产生的各种数据分析和汇总报表，以及数据挖掘结果。

4.3.2　数据仓库的构建步骤

在图 4-20 中可以看出，数据仓库中的数据来自于多种业务数据源，这数据源可能是在不同的硬件平台上，使用不同的操作系统，因而数据以不

同的格式存储于不同的数据库中。如何向数据仓库中加载这些数量大、种类多的数据，已成为建立数据仓库所面临的一个关键问题。在实际的企业管理中，经理人员总是希望能随时随地访问到任何他们需要的信息，这就要求有一个体系结构来容纳各种各样的内部数据和外部数据。例如，经营数据、历史数据、现行数据以及来自 Internet 服务商（ISP）的数据，此外还应包含易于访问的元数据。这些元数据因为来源不同，具有大量、分散和不清洁的特点，不能为数据仓库直接使用，而对所有数据的分析、采掘活动也必须建立在一个数据清洁、结构良好的数据仓库的基础之上，这就需要 ETL 来实现。

ETL 是 Extract、Transform、Load 这 3 个单词的缩写，也就是抽取、转换和装载。ETL 过程是按照统一的规则，首先抽取数据源中的数据，然后根据一定的转化规则转换数据，最后将规范的转换后的数据装载到数据仓库中去。ETL 是商务智能/数据仓库的核心和灵魂，是负责完成数据从数据源向目标数据仓库转化的过程，是实施数据仓库的重要步骤。ETL 整个过程如图 4-20 所示，其中包含 4 个模块：数据抽取、数据转换、数据装载、元数据管理。

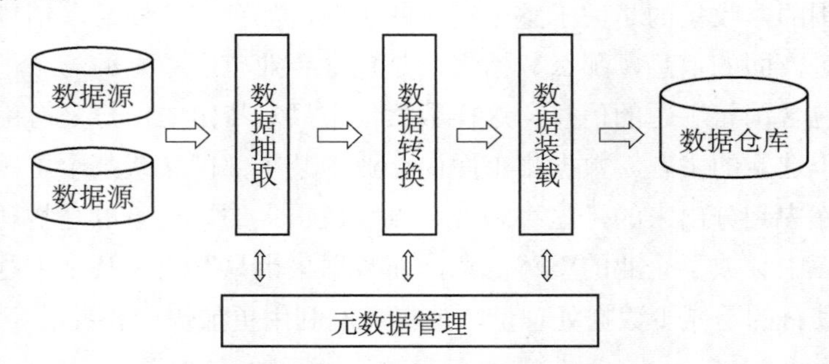

图 4-20　实施数据仓库（ETL）步骤

1. 数据抽取

数据抽取是将数据从各种原始的业务数据中读取出来，这是所有工作的前提。数据抽取要做到既能满足决策的需要，又不影响业务系统的性能。数据抽取主要是针对各个业务的数据源及数据的定义。制定出可操作性的数据源，制定增量抽取的定义。确定如何抽取或查询源数据并非易事，因为它往往存储在多个地方，可能是一个 RDBMS、一个文本文件、一个 Excel 文件、一个 DBF 文件或其他类型文件。在数据抽取之前，首先要考虑数据环境和 ETL 开发环境的接口问题。对于不同平台、不同形式、不同业务和不同数据量的源数据应采用不同的数据抽取接口。典型的源数据接口有数据库接口（ODBC、OLEDB、专用数据库接口等）和文件接口。根据 ETL

实际，考虑抽取的效率和可靠性，选择合适的元数据接口。数据抽取可以分为以下两种：

（1）全量抽取

将数据进行同步处理后，直接读取整个表中的数据作为抽取到的数据，主要处理对用户来讲非常重要的数据表。对一些重要的更新数据基本采用这种方法。

（2）增量抽取

如交易数据、资金明细这些流水数据，可以根据数据表中流水号字段或时间字段来进行采集。同时对于这样的数据表在实时采集阶段，也可以记录每次抽取后的最大 ID 号 maxID，下一次采集时可以获得 ID>maxID 的记录作为抽取到的记录集。在实时抽取中，这种方法可以减少抽取数据量，减少网络流量。

2. 数据转换

数据转换是按照预先设计好的规则将抽取的数据进行转换，使得本来异构的数据格式能统一起来。它是真正将源数据变为目标数据的关键环节，包括数据格式转换、数据类型转换等。在数据转化过程中，我们需要对数据进行清洗、整理和集成，即发现数据中的错误数据并进行相应的改正，将原来不同规则的数据整理集成为统一的规则。主要包括以下几点：

（1）发现空值并处理

发现源数据中字段空值，按照一定的规则进行加载或者替换，比如可以用“0”或者按照该字段的平均取值来替换。

（2）规范数据格式

将不同源系统的不同数据格式统一规范。例如，对于如期的处理，可能有的系统定义为“data-time”字段，有的系统定义为类似于“20041023”的“char”类型字段，还有的系统定义为表示“年”和“月”的两个“char”类型字段。转化过程需要将这些不同的表示格式统一成为唯一的规范格式。

（3）拆分数据

有时候需要依据业务需求对字段进行分解。比如通话主叫号码02381322854，可进行区域码和电话号码分解为主叫地区 023 和主叫号码81322854。

3. 数据装载

数据装载是把经过转换的数据按计划增量或全部导入数据仓库中去。一般情况下，数据装载应该在系统完成了更新之后进行。如果在数据仓库中的数据来自多个相互关联的企业系统，则应该保证在这些系统同步工作时移动数据。数据装载包括基本装载、追加装载、破坏性合并和建设性合并等方式。

4. 元数据管理

元数据（Metadata）是描述数据的数据，也就是对业务数据本身及其运行环境的描述与定义的数据。在数据库系统中，元数据的典型代表表现为对象的描述，即对数据库、表、列、列属性（类型、格式、约束等）以及主键/外部键关联等的描述。在ETL系统中，元数据占有更为重要的地位。所有的抽取数据源定义、抽取数据项定义、抽取规则、数据转换规则、数据格式变换规则、装载方法、装载时间等都在元数据中定义。它指导数据抽取、转换、装载的全过程。

4.3.3 数据集市

1. 数据集市的定义

在4.3.1节中我们已经给出了数据集市的定义。那么我们可以理解数据集市是一个小型的部门或者工作组级别的数据仓库。

2. 数据集市的意义与功能

虽然 OLTP 和遗留系统拥有宝贵的信息，但是可能难以从这些系统中提取有意义的信息并且速度也较慢。而且这些系统虽然一般可支持预先定义操作的报表，但却经常无法支持一个组织对于历史的、联合的、智能的或易于访问的信息的需求。因为数据分布在许多跨系统和平台的表中，而且通常是“脏的”，包含了不一致的和无效的值，使得难于分析。

数据集市将合并不同系统的数据源来满足业务信息需求。若能有效地得以实现，数据集市将可以快速且方便地访问简单信息以及系统的和历史的视图。一个设计良好的数据集市有如下功能。

① 发布特定用户群体所需的信息，通常是一个部门或者一个特定组织的用户，且无须受制于源系统的大量需求和操作性危机。

② 支持访问非易变（nonvolatile）的业务信息。非易变的信息是以预定的时间间隔进行更新的，并且不受OLTP系统进行中的更新的影响。

③ 调和来自于组织里多个运行系统的信息，比如账目、销售、库存和客户管理以及组织外部的行业数据。

④ 通过默认有效值、使各系统的值保持一致以及添加描述以使隐含代

码有意义，从而提供净化的（Cleansed）数据。

⑤ 为即席分析和预定义报表提供合理的查询响应时间。由于数据集市是部门级的，相对于庞大的数据仓库来讲，其查询和分析的响应时间会大大缩短。

3. 数据集市的类型

数据集市可以分为两类：一类是从属型数据集市；另一类是独立型数据集市。

（1）从属型数据集市

从属型数据集市的逻辑结构图如图 4-21 所示，所谓从属是指它的数据直接来自中央数据仓库。这种结构能保持数据的一致性，通常会为那些访问数据仓库十分频繁的关键业务部门建立从属数据集市，这样可以很好地提高查询操作的反应速度。

（2）独立型数据集市

独立型数据集市的逻辑结构图如图 4-22 所示，其数据直接来自各个业务系统。许多企业在计划实施数据仓库时，往往出于投资方面的考虑，最终建成的是独立的数据集市，用来解决个别部门较为迫切的决策问题。从这个意义上讲，它和企业数据仓库除了在数据量和服务对象上存在差别外，其逻辑结构并无多大区别，也许这就是把数据集市称为部门级数据仓库的主要原因。

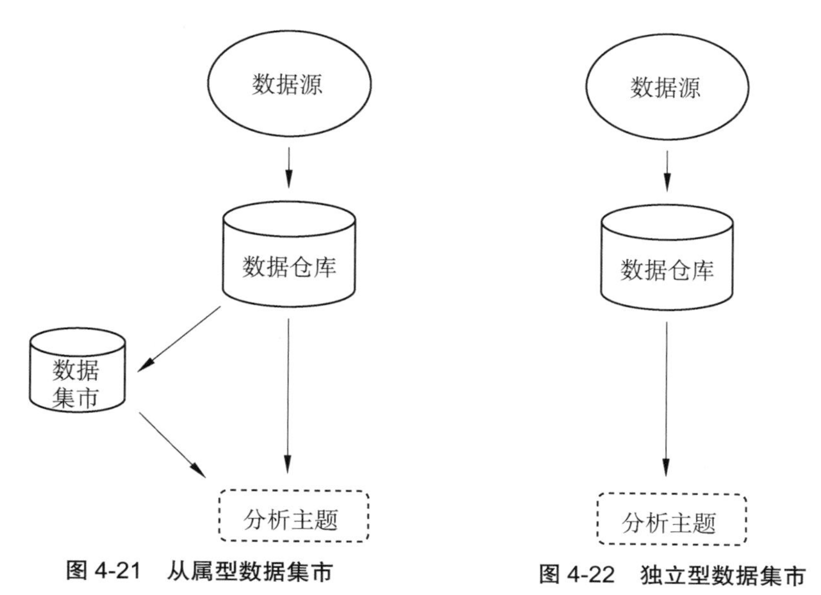

图 4-21　从属型数据集市　　**图 4-22　独立型数据集市**

总之，数据集市可以是数据仓库的一种继承，只不过在数据组织形式上，数据集市处于相对较低的层次。

4. 数据集市与数据仓库的区别

数据集市与数据仓库之间的区别可以从以下 3 个方面进行理解。

① 数据仓库向各个数据集市提供数据。前者是企业级的，规模较大，后者是部门级的，相对规模较小。

② 若干个部门的数据集市组成一个数据仓库。数据集市开发周期短、速度快，数据仓库开发周期长、速度慢。

③ 从其数据特征进行分析，数据仓库中数据结构采用规范化模式（第 3 范式），数据集市中的数据结构采用星型模式。通常数据仓库中的数据粒度比数据集市的粒度要细。

4.4 习题

1. 大数据存储面临哪些挑战，面对这些挑战有什么应对措施？
2. 大数据存储的方式有哪些？
3. 什么是分布式系统？分布式系统比较常见的数据分布方式有哪些？
4. 请简述 NoSQL 数据库的含义。常见的键值存储、面向文档的数据库、面向列的数据库的特点分别是什么？
5. 什么是云存储，云存储的分类、特点是什么？
6. 请简述数据仓库的定义，并简要介绍数据仓库的体系结构。
7. 实施数据仓库的构建步骤有哪些？
8. 什么是数据集市？其具有什么功能？

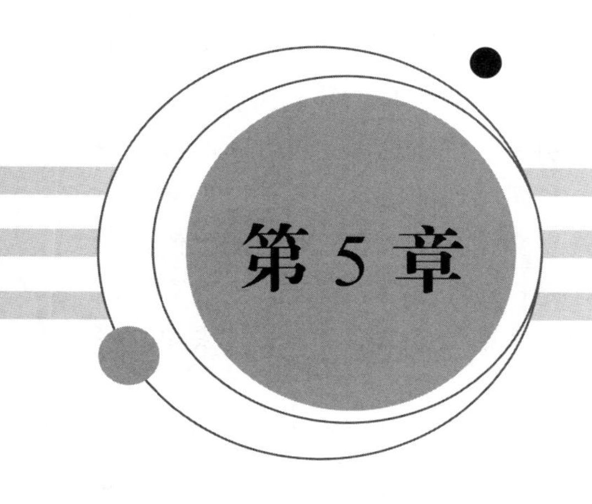

大数据分析

大数据价值链最重要的一个环节就是数据分析，其目标是提取数据中隐藏的数据，提供有意义的建议以辅助制定正确的决策。通过数据分析，人们可以从杂乱无章的数据中萃取和提炼有价值的信息，进而找出所研究对象的内在规律。数据分析有极广泛的应用范围。在产品的整个生命周期内，数据分析过程是质量管理体系的支持过程，包括从产品的市场调研到售后服务以及最终处置都需要适当运用数据分析，以提升产品质量、客户黏性度和生产效率。本章主要阐述大数据分析的基本概念和相关技术。首先，介绍数据分析的类型；其次，说明数据分析的一般方法；再次，详细阐述数据分析的利器——数据挖掘，包括常用数据挖掘算法、数据挖掘理论方法、大数据挖掘工具及数据挖掘算法的应用；最后，给出上机项目实例。

5.1 数据分析概念和分类

5.1.1 数据分析的概念和作用

数据分析是指收集、处理数据并获取数据中隐含的信息的过程。具体地说，数据分析就是建立数据分析模型，对数据进行核对、筛查、复算、判断等操作，将目标数据的实际情况与理想情况进行对比分析，从而发现审计线索，搜集审计证据的过程。

大数据具有数据量大、数据结构复杂、数据产生速度快、数据价值密度低等特点，这些特点增加了对大数据进行有效分析的难度，大数据分析（Big Data Analytics，BDA）成为当前探索大数据发展的核心内容。大数据分析是在数据密集型的环境下，对数据科学的重新思考和进行新的模式探索的产物。严格来说，大数据更像是一种策略而非技术，其核心理念就是以一种比以往有效得多的方式来管理海量数据并从中获取有用的价值。大数据分析是大数据理念与方法的核心，是指对海量增长快速、内容真实、类型多样的数据进行分析，从中找出可以帮助决策的隐藏模式、未知的相关关系以及其他有用信息的过程。

大数据分析是伴随着数据科学的快速发展和数据密集型范式的出现而产生的一种全新的分析思维和技术，大数据分析与情报分析、云计算技术等内容存在密切的关联关系。有专家认为，大数据的数据跟过去传统的结构性的数据有很大不同。结构化的数据相对比较单一、结构性好，而大数据直接源自于自然和人类社会，数据量大且结构复杂。还有专家认为大数据分析是根据数据生成机制，对数据进行广泛的采集与存储，并对数据进行格式化清洗，以大数据分析模型为依据，在集成化大数据分析平台的支撑下，运用云计算技术调度计算分析资源，最终挖掘出大数据背后的模式或规律的数据分析过程。

数据分析目的是从和主题相关的数据中提取尽可能多的信息，其主要作用包括：

- 推测或解释数据并确定如何使用数据；
- 检查数据是否合法；
- 给决策制定合理建议；
- 诊断或推断错误原因；
- 预测未来将要发生的事情。

5.1.2 数据分析的类型

依据不同的方法和标准，数据分析可以分成不同的类型。根据数据分析深度，可将数据分析分为 3 个层次：描述性分析（Descriptive Analysis），预测性分析（Predictive Analysis）和规则性分析（Prescriptive Analysis）。

描述性分析基于历史数据来描述发生的事件。例如，利用回归分析从数据集中发现简单的趋势，并借助可视化技术来更好地表示数据特征。

预测性分析用于预测未来事件发生的概率和演化趋势。例如，预测性模型使用对数回归和线性回归等统计技术发现数据趋势并预测未来的输出结果。

规则性分析用于解决决策制定和提高分析效率。例如，利用仿真来分析复杂系统以了解系统行为并发现问题，并通过优化技术在给定约束条件下给出最优解决方案。

在统计学的领域当中，数据分析可划分为描述性统计分析、探索性数据分析及验证性数据分析 3 种类型。其中，探索性数据分析侧重于从数据当中发现新的特征，而验证性数据分析侧重于对已有假设的证实或者证伪。探索性数据分析是为了形成值得假设的检验而对数据进行分析的一种方法，是对传统统计学假设检验手段的补充。该方法由著名的美国统计学家约翰·图基（John Tukey）命名。

在人类探索自然的过程中，通常将数据分析方法分为定性数据分析和定量数据分析两大类。

定性分析是对研究对象进行“质”的方面的分析。具体地说是运用归纳和演绎、分析与综合以及抽象与概括等方法，对获得的各种材料进行思维加工，从而去粗取精、去伪存真、由此及彼、由表及里，达到认识事物本质、揭示内在规律。

定性分析主要是解决研究对象“有没有”“是不是”的问题。定量分析是对观测对象的数量特征、数量关系与数量变化的分析。其功能在于揭示和描述观测对象的内在规律和发展趋势。定量分析是依据统计数据，建立数学模型，并用数学模型计算出分析对象的各项指标及其数值的一种方法。

按照数据分析的实时性，一般将数据分析分为实时数据分析和离线数据分析。实时数据分析也称在线数据分析，在线数据分析能够实时处理用户的请求，允许用户随时更改分析的约束和限制条件。在线数据分析往往要求在数秒内返回准确的数据分析结果，为用户提供良好的交互体验，一般应用于金融、电信和交通导航等领域。离线数据分析通过数据采集工具将日志数据导入专用分析平台进行分析，应用于那些对反馈时间要求不严格的场合，如精准营销、市场分析、工程建筑等。

按照数据量的大小，可将数据分析分为内存级数据分析、BI 级数据分析和海量级数据分析。内存级别是指数据量不超过机器内存的最大值（通常在 TB 之下），可以将一些热点数据或数据库储存于内存之中，从而获得非常快速的数据分析能力，内存分析尤其适合实时业务分析需求。BI 级别指的是那些对于内存来说过大但又可将其放入专用 BI 数据库之中进行分析的数据量。目前主流的 BI 产品都有支持 TB 级以上的数据分析方案，如 IBM 的 cognos，Oracle 的 OBIEE，SAP 的 BO 等。海量级别指的是对于内存和 BI 数据库已完全失效或成本过高的数据量。基于软硬件的成本原因，目前大多数互联网企业采用 Hadoop 的 HDFS 分布式文件系统来存储数据，并使用 MapReduce 进行分析。

5.2 数据分析方法

5.2.1 数据分析方法概述

随着互联网、云计算和物联网等迅速发展，随处可见的无线传感器、移动设备、RFID 标签等每分每秒都在产生数以亿计的数据。如今需要处理的数据量越来越大，并且数据量仍在以指数级增长，同时用户对数据处理的实时性、有效性、精确性等也提出了更高要求。海量复杂的大数据带来了很多新的技术性难题，传统的数据分析处理方法已经不再适用。因此，大数据分析方法在大数据领域显得尤为重要，甚至决定了最终数据信息是否具有真正实用价值。

由于大数据复杂多变的特殊属性，目前还没有公认的大数据分析方法体系，不同的学者对大数据分析方法的看法各异。总结起来，包括 3 种体系，分别是面向数据视角的分析方法、面向流程视角的分析方法和面向信息技术视角的分析方法。

面向数据视角的大数据分析方法主要是以大数据分析处理的对象“数据”为依据，从数据本身的类型、数据量、数据处理方式以及数据能够解决的具体问题等方面对大数据分析方法进行分类。如利用历史数据及定量工具进行回溯性数据分析来对模式加以理解并对未来做出推论，或者利用历史数据和仿真模型对即将发生的事件进行预测性分析。美国国家研究委员会在 2013 年公布的《海量数据分析前沿》研究报告中提出了 7 种基本的数据统计分析方法：

① 基本统计（如一般统计及多维数分析等）；

② N 体问题（N-body Problems）（如最邻近算法、Kernel 算法、PCA 算法等）；

③ 图论算法（Graph-Theoretic Algorithm）；

④ 数据匹配（如隐马尔可夫模型等）；

⑤ 线性代数计算（Linear Algebraic Computations）；

⑥ 优化算法（Optimizations）；

⑦ 功能整合（如贝叶斯推理模型、Markov Chain 和 Monte Carlo 方法等）。

面向流程视角的大数据分析方法主要关注大数据分析的步骤和阶段。一般而言，大数据分析是一个多阶段的任务循环执行过程。一些专家学者按照数据搜集、分析到可视化的流程，梳理了一些适用于大数据的关键技术，包括神经网络、遗传算法、回归分析、聚类、分类、数据挖掘、关联规则、机器学习、数据融合、自然语言处理、网络分析、情感分析、时间序列分析、空间分析等，为大数据分析提供了丰富的技术手段和方法。

面向信息技术视角的大数据分析方法强调大数据本身涉及的新型信息技术，从大数据的处理架构、大数据系统和大数据计算模式等方面来探讨具体的大数据分析方法。

实际上，现实中往往综合使用这 3 种大数据分析方法。综合来看，大数据分析方法正逐步从数据统计（Statistic）转向数据挖掘（Mining），并进一步提升到数据发现（Discovery）和预测（Prediction）。

5.2.2 数据来源

从 20 世纪 90 年代后期以来，随着信息处理技术、计算机技术和网络技术等高新技术迅速发展，人类社会迈入了全新的数字时代。现代信息网络技术的快速发展，无疑为数据的广泛传播和共享铺设了一条宽广的快车道。如今，与日俱增的数据充斥着人类世界的各个层面，世界上每时每刻都有海量的数据产生与传播。数据作为第四次工业革命的战略资源，全球各国都在大力发展数据基础信息平台的建设，用以改善数据的采集、存储、传输及管理的效率，从而提升信息服务水平。

大数据的来源按照数据产生主体可划分为三层。

大数据来源的最外层是巨量的各类机器产生的数据，大约占数据总数的 90%，包括各类应用服务器上的结构化事务日志数据，布置在全球的各种传感器收集的数据，如交通、公安和环境等部门布置的传感器收集到的海量的非结构化数据。非结构化数据没有既定模式和格式，比较难以管理和利用，但其蕴藏的应用价值巨大。例如，交警部门可以利用车载系统上传的车辆位置信息，判断出当前路段的通行情况，便能够更加合理地安排车辆通行，缓解交通拥堵情况。

大数据来源的次外层是人为产生的大量数据。自 20 世纪 90 年代末期开始，Web 系统应用的兴起萌生了许多在线社交网络平台，如搜索引擎、论坛、博客、社交网站等，这些平台的数据绝大多数是在线用户产生的。举例来说，搜索引擎 Google 每天要处理的数据已经超过 20PB；Twitter 每月会处理超过 3 200 亿次的搜索；Facebook 每天存储、访问和分析的用户数据达到 30PB；淘宝每天产生的数据量达到了 50TB；阿里巴巴保存的数据量超过 100PB；百度在 2014 年的数据总量超过 1 000PB；腾讯的总数据量压缩后也在几百 PB 以上，并且保持着 10%的月增长率。显然，在社交网络、电商和在线游戏等领域已积累了大量结构化和非结构化数据。通过分析这些数据，能够总结推测用户的喜好和关注点，从而为企业挖掘用户需求提供科学依据。

大数据来源的最内层主要是来自企业的数据，包括电信、金融、医疗、交通、石油和化工等行业。例如，电信行业运营商拥有的总数据量有几百PB，这些数据涵盖了用户的通话记录、信息文本记录、上网记录以及定位地理信息等，医疗行业每年产生的数据量也在数百 PB 以上。

纷繁复杂的应用带来了数据量的爆炸式增长。资料显示，2011 年全球数据规模约为 1.8ZB，预计在 2020 年全球数据将会达到 40ZB。特别是，互联网数据生产量正以指数增长，大约每两年就会翻一番。大数据不仅体现在数据的体量巨大，也体现在了格式组成的多样化，在如此海量的数据当中，结构化数据所占比例仅为 20%左右，由社交网络、物联网、电子商务等领域产生的非结构化和半结构化数据占到 80%的比例。

5.2.3 数据分析活动步骤

1. 数据分析

简而言之，数据分析是指数据收集、处理并获取数据信息的过程。通过数据分析，人们可以从杂乱无章的数据当中获取有用的信息，从而找出研究对象的内在规律，对今后的工作提供指导性参考，并有利于人们做出科学准确的判断，进一步提高生产率。

从整体上看，大数据分析包括 5 个阶段，每个阶段都有该阶段所对应的方法：

① 数据获取及储存，从各种感知工具中获取的数据通常与空间时空相关，需要及时分析技术处理数据并过滤无用数据；

② 数据信息抽取及无用信息的清洗，从异构的数据源当中抽取有用的信息，然后转化为统一的结构化数据格式；

③ 数据整合及表示，将数据结构和语义关系转换为机器能够读取理解的格式；

④ 数据模型的建立和结果分析，从数据中挖掘出潜在的规律及信息知识，需要相应的数据挖掘算法或知识发现方法；

⑤ 结果阐释，运用可视化技术对结果进行展示，方便用户更加清楚直观地理解。

2. 活动步骤

不难看出，要想通过数据分析从庞杂的海量数据中获得需要的信息，必须经过必要的活动步骤，具体说明如下。

（1）识别目标需求

首先必须明确数据分析的目标需求，从而为数据的收集和分析提供清晰的方向，该步骤是数据分析有效性的首要条件。

（2）采集数据

目标需求明确之后，就要运用合适的方法来有效收集尽可能多的相关数据，从而为数据分析过程的顺利进行打下基础。常用的数据采集方法包括系统日志采集方法，这是目前广泛使用的一种数据采集方法。例如，Web 服务器通常要在访问日志文件中记录用户的鼠标点击、键盘输入、访问的网页等相关属性；利用传感器采集数据，传感器类型丰富，包括声音、震动、温度、湿度、电流、压力、光学、距离等类型；基于 Web 爬虫的数据采集，Web 爬虫是网站应用的主要数据采集方式。

（3）数据预处理

通过多种方式采集上来的数据通常是杂乱无章，高度冗余并且有一定缺失。如果直接对此类数据进行分析，不仅会耗费大量时间精力，而且分析得到的结果也不准确。为此，需要对数据进行必要的预处理。常用的数据预处理方法包括数据集成、数据清洗、数据去冗余。数据集成技术在逻辑和物理上把来自不同数据源的数据进行集中合并，给用户提供一个统一的视图。数据清洗是指在集成的数据中发现不完整、不准确或不合理的数据，然后对这些数据进行修补或删除来提高数据质量的过程。另外，数据的格式、合理性、完整性及极限值等的检查都应在数据清洗过程中完成。数据清洗可以保证数据的一致性，提高了数据分析的效率和准确性。数据冗余是指数据的重复或过剩，在很多的数据集中数据冗余是一种十分常见的问题。数据冗余无疑增加了数据传输开销，浪费存储空间，并降低了数据的一致性和可靠性。因此，许多研究学者提出了减少数据冗余的机制，如冗余检测和数据融合技术。这些方法能够应用于不同的数据集和数据环境，提升系统性能，不过在一定程度上也增加了额外的计算负担，因此需要综合考虑数据冗余消除带来的好处和增加的计算负担，以便找到一个合适的折中。

（4）数据挖掘

数据挖掘的目的是在现有数据基础之上利用各类有效的算法挖掘出数据中隐含的有价值信息，从而达到分析推理和预测的效果，实现预定的高层次数据分析需求。常用的数据挖掘算法有用于聚类的 K-Means 算法、用于分类的朴素贝叶斯网络、用于统计学习的支持向量机以及其他一些人工智能算法，如遗传算法、粒子群算法、人工神经网络和模糊算法等。目前，大数据分析的核心是数据挖掘，各类数据挖掘算法能够根据数据的类型和格式，科学地分析数据自身的特点，快速地分析和处理数据。常用的数据挖掘方法将在5.3节中详细介绍。

5.2.4 分析数据

在完成对数据的各类处理之后，接下来最重要的任务就是根据既定的目标需求对数据处理结果进行分析。目前，大数据的分析主要依靠4项技术：统计分析、数据挖掘、机器学习和可视化分析。

1. 统计分析

统计分析基于统计理论，属于应用数学的一个分支。在统计理论中，随机性和不确定性由概率理论建模。统计分析技术可以分为描述性统计和推断性统计。描述性统计技术对数据集进行摘要（Summarization）或描述，而推断性统计则能够对过程进行推断。更多的多元统计分析包括回归、因子分析、聚类和判别分析等。数据关联分析是一种简单、实用的分析技术，就是发现存在于大量数据集中的关联性或相关性，从而描述了一个事物中的某些属性同时出现的规律和模式。例如，Apriori 算法是挖掘产生布尔关联规则所需频繁项集的基本算法，也是最著名的关联规则挖掘算法之一，使用一种称作逐层搜索的迭代方法。

2. 数据挖掘

数据挖掘可以认为是发现大数据集中数据模式的一种计算过程。许多数据挖掘算法已经在机器学习、人工智能、模式识别、统计和数据库领域得到了应用。例如，贝叶斯分类器根据目标对象的先验概率和条件概率推断出它的概率，算法根据目标概率值进行分类。通过分类算法，可以清楚地看到目标对象所从属的类别，有助于分析人员正确对待不同类型的对象。此外，其他一些先进技术如人工神经网络、粒子群算法和遗传算法也被用于不同应用的数据挖掘。有时候，几乎可以认为很多方法间的界线逐渐淡化，例如数据挖掘、机器学习、模式识别、甚至视觉信息处理、媒体信息处理等，“数据挖掘”只是作为一个通称。

3. 机器学习

机器学习是一门研究机器获取新知识和新技能，并识别现有知识的学问，其理论主要是设计和分析一些让计算机可以自动“学习”的算法。机器学习算法从数据中自动分析获得规律，并利用规律对未知数据进行预测。

在大数据时代，人们迫切希望在由普通机器组成的大规模集群上实现高性能的以机器学习算法为核心的数据分析，为实际业务提供服务和指导，进而实现数据的最终变现。与传统的在线联机分析处理 OLAP 不同，对大数据的深度分析主要基于大规模的机器学习技术。因而与传统的 OLAP 相比较，基于机器学习的大数据分析具有自己独特的特点，包括迭代性、容错性、参数收敛的非均匀性等。这些特点决定了理想的大数据分析系统的设计的独特性和挑战性。

4. 可视化分析

可视化分析与信息绘图学和信息可视化相关。数据可视化的目标是以图形方式清晰有效地展示信息，从而便于解释数据之间的特征和属性情况。一般来说，图表和地图可以帮助人们快速理解信息。当数据量增大到大数据的级别，传统的电子表格等技术已无法处理海量数据。大数据的可视化已成为一个活跃的研究领域，因为它能够辅助算法设计和软件开发。关于可视化的内容详见本书第 6 章。

5.3 数据挖掘

5.3.1 基本概念

我们现在生活在一个信息化的数据爆炸时代，大量信息在给人们带来方便的同时也带来了一大堆问题：

- 信息过量，难以消化；
- 信息真假难以辨识；
- 信息安全难以保证；
- 信息形式不一致，难以统一处理。

人们开始考虑：“如何才能不被信息淹没，而是从中及时发现有用的知识、提高信息利用率？” 面对这一挑战，数据挖掘和知识发现技术应运而生，并显示出强大的生命力。一般来说，数据挖掘（Data Mining）这一概念最早是 Fayyad 在 1995 年的知识发现会议上提出来的，他认为数据挖掘是一个自动或是半自动地从大量数据中发现有效、有意义、有潜在价值、易于理解的数据模式的复杂过程。此定义的着眼点在于数据挖掘的工程特征，明确了数据挖掘是一种用于发现数据中潜在有价值的知识模式的学习机制。在此概念的基础上，许多学者对数据挖掘给出了不同的理解和定义。目前，一种较为全面客观的定义是，数据挖掘就是从大量的、不完全的、有噪声的、模糊的、随机的实际应用数据中，提取隐含在其中的、人们事先不知道的、但又是潜在有用的信息和知识的过程。这个定义包括几层含义：数据源必须是真实的、大量的、含噪声的；发现的是用户感兴趣的知识；发现的知识要可接受、可理解、可运用；并不要求发现放之四海皆准的知识，仅支持特定的发现问题。

从技术的角度看，数据挖掘无疑是信息网络时代的技术热点。以电子商务网站为例，用户单击鼠标这个细微的动作就决定了这个潜在客户的商业动机和交易行为。网站服务商为了解和预测客户忠实度的变化，可以通过跟踪、记录和分析客户的网站历史购物信息和访问记录来推测客户的购物习惯和行为变化倾向，进而为客户推送优惠的商品信息，力图长时间挽留客户。然而，要做到这一点必须利用强大的数据挖掘和分析功能让隐藏在数据背后的有用信息显现出来。

从上述定义不难看出，数据挖掘以解决实际问题为出发点，核心任务是对数据关系和特征进行探索。一般而言，需要探索的数据关系有两种情形，一种是有目标的，另一种是没有目标的。因此，数据挖掘也可以分为两大类，一类为有指导的学习或监督学习（Supervised learning），一种为无指导的学习或非监督学习（Unsupervised learning）。监督学习是对目标需求的概念进行学习和建模，通过探索数据和建立模型来实现从观察变量到目标需求的有效解释。非监督学习没有明确的标识变量来表达目标概念，主要任务是提炼数据中隐藏的规则和模式，探索数据之间的内在联系和结构。

数据挖掘并不专属某一单独学科，而是一门多学科交叉的技术，涉及统计学、数据库、机器学习、模式识别、人工智能等，如图 5-1 所示。数据挖掘吸收了来自统计学的抽样、估计和假设检验，来自模式识别、机器学习和人工智能的搜索算法、学习方法和建模技术。数据挖掘技术同样需要数据库系统提供有效的存储、索引和查询支持。此外，高性能并行计算技术和分布式计算技术在处理大数据方面往往是不可或缺的。

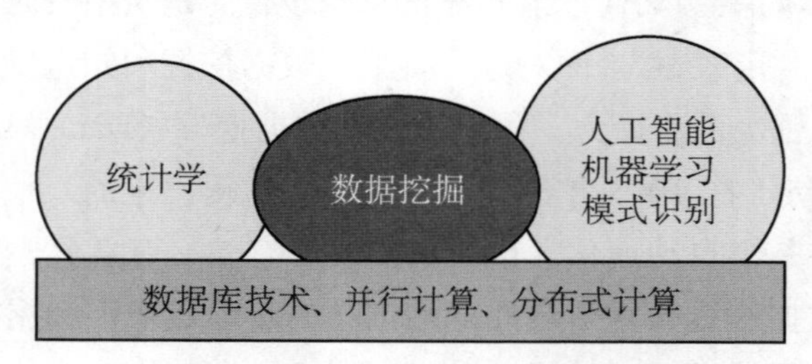

图 5-1　数据挖掘与其他学科的关系

从获取知识的过程来看，数据挖掘不是一蹴而就完成的，而是一个循环迭代的递进过程。先从问题的描述开始，到数据的收集，再进行数据的预处理，然后建立模型进行评估，最后才是解释模型得出结论。整个数据挖掘的过程，会用到各种不同的技术来尽量获得更好的结果。数据挖掘的具体流程如图 5-2 所示。

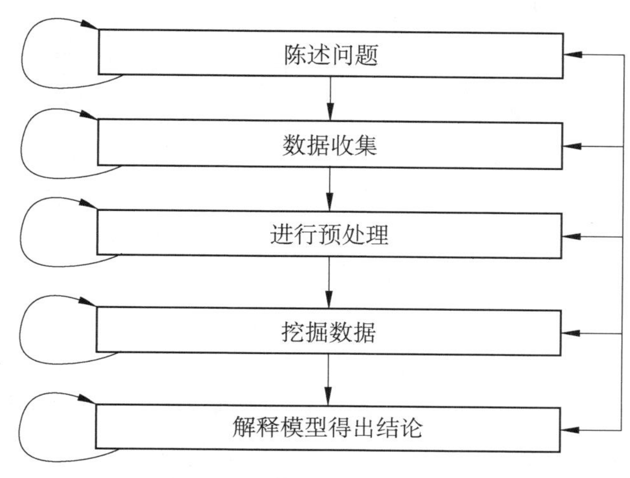

图 5-2　数据挖掘的具体流程

5.3.2　数据挖掘常用算法

在大数据时代，数据挖掘的重要目的就是要从海量、不完全的、有噪声的、模糊的、随机的大型数据库中发现隐含在其中有价值的、潜在有用的信息和知识。能否运用合适的算法，对大数据的挖掘分析来说至关重要。各种数据挖掘的算法基于不同的数据类型和格式能更加科学地呈现出数据本身的特点，能更快速地处理大数据。大数据挖掘常用的算法有分类、聚类、回归分析、关联规则、特征分析、Web 页挖掘、神经网络等智能算法。

（1）分类

分类就是通过学习得到一个目标函数，根据目标数据的不同特点按照分类模式将其划分为不同的类别，其作用是通过分类模型，将目标数据映射到某个特定的类别。分类技术是一种根据输入数据集建立分类模型的系统方法，非常适合用于描述或预测二元或标称类数据集。例如，阿里巴巴对淘宝用户进行分类，包括客户的属性和特征分类以及客户的购买行为的分类，这样商家便可以根据用户喜好恰当推广和促销商品，进而提高利润。

（2）聚类分析

聚类分析是把一组数据按照差异性和相似性分为几个类别，使得属于同一类的数据之间相似性尽可能大，不同类之间的相似性尽可能小，跨类的数据关联性尽可能低。组内数据的相似性越大，组间数据的差异性越大，聚类效果就越好。聚类分析常用于结构分组、客户细分、文本归类和行为跟踪等问题，是数据挖掘中发展很快并且灵活多变的一个分支。

（3）回归分析

回归分析是确定两种或两种以上变量相互之间依赖性关系的一种统计分析方法，用以分析数据的内在规律，常用于数值预报、系统控制等问题。回归分析按照因变量和自变量之间的关系，可分为线性回归和非线性回归；按照涉及变量的数量可以分为一元回归和多元回归；在线性回归中，根据因变量的数量，可以分为简单回归分析和多重回归分析。回归分析在市场营销方面有着广泛应用，常用于寻求客户、预防客户流失、销售趋势、产品生存周期等预测以及有针对性的促销活动。

（4）关联分析

关联分析最主要的目的就是找出隐藏在数据之间的相互关系和关联性，即可以根据一个数据项的出现推导出其他相关数据项的出现。衡量关联规则有两个基本度量：支持度和可信度。支持度定义为 A 与 B 在同一次事务中出现的可能性，由 A 与 B 在数据集中同时出现的事务占总事务的比例估计；可信度用于度量规则当中后项事务对前项事务的依赖程度。关联规则的可信度和支持度都是 0～1 的值，关联规则的主要目的就是找到变量值之间的支持度和可信度都比较高的规则。关联规则挖掘过程包含两个阶段：首先从海量的目标数据库中找出所有的高频项目组；然后从这些高频项目组中产生关联规则。关联分析在电商精确销售中已得到广泛应用，利用基于关联分析的数据挖掘技术可以建立客户忠诚度模型，了解哪些因素影响了客户忠诚度，并采取应对措施。

（5）特征分析

特征分析是指从数据库中的一组数据中提取出关于这些数据的特征式，这些特征式即为此数据集的总体特征。如销售公司可以通过对顾客流失因素的特征提取，找出顾客流失的一系列原因和主要特征，然后针对这些特征进行针对性的改进服务以有效减少顾客流失量。

（6）Web 网页挖掘技术

Web 网页挖掘技术是随着互联网的快速发展及 Web 的普及兴起的。当前 Web 上的信息量无比丰富，通过对 Web 页上的数据进行挖掘，抽取其中感兴趣的、有潜在价值的信息进行集中分析，对政治和经济等政策的制定有着积极的引导指向。Web 网页挖掘涉及 Web 技术、计算机语言、信息学等多个领域，是一个综合性过程。

（7）人工神经网络

人工神经网络是一种模拟大脑神经突触连接结构来进行信息处理的数

学模型，具有强大的自主学习能力和联想存储功能并具有高度容错性，非常适合处理非线性数据以及具有模糊性、不完整性、冗余性特征的数据。目前，主要有 3 种较为典型的神经网络模型，即反馈式神经网络模型、前馈式神经网络模型、自组织映射模型。

- 前馈式神经网络一般用于分类预测或模式识别，主要代表为感知机和函数型网络；
- 反馈式神经网络一般用于联想记忆和优化算法，主要代表有 HopField 的离散模型和连续模型；
- 自组织映射模型主要用于聚类，主要代表有 ART 模型。虽然神经网络有多种模型和算法，但在特定领域的数据挖掘中使用何种模型及算法没有统一的规则，需要特定问题特定分析。

5.3.3 分类

简单地说，分类就是确定目标对象属于哪个预定的类别。分类是数据分析中常用的一种方法，应用十分广泛。例如在银行业务中，对于客户申请贷款，银行数据分析师需要根据此客户的相关数据分析他是属于“诚信”类还是“失信”类，以便降低银行可能遭受损失的风险。再如邮件系统可以根据 E-mail 标题和内容区分出垃圾邮件，避免木马等恶意程序攻击用户计算机，医学研究人员可以根据病理数据，合理辨识出病情状况，以便采取合理的治疗手段。

分类任务的输入数据是记录的集合。每条记录也称作为实例或样例，可以用二元组（x，y）表示，其中 x 是属性的集合，而 y 是一个特殊属性，表示样例的类标号，即样例的分类属性或目标属性。分类就是通过学习得到一个目标函数 f，属性集 x 通过目标函数映射到预先定义的类标号 y。目标函数也称分类模型（Classification Model）。数据分类过程一般包含两个阶段，一是构建分类模型的学习阶段，二是基于模型预测目标类标号的分类阶段。分类模型一般有两大用途：一是进行描述性建模，分类模型可以用作解释性工具来区别目标数据中的不同类别；二是进行预测性建模，即使用分类模型来预测未知记录的类标号。

分类技术实际上是一种根据输入数据集建立分类模型的系统方法。常用的分类技术包括决策树分类法、朴素贝叶斯分类法、基于规则的分类法、支持向量机、神经网络等。这些技术都使用某一种学习算法来确定分类模型，然后依据模型来拟合输入数据中类标号和属性集之间的联系。学习算法得到的模型不仅要能很好拟合输入数据，还要确保能够正确预测未知样本的类标号。建立分类的方法一般过程包括两个步骤，如图 5-3 所示：首先，利用目标数据取出一定数据作为训练集，据此进行学习算法的训练学习来建立分类模型；然后，取出部分数据作为检验集，用于模型的检验。

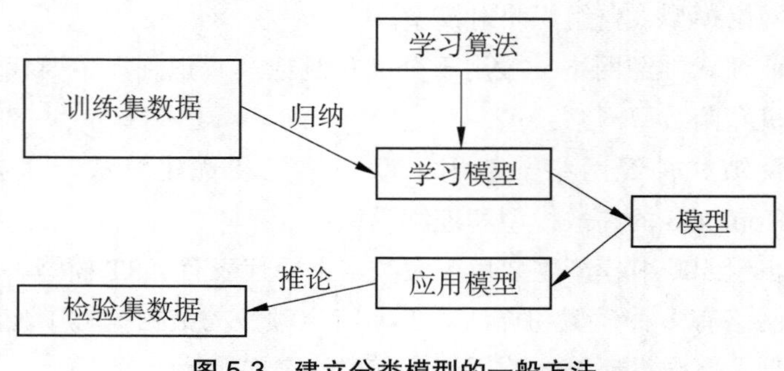

图 5-3 建立分类模型的一般方法

评估模型性能的度量一般采用两种指标，即准确率和错误率。

准确率是模型正确预测的数量与预测总数的比值，体现了模型的评估准确性。

错误率即为模型预测和实际不符的数量与预测总数的比值。

影响模型性能的因素有很多，如目标数据本身不完整，存在噪声和冗余等，还有可能因为训练集数目过少或过多等。分类算法寻求的优秀模型是希望这些模型应用于检验集时具有较高的准确率，等价于具有相应较低的错误率。

决策树归纳法是一种常用且简单的分类方法，是从有类标号的训练集中学习决策树。决策树的结构是一种树状结构，如图 5-4 所示。图中顶层节点为根节点，从根节点开始，树中的非叶内部节点表示某个用以区分不同类别的属性的测试，每个分枝代表该测试的一个输出，每个叶节点存放一个类标号。决策树分类器的构造不需要任何领域知识或参数设置，并且能够处理高维数据，学习到的知识使用树的形式直观地表现出来。

图 5-4 给出了一棵区分某个物种是否为哺乳动物的决策树，根节点使用体温属性把冷血动物和恒温动物区分开来，因为所有的哺乳动物不会是冷血动物，因此右节点的类标号为非哺乳动物。脊椎动物的体温是恒温的，然后通过是否胎生这个决策来区分鸟类与其他哺乳动物。决策树一旦构造完毕，对检验集的分类就变得十分简单。从根节点开始，根据测试条件分类，测试结果用于选择对应的分支。沿着该分支到达另一内部节点，使用新的测试条件再到达另一节点，最终到达叶节点得出分类结果。

另一种常用的分类方法为贝叶斯分类方法，这是一种统计学分类方法。此方法可以预测类隶属关系的概率，即预测出一个给定的元组属于某一个

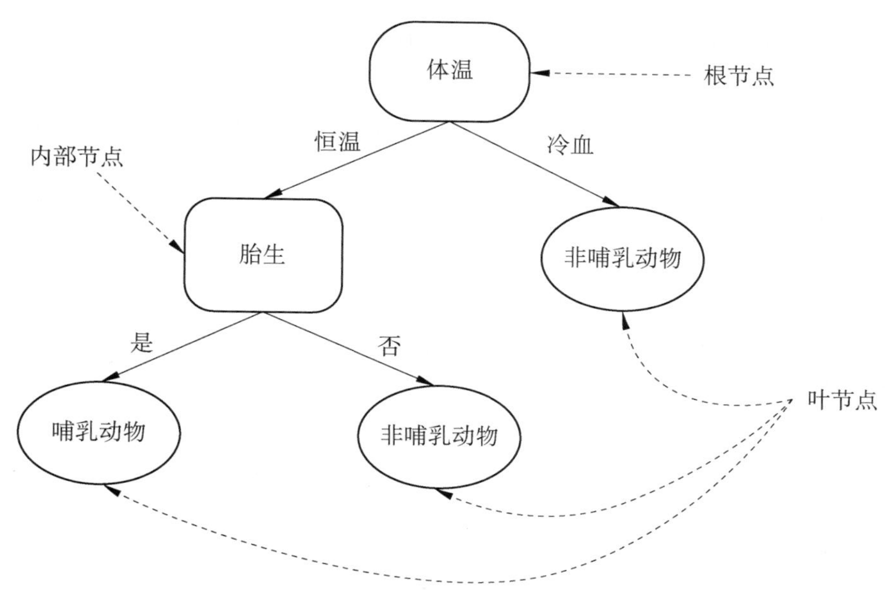

图 5-4 动物分类问题决策树

特定类的概率。贝叶斯分类方法是基于贝叶斯定理提出的。贝叶斯定理是英国学者 Thomas Bayes 在 18 世纪提出的。贝叶斯定理中，设 X 表示属性集，Y 表示类变量。如果类变量和属性之间的关系不确定，则可以把 X 和 Y 看作是随机变量，用 $P(Y|X)$ 来表示二者之间的关系。这个概率称作 Y 在条件 X 下的后验概率（Posterior probability）。与之对应，$P(Y)$ 即为 Y 的先验概率（Prior probability）。同理 $P(X|Y)$ 是在条件 Y 下 X 的后验概率，$P(X)$ 是 X 的先验概率。贝叶斯定理提供了利用 $P(X)$、$P(Y)$ 和 $P(X|Y)$ 来计算后验概率 $P(Y|X)$ 的方法。定理公式如下：

$$P(Y \mid X)=\frac{P(X \mid Y)P(Y)}{P(X)} \tag{5.1}$$

朴素贝叶斯（Naive Bayesian）分类法的工作原理说明如下：

（1）设 D 是训练集及其相关联的类标号的集合。一般情况下，每个训练元组用一个 n 维属性向量 X=$\{x_1, x_2, \cdots, x_n\}$表示，描述由 n 个属性 A_1，A_2，…，A_n 对训练元组的 n 个测量。

（2）假定有 m 个类 C_1，C_2，…，C_m。给定元组 X，分类算法将预测 X 属于具有最高后验概率的类。也就是说，朴素贝叶斯分类法认为 X 属于类 C_i，当且仅当

$$P(C_i \mid X) > P(C_j \mid X) \qquad 1 \leqslant j \leqslant m,\ i \neq j$$

这样，将使 $P(C_i|X)$的值最大的类 C_i 称为最大后验假设。由贝叶斯定理式 5.1 可知，

$$P(C_i \mid X)=\frac{P(X \mid C_i)P(C_i)}{P(X)} \tag{5.2}$$

（3）由于 $P(X)$ 对所有的类来说是常数，想使 $P(C_i|X)$ 最大，只需要 $P(X|C_i)P(C_i)$ 最大即可。如果在类的先验概率未知的情况下，一般假设这些类都是等概率的，即 $P(C_1)=P(C_2)=\cdots=P(C_m)$，据此使 $P(X|C_i)$ 或 $P(X|C_i)P(C_i)$ 最大化。在此，类的先验概率 $P(C_i)=|C_{i,D}|/|D|$，其中 $|C_{i,D}|$ 是训练集 D 中类的训练元组数。

（4）数据集如果有很多属性，计算 $P(X|C_i)$ 的开销可能会非常大。因此，为了降低计算开销，可以假定类条件是独立的。给定元组的类标号，假定属性值之间相互独立，即各属性之间不存在依赖关系。因此有下式：

$$P(X|C_i)=\prod_{k=1}^{n}P(X_k \mid C_i)=P(x_1 \mid C_i)P(x_2 \mid C_i)\cdots P(x_n \mid C_i) \tag{5.3}$$

式中的 $P(x_1|C_i)$、$P(x_2|C_i)$、…、$P(x_n|C_i)$ 可以由训练元组方便计算得到。

（5）为了预测 X 的类标号，对每个类 C_i，依次计算 $P(X|C_i)P(C_i)$。该分类法预测元组 X 的类为 C_i，当且仅当

$$P(C_i \mid X)>P(C_j \mid X) \quad 1\leqslant j\leqslant m,\ i\neq j$$

即预测结果的类标号就是使 $P(X|C_i)P(C_i)$ 最大的类 C_i。

决策树分类与朴素贝叶斯分类是两种常用的基本分类方法。除此之外，还有其他很多分类方法，但没有一种方法是适合任何场景的万能钥匙，需要分析人员根据数据特征合理选择分类方法，以便得出准确有效的分析结果。

5.3.4 聚类

聚类分析（Cluster Analysis）简称聚类（Clustering），是把数据对象划分成子集（类）的过程，每个子集称为一个簇（Cluster），同一个簇中的数据之间存在最大相似性，不同簇之间的数据间存在最大的相异性。聚类分析广泛应用于各个领域，如 Web 搜索、图像模式识别、生物学、智能商务和信息安全领域等。

由于聚类分析根据数据之间的相异与否把数据集进行成簇划分，因此在某些应用中聚类又称作数据分割。作为统计学的一个分支，聚类分析的研究主要集中在基于距离的聚类分析和基于密度的聚类分析，常用的方法包括 K-均值（K-means）、K-中心点（K-medoids）等。与分类方法不同，聚类所要求划分的类是未知的。也就是说，聚类分析是通过观察学习，不需要知道数据类标号，因此被称作无监督学习。

基于 K 均值的聚类用质心定义原型，其中质心是一组点的均值，通常

情况 K 均值聚类用于 n 维连续空间中的对象。K 中心点聚类方法使用中心点定义原型，其中中心点是一组点中最有代表性的点。K 均值算法是一种相对简单的聚类算法。首先，算法选择 K 个初始质心，其中 K 是用户所期望的簇的个数。给数据中的每个点指派一个质心，每个点与所指派质心的距离相较其他质心更近，这样指派到每一个质心的点集组成一个簇。然后，根据指派到簇的点，更新每个簇的质心。重复上述指派迭代过程，直到簇不发生变化为止。K 均值算法的具体过程描述如下。

（1）K-均值算法

输入：K，想划分的簇的个数；D，包含 n 个对象的数据集。

输出：K 个簇的集合。

步骤：

① 从目标集中选择 K 个点作为初始质心；

② Repeat；

③ 将每个点指派到最近的质心，形成 K 个簇；

④ 更新簇均值，即重新得到质心；

⑤ Until 质心不再变化。

如何将点指派到最近的质心，需要邻近性度量来量化所考虑的数据的最近距离。一般情况下，欧式空间中的点使用欧几里得距离，而对于文档类对象使用余弦相似性。如果使用欧几里得距离作为邻近性度量，可以用误差平方和（Sum of Squared Error，SSE）作为度量聚类质量的目标函数。SSE 方法需要计算每个数据点的误差，即数据点到最近质心的欧几里得距离，然后计算总的误差平方和。假设给定两个不同的 K 值，K 均值算法产生两个不同的簇集，比较而言误差平方和较小的那一个 K 均值算法更值得青睐。SSE 的形式化定义如下：

$$\mathrm{SSE}=\sum_{i=1}^{K}\sum_{x\in C_i}\mathrm{dist}(c_i,x)^2 \tag{5.4}$$

上式中，dist 是欧几里得空间中两个对象之间的标准欧几里得距离。

基于密度的聚类的基本原理是找出被低密度区域分离的高密度区域，常用的一种简单有效的基于密度的聚类方法是 DBSCAN。在基于中心的 DBSCAN 方法中，数据集某一点的密度通过对该点指定半径之内的点数来表示。此方法简单直接，但是由于密度大小直接与半径大小相关，如何选择合适的半径是 DBSCAN 需要解决的问题。基于中心的密度划分方法可以将点分为：稠密区内部的核心点、稠密区域边缘上的边界点和稀疏区域中的噪声或背景点。

在给定核心点、边界点和噪声点后，DBSCAN 算法将任意两个足够靠近的核心点将置于同一个簇中，任何与核心点足够靠近的边界点也放在与核心点相同的簇中，噪声点将会被丢弃。DBSCAN 算法过程如下。

（2）DBSCAN，基于密度的聚类算法

输入：D，包含 n 个对象的数据集；r，半径参数；MinPts，邻域密度阈值。

输出：基于密度的簇集合。

步骤：

① 将所有点分别标记为核心点、边界点或噪声点；

② 删除噪声点；

③ 为距离在半径之内的所有核心点之间赋予一条边；

④ 每一组连通的核心点形成一个簇；

⑤ 将每个边界点指派到一个相关联的核心点所在的簇中。

DBSCAN 算法的基本时间复杂度是 O（m*半径 r 邻域中的点数），其中 m 是点的数目。由于 DBSCAN 使用基于密度的簇的定义，所以它是抗噪声的，并能够处理任意形状和大小的簇。

5.3.5 关联规则

在大型事务或关系型数据集中，常常会存在一些相互之间有关联的数据项。一个典型的例子就是顾客的购物篮（购物车）分析。表 5-1 给出了商场购物的一个数据集示例，通常称作购物篮事务。对此类数据的分析通常叫作购物篮分析。通过探寻顾客放入购物篮中商品之间的关联性，分析顾客的购物习惯，使得经销商可以利用这种有价值的信息制定更好的营销策略。

表 5-1 购物篮数据集示例

标　号	项　集
1	{面包，牛奶，香肠}
2	{面包，麦片，鸡蛋，糖}
3	{面包，牛奶，啤酒，香烟}
4	{牛奶，花生，鸡蛋，麦片}
5	{面包，牛奶，鸡蛋，黄油}

从表 5-1 中可以发现购物篮中的物品很可能隐含有如下关联规则：

{面包}→{牛奶}

此规则表明面包和牛奶之间存在很强的联系，买了面包的客户通常情况下也会买牛奶。通过发现此类规则，经销商便可以合理放置货物位置，例如把面包和牛奶的位置放得近一些，可能有助于这两种商品的销量增长。

假设整个数据集都是商店中商品的集合，把每种商品都看作一个布尔变量，用以表示该商品是否出现，则每个购物篮就可以用一个布尔向量表示。可以通过分析布尔向量，得到反映商品之间的关联关系，这些模式可以用关联规则的形式表示。

关联规则是一种形如 X→Y 的蕴涵表达式，其中 X 和 Y 是两个互不相交的项集，即 $X \cap Y = \varnothing$ 。关联规则的关联强度可以用两个度量来衡量：一是支持度（Support），二是置信度（Confidence）。如表 5-1 中的购物篮例子，假设有如下关联规则：

{面包}→{牛奶}［支持度=10%；置信度=70%］　　（5.5）

支持度反映了关联规则的有用性，置信度则反映了规则的确定性。在购物篮的关联规则中，支持度为 5%意味着分析的所有事务中的 5%显示面包和牛奶同时被购买，置信度 60%意味着购买面包的顾客中有 60%的顾客也购买了牛奶。支持度是一种重要的度量，因为如果支持度过低的规则，很有可能是偶然出现的情况，从实际价值上看没有多大意义。因此，支持度的一个重要作用就是用来删除那些没有意义的规则。置信度表示了通过规则进行推理的可靠性。对于一个给定的规则 X→Y，置信度值越大表明 Y 出现在包含 X 的事务中的可能性越大。置信度还可以表示在给定 X 的条件下 Y 的条件概率。

给定目标数据集合 T，关联规则发现是指找出支持度大于等于 min sup 并且置信度大于等于 min conf 的所有规则，其中 min sup 是支持度的阈值，min conf 是置信度的阈值。挖掘关联规则的一种简便方法就是计算每个可能规则的支持度和置信度。然而，实际情况中这种计算方式代价过高，因为从数据集中能提取出的规则的数量可能非常巨大。假设一个包含 m 个项的数据集，可能提取的规则数量为

$$R = 3^m - 2^{m+1} + 1 \tag{5.6}$$

即使对于表 5-1 这样的小数据集而言，使用这种方法需要提取的规则也多达 $R = 3^{10} - 2^{10+1} + 1 = 57\,002$ 条。当 min sup=10%　min conf=70%，90%以上的规则将会被丢弃，造成了计算资源的大量浪费。

为了减少不必要的计算开销，通常需要事先对规则进行一定的剪裁处理。提高关联规则挖掘算法性能的第一步是拆分支持度和置信度要求。项的集合称为项集，包含 K 个项的项集称为 K 项集。例如集合{面包，牛奶}有两个项是一个 2 项集。项集的出现频度是包含项集的事务数，简称为项集的频度、支持度计数或计数。如果一个项集的支持度大于等于最小预定

支持度阈值，则称此项集为频繁项集。因此，通常情况下，大多数的关联规则通常采用的方法就是找出频繁项集，然后从频繁项集中提取出高置信度的规则，这些规则称作强规则。然而从大型数据集中挖掘频繁项集的主要挑战是，这种挖掘常常会产生大量的频繁项集，尤其当最小支持度 min sup 较低时更是如此。主要原因是如果一个项集是频繁的，则它的所有子集都是频繁的。

关联规则中挖掘频繁项集的常用算法是 Apriori 算法。Apriori 算法是 Agrawal 和 R. Srikant 于 1994 年提出来的，是一种布尔关联规则挖掘频繁项集的原创性算法，利用了频繁项集性质的先验知识。Apriori 算法使用一种逐层搜索的迭代方法，其中 k 项集用于探索（k+1）项集。首先，扫描整个数据库，记录每个项的计数，收集满足最小支持度的项，找出只含一个项的所有规则，记为 L_1。利用频繁 1 项集找出频繁 2 项集集合 L_2，逐次迭代类推直到不能再找到频繁 k 项集为止。找出每个 L_k 需要对数据库进行一次完整的扫描，此举无疑十分浪费资源。为了提高效率，可以利用所谓的先验性质对搜索空间进行压缩。先验性质的含义是频繁项集的所有非空子集一定是频繁的。

根据定义，如果项集 I 不满足最小支持度阈值 min sup，则项集 I 是不频繁的，即 $P(I)$<min sup。如果把不在项集 I 中的项 A 添加到项集 I 中，构成的新项集 $O=A \cup I$ 也不可能比 I 更频繁出现。因此，新项集 O 也是不频繁项集。

Apriori 算法利用了先验性质，主要有两个步骤：连接步和剪枝步。

（1）连接步

为了找出第 k 层的项集 L_k，通过利用第（k−1）层项集 L_{k-1} 与自身连接产生候选 k 项集的集合，候选项集的集合记为 C_k。

（2）剪枝步

计算 C_k 中每个候选的计数，然后挑选出计数值不小于最小支持度阈值的所有候选从而确定 L_k。利用先验性质，可以对 C_k 进行删减。因为任何非频繁（k−1）项集都是频繁 K 项集的子集，所以，如果一个候选 k 项集的（k−1）项子集不在 L_{k-1} 中，则该候选也不可能是频繁的，从而可以从 C_k 中删除。

5.3.6 大数据挖掘工具

如今是一个信息化数字化的时代，每天来自商业、医学、生物科学、智能商务、社交媒体等各行各业的数据达到数兆兆字节（TeraByte，TB）甚至数千兆兆字节（PetaByte，PB），如此巨量的数据充斥在计算机网络、万维网（WWW）和各种数据存储设备中。同时，这些数据组成结构复杂，不仅有结构化数据，还有大量的非结构化和半结构化数据，在如此复杂和庞大的数据集面前，传统的数据挖掘分析工具已经不能胜任大数据的挖掘分析。针对大数据庞大的规模以及复杂的结构，目前业界已开发了众多的大数据挖掘分析工具，下面简要说明几种常用的大数据挖掘工具。

1. Hadoop

Hadoop是一种能够对大数据进行并行分布式处理的计算框架，以一种可靠、可伸缩、高效的方式对海量数据进行处理。用户可以在不了解分布式计算底层细节的情况下开发分布式程序，充分利用集群的优势进行高速的运算和存储。Hadoop实现了一个分布式文件系统（Hadoop Distributed File System，HDFS）。HDFS具有高容错性的特点，并且设计用来部署在低廉硬件上；而且它提供高吞吐量来访问应用程序的数据，适合那些有着超大数据集（Large Data Set）的应用程序。HDFS能够以流的形式对文件系统中的数据进行访问。Hadoop的核心框架是HDFS和MapReduce，HDFS为海量数据提供存储空间，而MapReduce为海量数据提供了分布式计算环境。

由于Hadoop会维护多个工作数据副本，用以确保能够对失败节点重新分布处理，因此Hadoop允许计算和存储元素存在失败的情况，是一种高可靠的处理框架。Hadoop把数据分配给它能够使用的计算机集簇来完成计算任务，并且这些集簇还可以扩展到更多的节点中，是一种可扩展的处理框架。Hadoop得以在大数据处理应用中广泛应用得益于其自身在数据提取、转换和加载（ETL）方面上的天然优势。Hadoop的分布式架构，将大数据处理引擎尽可能地靠近存储，对如ETL这样的批处理操作相对合适。Hadoop的MapReduce功能实现了将单个任务打碎，并将碎片任务（Map）发送到多个节点上，之后再以单个数据集的形式加载（Reduce）到数据仓库里。

2. Mahout

Apache Mahout是ASF（Apache Software Foundation）旗下的开源项目，提供了许多经典的机器学习算法和数据挖掘方法的实现，如分类、聚类、频繁子集挖掘、推荐引擎等，旨在帮助开发人员更方便快捷地创建智能应用程序。目前Mahout已发行了3个公开版本，使用Apache Mahout库，能够让Mahout更有效地扩展到云中。

Mahout的主要数据目标集是大规模数据，因此Mahout能够建立运行在Apache Hadoop平台上的可伸缩的机器学习算法，这些算法通过Mapreduce模式实现，但并不局限于Hadoop平台。Mahout主要包含频繁挖掘模式，用来挖掘数据集中频繁出现的项集。Mahout目前已实现的3个具体的机器学习任务包括协作筛选、集群和分类。协作筛选（CF）是 Amazon 等公司极为推崇的一项技巧，它使用评分、单击和购买等用户信息为其他站点用户提供推荐产品。CF 通常用于推荐各种消费品，比如书籍、音乐和电影，主要用于帮助多个操作人员通过协作来缩小数据范围。对于大型数据集来说，无论它们是文本还是数值，一般都可以将类似的项目自动组织或集聚到一起。举例来说：对于全国某天的所有的报纸新闻，您可能希望将所有主题相同的文章自动归类到一起；然后可以选择专注于特定的主题，而不需要阅读大量无关内容。再举一个例子：某台机器上的传感器会持续输出内容，您可能希望对输出进行分类，以分辨正常的和有问题的操作，即将正常操作和异常操作归类到不同的集群中。与 CF 类似，集群计算集合中各项目之间的相似度，但它的任务只是对相似的项目进行分组。

3. Spark MLlib

MLlib 是构建在 Apache Spark 上的一个可扩展的分布式机器学习库，充分利用了 Spark 的内存计算和适合迭代型计算的优势，将性能大幅度提升。同时由于 Spark 算子丰富的表现力，让大规模机器学习的算法开发不再复杂。Spark MLlib 已纳入 Spark 的应用程序接口当中，可以使用 Java、R 语言以及 Python 进行操作，Hadoop 数据源例如 HDFS、HBase 或者本地文件可以轻易地匹配到 Hadoop 工作流当中。

MLlib 是 Apache Spark 的组成部分，发展非常迅速，并随着 Spark 的发布更新换代。由于 Spark 的迭代运算优势，确保了 MLlib 拥有高速的运算速度。因此，相对于 Mapreduce，MLlib 可以产生更好的计算结果，运行速度要快上几十倍。MLlib 安装简便，如果已经有 Hadoop 平台则不需要进行预安装就可以运行 Spark MLlib。MLlib 是一种三层架构：上层的实用程序包括测试数据的生成、外部数据的读入等功能；中间的算法库包括广义线性模型、推荐系统、聚类、决策树等算法；底层主要是一些 Spark 的运行库、矩阵库和向量库。分类算法属于监督式学习方法，使用类标签已知的样本建立一个分类模型，应用模型对类标签未知的数据进行分类。MLlib 支持的分类算法主要有朴素贝叶斯、逻辑回归、决策树和支持向量机。回归算法的每个个体都有一个与之相关联的实数标签属于监督式学习的一种，并且希望在给出用于表示这些实体的数值特征后，所预测的标签值尽可能接近真实值。MLlib 支持的回归算法主要有 Lasso、线性回归、决策树和岭回归。聚类算法属于非监督式学习，MLlib 目前支持广泛使用的 Kmeans 算法。此外，MLlib 也支持基于模型的协同过滤，其中用户和商品通过一小组隐语义因子进行表达，并且这些因子也用于预测缺失元素。

4. Storm

Storm 是一个开源的、分布式的具有高容错性的实时计算系统。Storm 能够十分可靠地处理庞大的数据流，能够用来处理 Hadoop 的批量数据。Storm 应用领域广泛，包括在线机器学习、实时分析、分布式 RPC（远过程调用）、持续计算、ETL 等。Storm 的处理速度非常迅速，每个节点每秒可以处理上百万个数据元组。Storm 支持多种语言编程，具有容错性高、可扩展、易于设置和操作的特点。

借助 Storm 为工具，开发人员可以快速搭建一套健壮、易用的实时流处理框架，配合 MapReduce 计算平台或 NoSQL 产品，就可以低成本开发出很多高效的实时数据分析和挖掘产品，比如一淘网站的多个数据挖掘工具就是构建在实时流处理平台 Storm 上的。

5. Apache Drill

为了帮助企业用户寻找更为有效的数据查询和处理方法，Apache 软件基金会发起了一项名为 Drill 的开源项目。Apache Drill 在基于 SQL 的数据分析和商业智能（BI）上引入了 JSON（JavaScript Object Notation，JS 对象标记）文件模型，使得用户能查询固定架构、演化架构以及各种格式和数据存储中的模式（olumnar-free）无关数据。该体系架构中关系查询引擎和数据库的构建是有先决条件的，即假设所有数据都有一个简单的静态架构。

Apache Drill 是唯一一个支持复杂和无模式数据的柱状执行引擎（Columnar Execution Engine），也是唯一一个能在查询执行期间进行数据驱动查询和重新编译的执行引擎）。这些特性使得 Apache Drill 在 JSON 文件模式下能实现记录断点性能（Record-breaking performance）。依托 Drill 开源项目，组织机构将有望建立 Drill 所属的 API 接口和灵活强大的体系架构，从而帮助支持广泛的数据源、数据格式和查询语言。

6. RapidMiner

RapidMiner 是德国多特蒙德工业大学于 2007 年推出的世界领先的数据挖掘工具，能够完成的数据挖掘任务涉及范围广泛，并且能够简化数据挖掘过程的设计和评价。2014 年底，RapidMiner 更名为 RapidMiner Radoop，Radoop 是 RapidMiner Studio 的大数据分析扩展，能连接多个 Hadoop 集群。Radoop 可以通过拖拽自带的算子执行 Hadoop 技术特定的操作，避免了 Hadoop 集群技术的复杂性，简化和加速了在 Hadoop 上的分析。

RapidMiner 可免费提供数据挖掘相关技术库，可以用简单的脚本语言编写大规模的进程。RapidMiner 拥有丰富的数据挖掘分析算法，常用于解决各种关键的商业问题，如客户忠诚度、客户细分及终身价值、营销响应率、预测性维修、质量管理、资产维护、资源规划、情感分析和社交媒体监测等典型商业案例。RapidMiner 拥有丰富的扩展程序，如网络挖掘、文本处理、R 语言、Weka 扩展等，能够生成和导出数据、报告并且能把结果可视化，并设计了交互式界面供技术性用户和非技术性用户使用。

7. Pentaho BI

不同于传统的 BI 产品，Pentaho BI 是一个以流程为核心的，面向解决方案（Solution）而非工具组件的框架，其目的在于将一系列企业级 BI 产品、API、开源软件等组件加以集成，方便商务智能应用的开发。Pentaho BI 包括多个工具软件和一个 Web Server 平台，支持分析、报表、图表、数据挖掘和数据集成等功能，允许商业分析人员或研发人员分析模型，以及创建报表、商业规则和 BI 流程。

Pentaho BI 是以流程为中心的，其中枢控制器是一个工作流引擎。工作流引擎使用流程定义来规范 BI 平台上执行的商业智能流程。流程可以很容易地定制，也可以添加新的流程。BI 平台包含组件和报表，用以分析这些流程的性能。目前 Pentaho 软件主要以 Pentaho SDK 的形式提供，Pentaho SDK 包含 5 部分：Pentaho 平台、Pentaho 数据库、可独立运行的 Pentaho 平台、Pentaho 解决方案和一个预配置的 Pentaho 网络服务器。其中 Pentaho 平台是 Pentaho BI 的核心部分，囊括了 Pentaho 平台源代码的主体；Pentaho 数据库为 Pentaho 平台的正常运行提供数据服务，包括配置信息、Solution 相关的信息等，通过配置也可以用其他数据库取代 Pentaho 数据库；可独立运行的 Pentaho 平台是 Pentaho BI 独立运行模式的示例，演示了如何使 Pentaho 平台在没有应用服务器支持的情况下独立运行；Pentaho 解决方案是一个 Eclipse 工程，用来演示如何为 Pentaho 平台开发相关的商业智能解决方案；Pentaho 网络服务器提供了系统的 J2EE 服务、Portal、工作流、规则引擎、图表、数据集成、分析和建模功能。

5.3.7 数据挖掘算法应用

本节简要介绍上述数据挖掘算法的实际应用实例，包括决策树算法、贝叶斯网络、聚类算法和关联规则。

1. 决策树分类算法

首先以动物分类为类说明决策树算法的应用，假设自然界只有两大物种，哺乳动物和非哺乳动物，并已知晓它们的属性特征。现在考虑当动物学家发现一个新物种时，如何应用决策树方法把它划分为哺乳动物或非哺乳动物。动物学家需要采集的动物属性集包括体温和生育方式，体温有两个特征值：恒温和冷血；生育方式包括胎生和卵生。根据经验知识人们知道哺乳动物肯定是恒温胎生，非哺乳动物有冷血动物，还有恒温卵生动物。据此可以构建如图 5-4 所示的决策树。决策树一旦构建完毕，对需要检验分类的目标进行分类就十分方便。只需从树的根节点开始，将测试条件用于检验记录，根据测试结果选择合适的分支，一直到最后输出检验结果。假设现在动物学家发现一个起名为太阳鸟的新物种，需要对它进行分类，相关属性如表 5-2 所示。

表 5-2　新物种的属性集

数据属性	名称	体温	胎生	类标号
数据内容	太阳鸟	恒温	否	?

动物学家可以将表 5-2 中数据带入决策树依次进行判断检验，最终得出该物种的分类结果，具体过程如图 5-5 所示。

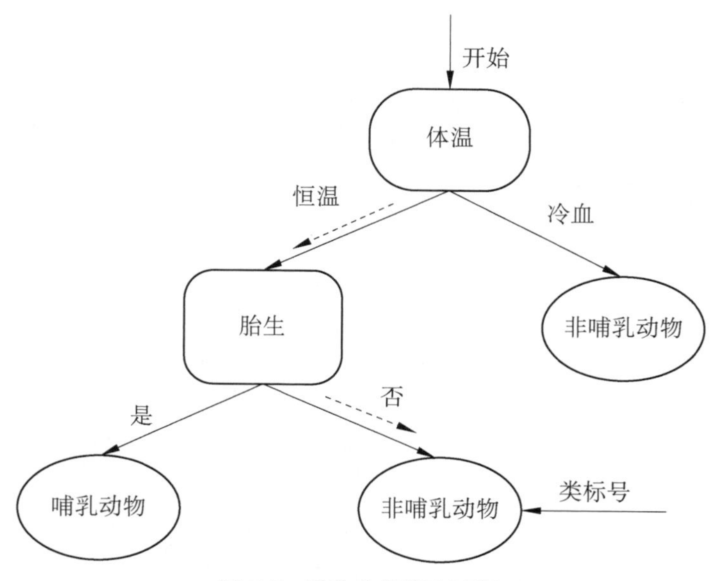

图 5-5　动物分类检验过程

可以看到，通过建立决策树来进行分类十分方便，在根节点处通过体温将冷血和恒温动物区分开，所有的冷血动物都是非哺乳动物，以此用类标号为非哺乳动物来作为右节点。然而只是恒温还无法确定动物的类别，所以再增加一个是否胎生来进行判断，即可得出准确的结论。把表 5-2 中属性集带入决策树可以得到最终该新物种归类为非哺乳动物。

2. 贝叶斯网络

下面再举一个利用贝叶斯网络进行病情分析诊断为医生提供辅助诊疗手段的应用实例。医生可以根据病例数据建立合适的贝叶斯网络分类模型，如对心脏病或心口疼痛患者的病例数据进行建模。造成心脏病（HD）的因素可能有不健康的饮食（D）和缺少锻炼（E），心脏病带来的相应症状包括高血压（BP）和胸痛（CP）等。与此类似，心口痛（Hb）可能因为饮食不健康，同时也会造成胸痛。为此，医务研究人员可以根据历史病理数据建立贝叶斯网络模型，如图 5-6 所示，辅助准确诊断患者的病症。

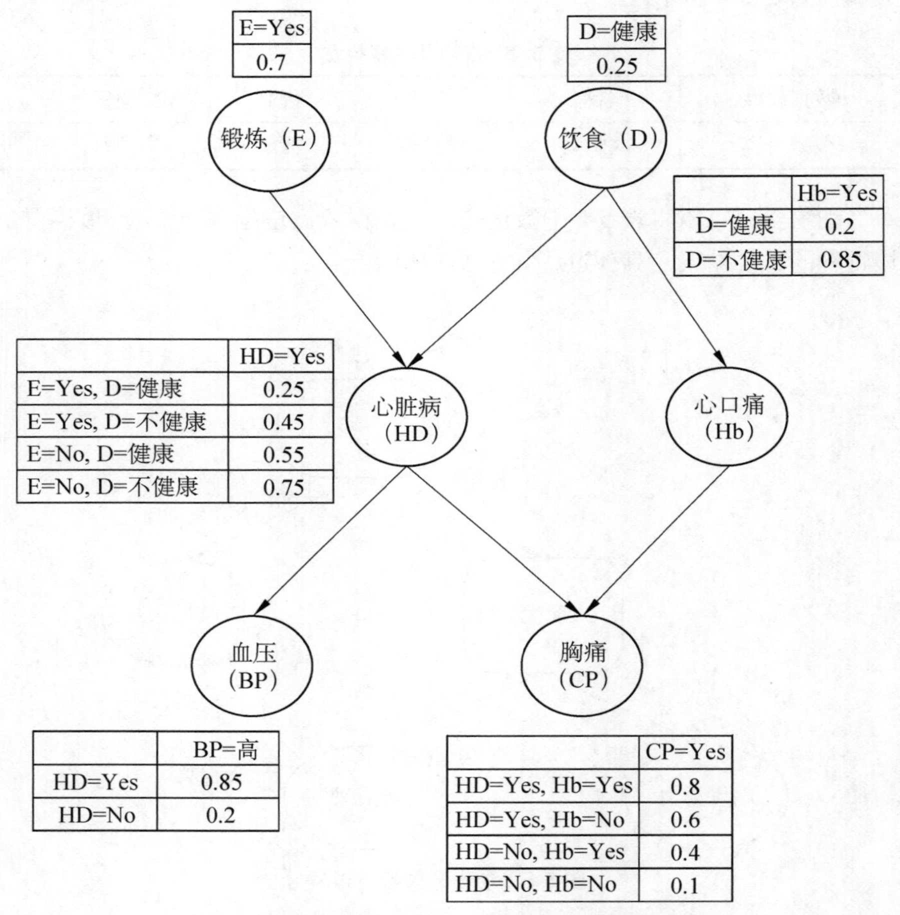

	Hb=Yes
D=健康	0.2
D=不健康	0.85

	HD=Yes
E=Yes, D=健康	0.25
E=Yes, D=不健康	0.45
E=No, D=健康	0.55
E=No, D=不健康	0.75

	BP=高
HD=Yes	0.85
HD=No	0.2

	CP=Yes
HD=Yes, Hb=Yes	0.8
HD=Yes, Hb=No	0.6
HD=No, Hb=Yes	0.4
HD=No, Hb=No	0.1

图 5-6　诊断心脏病和心口疼痛的贝叶斯网络模型

假设诊所来了一个心脏不适的病人，医生在没有任何先验信息的情况下，可以利用如图 5-6 所示的贝叶斯网络模型对病人进行诊断。医生可以通过计算先验概率 $P(HD\text{=Yes})$ 和 $P(HD\text{=No})$ 来判断该病人是否患有心脏病的可能性。在此，用 $\alpha \in$ {Yes，No}来表示病人锻炼与否，$\beta \in$ {健康，不健康}

表示饮食是否健康。

$$P(HD=\text{Yes})=\sum_{\alpha}\sum_{\beta}P(HD=\text{Yes})\mid E=\alpha,D=\beta)P(E=\alpha,D=\beta)$$

$$=\sum_{\alpha}\sum_{\beta}P(HD=\text{Yes})\mid E=\alpha,D=\beta)P(E=\alpha)P(D=\beta)$$

$$=0.25\times0.7\times0.25+0.45\times0.7\times0.75+0.55\times0.3\times0.25+0.75\times0.3\times0.75=0.49$$

$$P(HD=\text{No})=1-P(HD=\text{Yes})=0.51$$

因此，此人没有患心脏病的可能性稍大一些。

如果该病人确诊有高血压，可以据此更准确判断病人是否患有心脏病，即通过计算后验概率 $P(HD=\text{Yes}|BP=\text{高})$ 和 $P(HD=\text{No}|BP=\text{高})$ 来进行判断。首先，计算 $P(BP=\text{高})$ 的概率如下：

$$P(BP=\text{高})=\sum_{\alpha}P(BP=\text{高}\mid HD=\alpha)P(HD=\alpha)$$

$$=0.85\times0.49+0.2\times0.51=0.518\,5$$

因此，病人患心脏病的后验概率为

$$P(HD=\text{Yes}|BP=\text{高})=\frac{P(BP=\text{高}\mid HD=\text{Yes})P(HD=\text{Yes})}{P(BP=\text{高})}$$

$$=\frac{0.85\times0.49}{0.518\,5}=0.803\,3$$

此病人不患心脏病的后验概率为

$$P(HD=\text{No}|BP=\text{高})=1-P(HD=\text{Yes}|BP=\text{高})=1-0.803\,3=0.196\,7$$

不难看出，医生可以得出诊断此人患心脏病的可能性比较大。

3. K-均值聚类方法

K-均值聚类常用来对异常对象进行检测，如垃圾信息、欺诈性行为等。K-均值算法通过对数据集的聚类分析，找出数据集合中远离集聚簇的那些稀疏数据，再通过相应的处理方法作进一步处理，能够有效清洗不干净的数据，剔除恶意用户。

假设用于噪声点检测的目标数据集如图 5-7 所示。若想从目标数据集中剔除掉噪声点，可以采用 K-均值聚类算法。首先，选择合适数量的质心点，使用均值作为质心；然后将每个点指派到邻近的质心，形成相应个数的聚集簇；接下来重新选择新的质心进行迭代计算，直到各个质心不再发生变化，或者达到迭代次数为止。

K-均值聚类算法中，数据点到质心的距离可用欧几里得距离计算得到，计算公式如下：

$$d(X,Y)=\sqrt{(x_1-y_2)^2+(x_2-y_2)^2+\cdots+(x_n-y_2)^2}$$

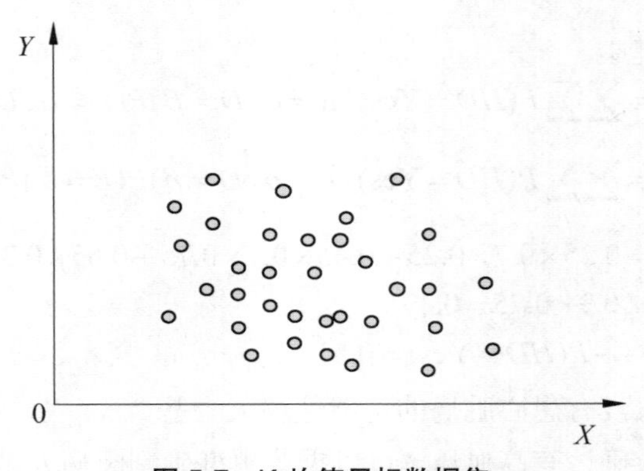

图 5-7　K-均值目标数据集

计算质心坐标的公式为

$$X_i = \frac{\sum_{x \in C_i} X}{m_i}; \quad Y_i = \frac{\sum_{y \in C_i} Y}{m_i}$$

其中，m_i 为第 i 个簇的成员个数。对图 5-7 中的目标数据集进行聚类计算后得到的分簇结构如图 5-8 所示。

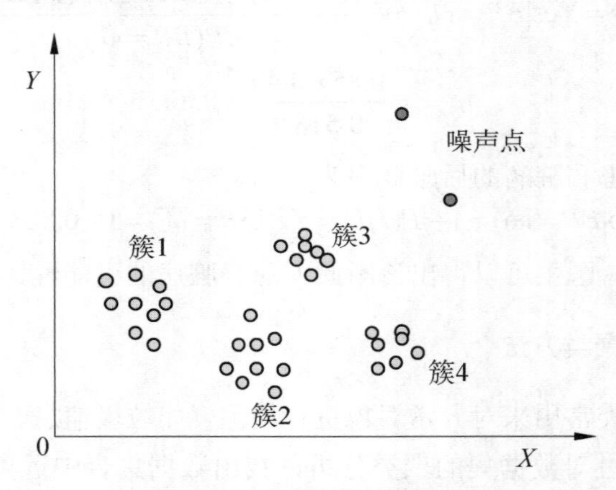

图 5-8　目标数据聚类分簇结构

经过聚类算法处理后，可以找出原始数据集中的噪声点，有助于对数据进行后续处理，如删除噪声点以增加数据的纯洁可靠性。

4. 关联规则

关联规则常用于发现事物之间的相关关系，通过一种属性的出现来推断很可能出现的其他属性，能够起到一种预测作用。通过发现这种关联关系能够指导用户合理安排事物处理规则，如用于指导超市货物的放置。例如，通过收集某超市的销售数据，可以发现销售事物数据如表 5-3 所示。

表 5-3　某超市购物的数据集示例

Tid	项　目　集
1	{面包，牛奶，鸡蛋，麦片}
2	{面包，牛奶，鸡蛋}
3	{鸡蛋，麦片}
4	{面包，牛奶，花生}

设此数据集中，最小支持度为 50%，最小置信度为 70%，希望推断出事务数据集中的频繁关联规则。在此可以使用前面提到的 Apriori 算法，具体计算步骤如下。

① 根据事务数据集生成候选频繁 1-项集：C_1={{面包}，{牛奶}，{鸡蛋}，{麦片}，{花生}}。

② 计算候选频繁 1-项集 C_1 中各个项目的计数，从事务数据集中可以得到各项目的计数分别为 3、3、3、2、1。事务项中的项目集总共为 4 项，因此可以计算得到 1-项集各项目的支持度分别为 75%、75%、75%、50%和 25%。去除小于最小支持度的项目，可以得到频繁 1-项集 L_1={{面包}，{牛奶}，{鸡蛋}，{麦片}}。

③ 根据频繁 1-项集 $L_1 \times L_1$ 相交生成候选频繁 2-项集：C_2={{面包，牛奶}，{面包，鸡蛋}，{面包，麦片}，{牛奶，鸡蛋}，{牛奶，麦片}，{鸡蛋，麦片}}。

④ 同理，计算 C_2 各个项目在事务数据集中的计数，可以得到每个项目的计数分别为 3、2、1、2、1、2，事务项目集总数为 4，可以得到每个项的支持度为 75%、50%、25%、50%、25%、50%。删除小于最小支持度的项目可以得到频繁 2-项集：L_2={{面包，牛奶}，{面包，鸡蛋}，{牛奶，鸡蛋}，{鸡蛋，麦片}}。

⑤ 根据频繁 2-项集 $L_2 \times L_2$ 相交生成候选频繁 3-项集 C_3={{面包，牛奶，鸡蛋}，{面包，牛奶，麦片}，{面包，鸡蛋，麦片}，{牛奶，鸡蛋，麦片}}。其中，{面包，牛奶，麦片}中的一个子集{面包，麦片}不在频繁 2-项集中，因此可以利用先验性质剔除{面包，牛奶，麦片}这一项，同理应去除项目{面包，鸡蛋，麦片}和{牛奶，鸡蛋，麦片}，因此得到候选频繁 3-项集为 C_3={面包，牛奶，鸡蛋}。

⑥ 计算 C_3 各项目的支持度，C_3 项的计数为 2，数据集项目总数 4，因此支持度为 50%，可以得出频繁 3-项集 L_3={面包，牛奶，鸡蛋}。

⑦ $L = L_1 \cup L_2 \cup L_3$={{面包}，{牛奶}，{鸡蛋}，{麦片}，{花生}，{面包，牛奶}，{面包，鸡蛋}，{牛奶，鸡蛋}，{鸡蛋，麦片}，{面包，牛奶，

鸡蛋}}。

⑧ 考虑长度大于 1 的项目集，如{面包，牛奶，鸡蛋}，计算所有真子集{面包}，{牛奶}，{鸡蛋}，{面包，牛奶}，{面包，鸡蛋}，{牛奶，鸡蛋}可能的关联规则：{面包}→{牛奶，鸡蛋}，{牛奶}→{面包，鸡蛋}，{鸡蛋}→{面包，牛奶}，{面包，牛奶}→{鸡蛋}，{面包，鸡蛋}→{牛奶}，{牛奶，鸡蛋}→{面包}的置信度，其值分别为 67%、67%、67%、67%、100%、100%，因为最小置信度为 70%，舍弃置信度小于 70%的规则项，最终可得{面包，鸡蛋}→{牛奶}和{牛奶，鸡蛋}→{面包}为频繁关联规则，意味着买面包和鸡蛋的顾客一定会买牛奶，买牛奶和鸡蛋的顾客也一定会买面包。

5.4 上机与项目实训

（1）给定特征数值离散的 1 组数据实例，设计并实现决策树算法，对数据实例建立决策树，观察决策树是否正确，数据样本如表 5-4 所示。

表 5-4 数据样本

Tid	Outlook	Temperature	Humidity	Windy	Play
1	Sunny	Hot	High	False	No
2	Sunny	Hot	High	True	No
3	Overcast	Hot	High	False	Yes
4	Rainy	Mild	High	False	Yes
5	Rainy	Cool	Normal	False	Yes
6	Rainy	Cool	Normal	True	No
7	Overcast	Cool	Normal	True	Yes
8	Sunny	Mild	High	False	No
9	Sunny	Cool	Normal	False	Yes
10	Rainy	Mild	Normal	False	Yes

编写决策树程序，建立决策树，输入实例，输出预测类型。

（2）根据贝叶斯公式，给出在类条件概率密度为正态分布时具体的判别函数表达式，用此判别函数设计分类器。数据随机生成，比如生成两类样本（如鲈鱼和鲑鱼），每个样本有两个特征（如长度和亮度），每类有若干个（比如 20 个）样本点，假设每类样本点服从二维正态分布，随机生成具体数据，然后估计每类的均值与协方差，在两类协方差相同的情况下求出分类边界。先验概率自己给定，比如都为 0.5。如果可能，画出在两类协方差不相同的情况下的分类边界。画出图形。

（3）随机生成二维坐标点，对点进行聚类，进行 k=2 聚类，k=3 聚类，多次 k=4 聚类，分析比较实验结果，随机生成 3 个点集，点到中心点距离服从高斯分布，相关数据如下：

随机生成测试点集，分别聚成 2、3、4 类，观察实验结果。多次 4 聚类，观察实验结果，如表 5-5 所示。

表 5-5　聚类实验结果

标　号	集 合 数 目	中 心 坐 标	半　径
1	100	（5，5）	2
2	100	（10，6）	2
3	100	（8，10）	2

（4）使用一种你熟悉的程序设计语言，如 C++或 Java，实现 Apriori 算法，至少在两种不同的数据集上比较算法的性能。

在 Apriori 算法中，寻找频繁项集的基本思想是：

① 简单统计所有含一个元素项目集出现的频率，找出不小于最小支持度的项目集，即频繁项集；

② 从第二步开始，循环处理直到再没有最大项目集生成。循环过程是：第 k 步中，根据第 k−1 步生成的频繁（k−1）项集产生候选 k 项集。根据候选 k 项集，算出候选 k 项集支持度，并与最小支持度比较，找到频繁 k 项集。

实验 5-1　认识大数据分析工具

▶ **实验原理**

本节内容，主要向读者简单介绍使用 Mahout 软件来实现 K-means 程序。Apache Mahout 是 AFS（Apache Software Foundation）开发的一个崭新的开源项目，主要目的是为了创建一些可伸缩的机器学习算法，供研发人员在 Apache 的许可下免费使用。在 Mahout 中，包含了分类、聚类、集群和频繁子项挖掘等实现。另外，用户可以通过 Apache Hadoop 库将 Mahout 有效地扩展到云中。

Mahout 在开源领域的发展时间还比较短暂，但是 Mahout 目前已经拥有了大量的功能实现，尤其是针对聚类和 CF 方面。Mahout 主要拥有如下特性。

① Taste CF。Taste 是一个针对 CF 的开源项目，由 Sean Owen 在 SourceForge 上发起的。

② 支持针对 Map-Reduce 的聚类算法的实现，例如 K-means、模糊

K-means、Canopy、Mean-shift 和 Dirichlet。

③ 分布式贝叶斯网络和互补贝叶斯网络的分类实现。

④ 拥有专门针对进化编程的分布式适用性功能。

⑤ 拥有 Matrix 和矢量库。

▶ **实验内容**

K-means 算法是一种聚类算法，主要功能是用来把目标数据分成几个不同的簇，使得簇内元素彼此具有最大相似，不同簇间的元素彼此具有最大相异性。算法实现原理比较简单，容易理解。具体过程如图 5-9 所示。

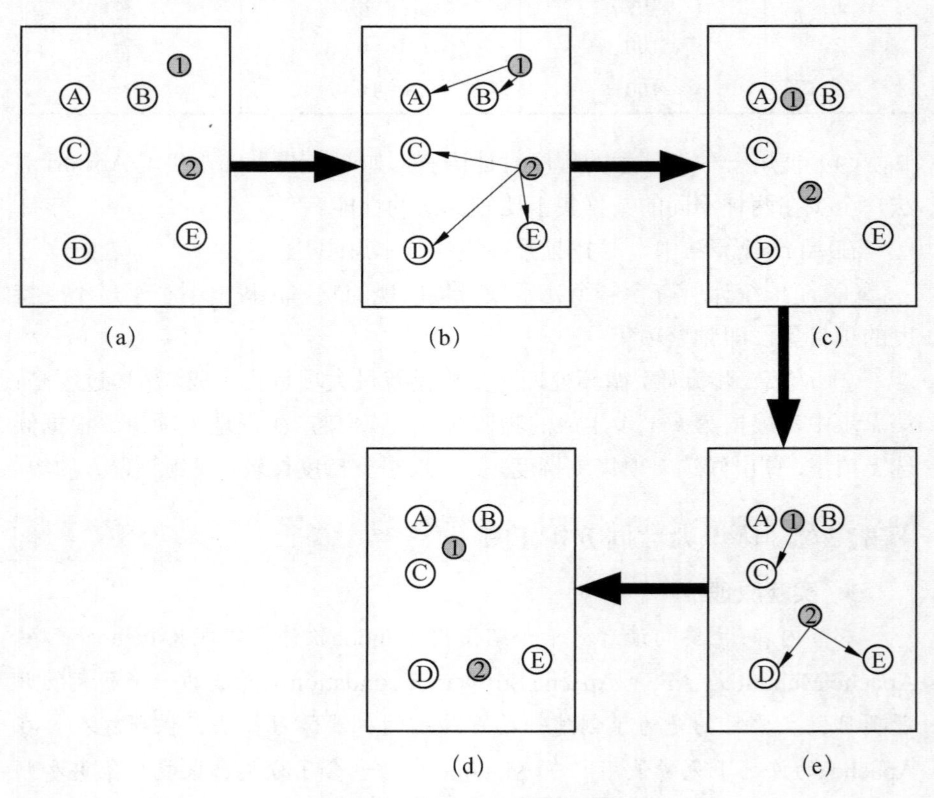

图 5-9 K-means 实现过程

如图 5-9 所示，图中有 A、B、C、D、E 5 个点，假设 K 值为图 5-9（b）中灰色点所示，意味着把目标数据分成两个集群。具体实现过程如下：

① 在目标范围内随机取 K 个分簇点（图中 K=2）；

② 求图中所有个点到 K 个分簇点的距离，若 Pi 离分簇点 Si 距离最小，则 Pi 属于 Si 的类。从上图可以看到 A、B、C 属于 1 号分簇点，D、E 属于 2 号分簇点；

③ 移动分簇点到属于它的类中心；

④ 重复执行步骤②、③到所有分簇点不在改变位置为止。

K-means 算法实现简单，执行速度快，对大数据集处理有较高的效率而且算法可伸缩，时间复杂度为 O（NKt），其中 N 为数据集个数，K 为簇数目，t 为算法迭代次数。K-means 非常适合用于大数据挖掘，但它也有固有的不足之处，例如 K 的取值具有随机性，非常难以在事先具体给出，并且初始聚类的中心选择对最后的聚类结果也有较大影响。

▶ **实验指导**

（1）建立 HDFS 目录

在 client 机上操作，首先在 HDFS 上建立文件目录。

```
[root@client hadoop]#bin/hadoop fs –mkdir –p /user/root/testdata
```

（2）准备实验数据

将 root/data/33/文件夹下的 synthetic_control.data 文件上传到 HDFS 上面上个步骤新建的目录下。

```
[root@client   hadoop]#bin/hadoop/fs–put   synthetic_control.data/user/root/
testdata
```

（3）添加临时的 JAVA_HOME 环境变量

```
[root@client hadoop] #export JAVA_HOME=/usr/local/jdk1.7.0_79
```

（4）提交 Mahout 的 K-means 程序

```
[root@client hadoop]#bin/hadoop
jar/usr/cstor/mahout/mahout-examples-0.9-job.jar\>org.apache.mahout.clus
tering. syntheticcontrol.kmeans.Job
```

（5）查看程序结果

```
[root@client hadoop]#bin/hadoop fs –ls /user/root/output。
```

5.5 习题

1. 数据挖掘的常用算法有哪几类？

2. 数据挖掘方法中分类的含义？分类与聚类方法有哪些不同之处？

3. 根据数据挖掘的应用场景，谈谈数据挖掘的主要应用领域。

4. 简述决策树分类的主要步骤。简略介绍贝叶斯网络的构建过程，以及如何应用先验概率求得后验概率的步骤。

5. K-均值聚类算法和 K-中心点聚类算法都能进行有效的聚类分析。概述 K-均值和 K-中心点算法的优缺点；并分别举出两个算法各自适用的分析实例。

6. 计算决策树在最坏情况下的计算复杂度是很有意义的。给定数据集 D，属性数 n 和训练元组数|D|，根据 D 和 n 来分析计算复杂度。

7. 当一个数据对象可以同时属于多个类时，很难评估分类的准确率，在此种情况之下，使用何种标准在相同数据上建立不同的分类器？

8. 假如银行想开发一个分类器，预防信用卡交易中的欺诈。如果银行有大量非欺诈数据实例和很少的欺诈数据实例，考虑如何构造高质量分类器。

9. 根据表 5-6 所示的数据集进行以下操作。

表 5-6

记录	A	B	C	类
1	0	0	0	Y
2	0	0	1	Y
3	0	1	1	Y
4	0	1	1	Y
5	0	0	1	X
6	1	0	1	X
7	1	0	1	Y
8	1	1	1	Y
9	1	0	1	X
10	1	0	1	X

（1）计算条件概率 $P(A|X)$，$P(B|X)$，$P(C|X)$，$P(A|Y)$，$P(B|Y)$，$P(C|Y)$；

（2）根据（1）中的条件概率，使用朴素贝叶斯方法预测样本（A=0，B=1，C=0）的类标号；

（3）比较 $P(A=1)$，$P(B=1)$ 和 $P(A=1, B=1)$，陈述 A，B 之间的关系；

（4）比较 $P(A=1, B=1|类=X)$ 与 $P(A=1|类=X)$ 和 $P(B=1|类=X)$，给定类 X，变量 A、B 条件独立吗？

10. 某医院对本院医生进行服务态度的评估，根据以往的评估显示，70%的医生服务态度为良好，30%的医生服务态度一般。在此次评估中，以前评为良好的医生中，有 80%的仍然为良好；而在以前评为一般的医生，有 30%的人达到了良好。现在有一名医生的评估结果是良好，请问他在以前评估中是良好的概率是多少？

11. 假设数据挖掘的任务是将如下的 8 个点（用（x，y）代表位置）聚类为 3 个簇：*A*1（2，10），*A*2（2，5），*A*3（8，4），*B*1（5，8），*B*2（7，5），*B*3（6，4），*C*1（1，2），*C*2（4，9）。如果距离函数为欧氏距离，假设初始选择 *A*1、*B*1 和 *C*1 分别为每个簇的质心，采用 K-均值算法：

（1）执行第一轮后的 3 个簇中心；

（2）计算最后的 3 个簇。

12. 给出两个点集，每个点集包含 100 个落在单位正方形中的点。其中，一个点集中的点在空间中均匀分布，另一个点集有单位正方形上的均匀分布产生。

（1）这两个点集之间有差别吗？

（2）如果有，若将两个数据点分成 10 个类，哪个点集通常具有较小 SSE？

（3）DBSCAN 在均匀数据集上表现如何？在另一个点集中又是如何？

13. 聚类已经被认为是一种具有广泛应用的、重要的数据挖掘任务。对如下每种情况给出一个应用实例：

（1）把聚类作为主要的数据挖掘功能应用；

（2）把聚类作为预处理工具，为其他数据挖掘任务作数据准备的应用。

14. Apriori 算法使用自己支持度性质的先验知识。

（1）证明频繁项集的所有非空子集一定也是频繁的；

（2）证明项集 *S* 的任意非空子集 *S'*的支持度至少与 *S* 的支持度一样大；

（3）给定频繁项集 L 和 L 的子集 *S*，证明规则 *S'*→L（*S'*）的置信度不可能大于 *S*→L（*S*）的置信度，其中 *S'*是 *S* 的子集；

（4）Apriori 算法的一种变形将事务数据库 *D* 中的事务划分成 *n* 个不重叠的分区。证明在 *D* 中频繁的项集至少在 *D* 的一个分区中是频繁的。

第 6 章 大数据可视化

随着互联网、物联网、云计算等信息技术的迅猛发展，我们的世界已经迈入大数据（Big Data）时代。遍布世界各地的各种移动智能终端、传感器、电子商务网站、社交网络等，每时每刻都在生成类型各异的数据，催生了超越以往任何年代的海量数据。如何从这些海量数据中快速获取自己想要的信息，并以一种直观、形象的方式展现出来？这就是大数据可视化要解决的核心问题。数据可视化，是一门关于数据视觉表现形式的科学技术研究，是一个处于不断演变之中的概念，其边界在不断地扩大。它主要指利用图形图像处理、计算机视觉及用户界面，通过表达、建模以及对立体、表面、属性及动画的显示，对数据加以可视化解释的一种高级的技术方法。与立体建模之类的特殊技术方法相比，数据可视化所涵盖的技术方法要广泛得多。本章将重点对大数据可视化的基础知识、基本概念及大数据可视化的常用工具进行详细讲解。

6.1 数据可视化基础

6.1.1 数据可视化的基本特征

大数据时代已经来临。大数据被认为是当今信息时代的新“石油”，数据中蕴藏着巨大的价值，如果善于利用数据可视化分析，将给很多领域带来变革性的发展。据相关研究表明，人类从外界获取的信息中有 80%来自于视觉，可视化是人们有效利用数据的主要途径。数据可视化顺应大数据时代的到来而兴起，是数据加工和处理的基本方法之一。数据可视化主要是通过计算机图形图像等技术来更为直观地表达数据，展现数据的基本特征和隐含规律，辅助人们认识和理解数据，进而支持从数据中获得需要的信息和知识，为发现数据的隐含规律提供技术手段。当大数据以直观的可视化的图形形式展示在分析者面前时，分析者往往能够一眼洞悉数据背后隐藏的信息并转化知识以及智慧。数据可视化使得数据更加友好、易懂，提高了数据资产的利用效率，更好地支持人们对数据认知、数据表达、人机交互和决策支持等方面的应用，在建筑、医学、地学、力学、教育等领域发挥着重要作用。

大数据的可视化既有一般数据可视化的基本特征，也有其本身特性带来的新要求，其特征主要表现在以下 4 个方面，如图 6-1 所示。

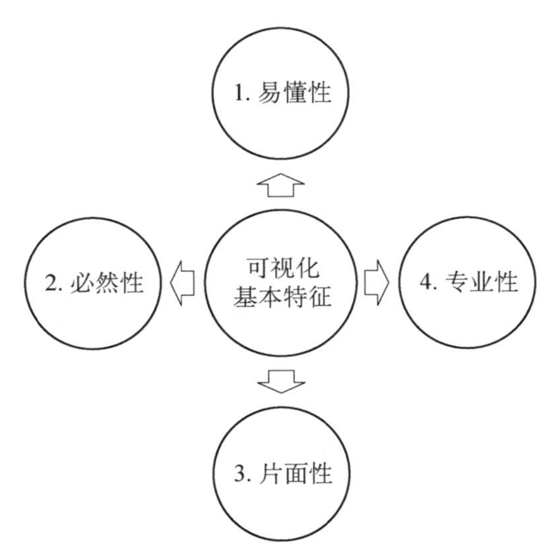

图 6-1　可视化基本特征

1. 易懂性

将数据进行可视化分析，更加容易被人们理解和接受，更加容易与人们的经验知识产生关联，使得碎片化的数据转换为具有特定结构的知识，从而为决策支持提供帮助。

2. 必然性

当今大数据所产生的数据量已经远远超出了人们直接阅读和操作数据的能力，必然要求人们对数据进行归纳总结，对数据的结构和形式进行转化处理。

3. 片面性

数据可视化往往只是从特定视角或者需求认识数据，从而得到符合特定目的的可视化模式，所以，只能反映数据规律的一个方面。数据可视化的片面性特征要求可视化模式不能替代数据本身，只能作为数据表达的一种特定形式。

4. 专业性

数据可视化与专业知识紧密相连，其形式需求也是多种多样，如网络文本、电商交易、社交信息、卫星影像等。专业化特征是人们从可视化模型中提取专业知识的环节，它是数据可视化应用的最后流程。

6.1.2 数据可视化的作用

数据可视化主要包括数据表达、数据操作和数据分析 3 个方面，它是以可视化技术支持计算机辅助数据认识的 3 个基本阶段。

1. 数据表达

数据表达是通过计算机图形图像技术来更加友好地展示数据信息，方便人们阅读、理解和运用数据。常见的形式如文本、图表、图像、二维图形、三维模型、网络图、树结构、符号和电子地图等。

2. 数据操作

数据操作是以计算机提供的界面、接口、协议等条件为基础完成人与数据的交互需求，数据操作需要友好的人机交互技术、标准化的接口和协议支持来完成对多数据集合或者分布式的操作。以可视化为基础的人机交互技术快速发展，包括自然交互、可触摸、自适应界面和情景感知等在内的新技术极大地丰富了数据操作的方式。

3. 数据分析

数据分析是通过数据计算获得多维、多源、异构和海量数据所隐含信息的核心手段，它是数据存储、数据转换、数据计算和数据可视化的综合应用。可视化作为数据分析的最终环节，直接影响着人们对数据的认识和应用。友好、易懂的可视化成果可以帮助人们进行信息推理和分析，方便人们对相关数据进行协同分析，也有助于信息和知识的传播。

数据可视化可以有效地表达数据的各类特征，帮助人们推理和分析数据背后的客观规律，进而获得相关知识，提高人们认识数据的能力和利用数据的水平。

6.1.3　数据可视化流程

数据可视化是对数据的综合运用，其操作包括数据获取、数据处理、可视化模式和可视化应用 4 个步骤，如图 6-2 所示。

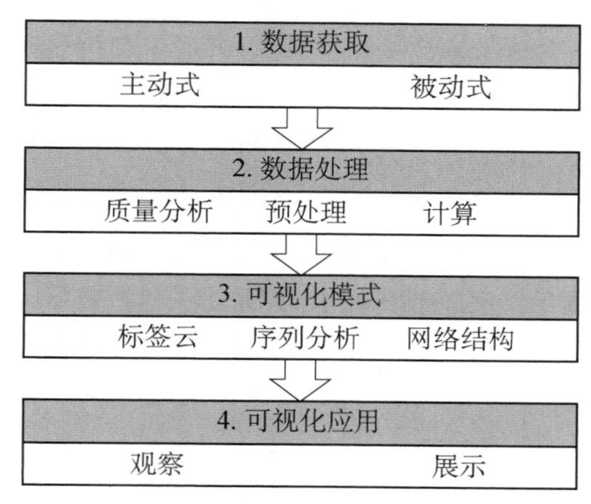

图 6-2　数据可视化流程

1. 数据获取

数据获取的形式多种多样，大致可以分为主动式和被动式两种。主动式获取是以明确的数据需求为目的，利用相关技术手段主动采集相关数据，如卫星影像、测绘工程等；被动式获取是以数据平台为基础，由数据平台的活动者提供数据来源，如电子商务网站、网络论坛等。

2. 数据处理

数据处理是指对原始的数据进行分析、预处理和计算等步骤。数据处理的目标是保证数据的准确性、可用性等。

3. 可视化模式

可视化模式是数据的一种特殊展现形式，常见的可视化模式有标签云、序列分析、网络结构、电子地图等。可视化模式的选取决定了可视化方案的雏形。

4. 可视化应用

可视化应用主要根据用户的主观需求展开，最主要的应用方式是用来观察和展示，通过观察和人脑分析进行推理和认知，辅助人们发现新知识或者得到新结论。可视化界面也可以帮助人们进行人与数据的交互，辅助人们完成对数据的迭代计算，通过若干步，数据的计算实验，生产系列化的可视化成果。

6.2 大数据可视化方法

大数据可视化技术涵盖了传统的科学可视化和信息可视化两个方面，它以从海量数据分析和信息挖掘为出发点，信息可视化技术将在大数据可视化中扮演更为重要的角色。根据信息的特征可以把信息可视化技术分为一维、二维、三维、多维信息可视化，以及层次信息可视化（Tree）、网络信息可视化（Network）和时序信息可视化（Temporal）。多年来，研究者围绕上述信息类型提出众多的信息可视化新方法和新技术，并获得了广泛的应用。本节将以文本可视化、网络图可视化和多维数据可视化进行重点讲解，如图 6-3 所示。

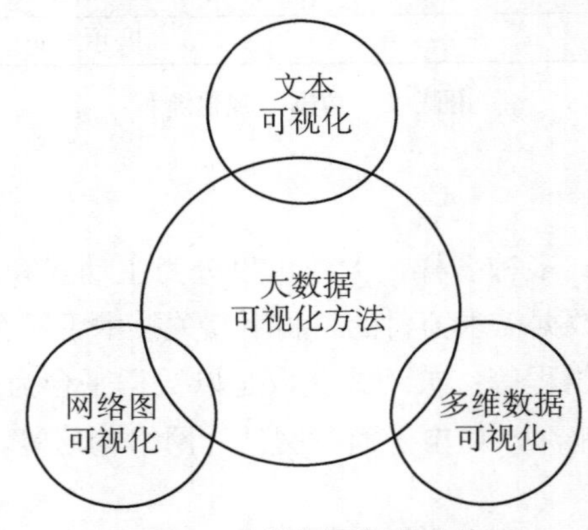

图 6-3 大数据可视化方法

6.2.1 文本可视化

文本信息是大数据时代非结构化数据类型的典型代表，是互联网中最主要的信息类型。当下比较热门的物联网各种传感器采集到的信息，以及人们日常工作和生活中接触的电子文档，都是以文本形式存在的。文本可视化的意义在于，能够将文本中蕴含的语义特征（如词频与重要度、逻辑结构、主题聚类、动态演化规律等）直观地展示出来。

1. 标签云

如图 6-4 所示是一种称为标签云（Word Clouds 或 Tag Clouds）的典型

文本可视化技术。它将关键词根据词频或其他规则进行排序，按照一定规律进行布局排列，用大小、颜色、字体等图形属性对关键词进行可视化。一般用字号大小代表该关键词的重要性，该技术多用于快速识别网络媒体的主题热度。

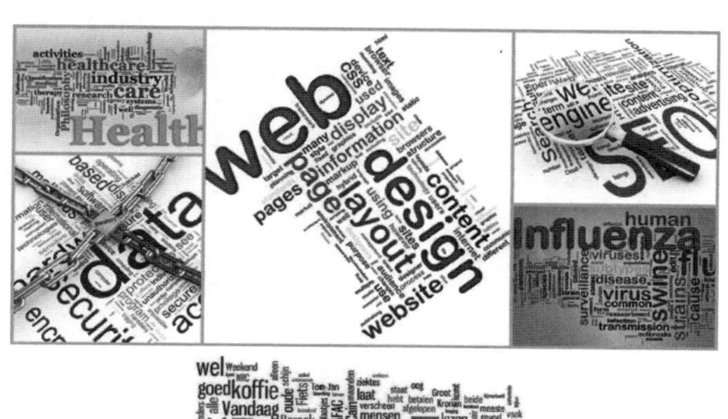

图 6-4　标签云举例

文本中通常蕴含着逻辑层次结构和一定的叙述模式，为了对结构语义进行可视化，研究者提出了文本的语义结构可视化技术。图 6-5 所示是两种可视化方法：DAViewer 将文本的叙述结构语义以树的形式进行可视化，同时展现了相似度统计、修辞结构及相应的文本内容；DocuBurst 以放射状层次圆环的形式展示文本结构。基于主题的文本聚类是文本数据挖掘的重要研究内容，为了可视化展示文本聚类效果，通常将一维的文本信息投射到二维空间中，以便于对聚类中的关系予以展示。例如，Hipp 提供了一种基于层次化点排布的投影方法，可广泛用于文本聚类可视化。上述文本语义结构可视化方法仍建立在语义挖掘基础上，与各种挖掘算法绑定在一起。

2. 动态文本时序信息可视化

有些文本的形成和变化过程与时间是紧密相关的，因此，如何将动态变化的文本中时间相关的模式与规律进行可视化展示，是文本可视化的重要内容。引入时间轴是一类主要方法，常见的技术以河流图居多。河流图按照其展示的内容可以划分为主题河流图、文本河流图及事件河流图等。

主题河流图（Theme River）以河流的隐喻方式，从左至右的流淌代表时间轴，文本中的每个主题用一条色带表示，主题的频度以色带的宽窄表示。图 6-6（a）所示是基于河流隐喻，提出的文本流（Text Flow）方法，进一步展示了主题的合并和分支关系以及演变。图 6-6（b）所示为事件河流图（Event River），其中将新闻进行了聚类，并以气泡的形式展示出来。

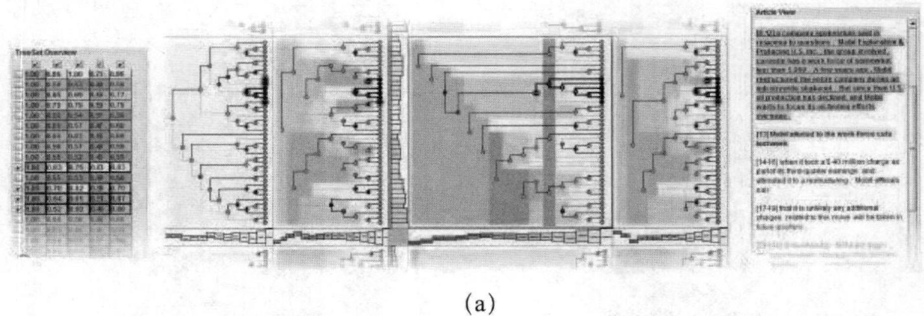
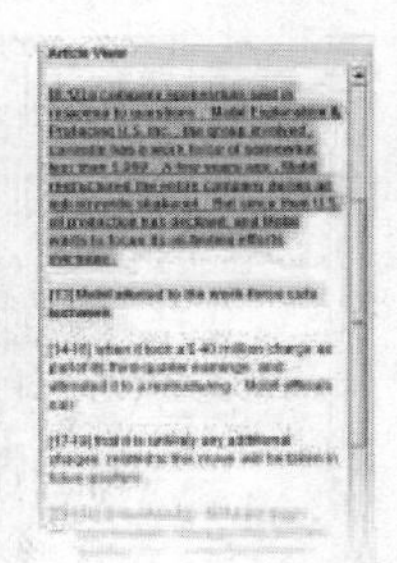

(a)

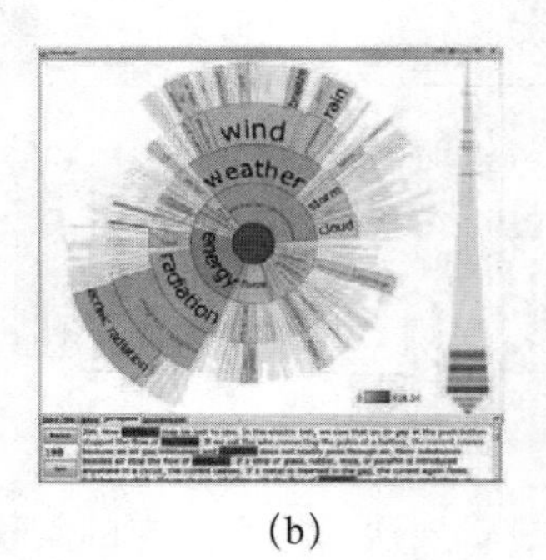

(b)

图 6-5 文本语义结构树

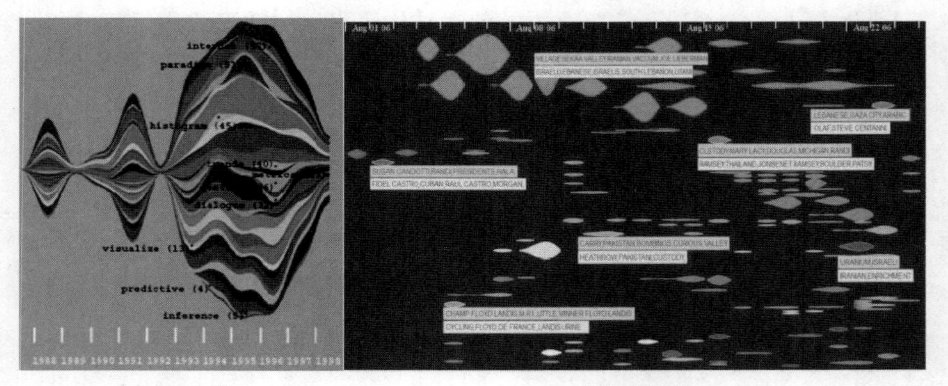

（a）文本流　　　　　　（b）事件流

图 6-6 动态文本时序信息可视化

6.2.2 网络（图）可视化

网络关联关系在大数据中是一种常见的关系，在当前的互联网时代，社交网络可谓是无处不在。社交网络服务是指基于互联网的人与人之间的相互联系、信息沟通和互动娱乐的运作平台。新浪微博、腾讯微博、Facebook、

Twitter 等都是当前互联网上较为常见的社交网站。基于这些社交网站提供的服务建立起来的虚拟化网络就是社交网络。

社交网络是一个网络型结构，其典型特征是由节点与节点之间的连接构成的。这些一个个的节点通常代表一个个人或者组织，节点之间的连接关系有朋友关系、亲属关系、关注或转发关系（微博）、支持或反对关系，或者拥有共同的兴趣爱好等。例如，图 6-7 所示为 NodeXL 研究人员之间的组织（社会）关系，节点表示成员或组织机构，两个节点之间的边代表这两个节点之间存在隶属关系。

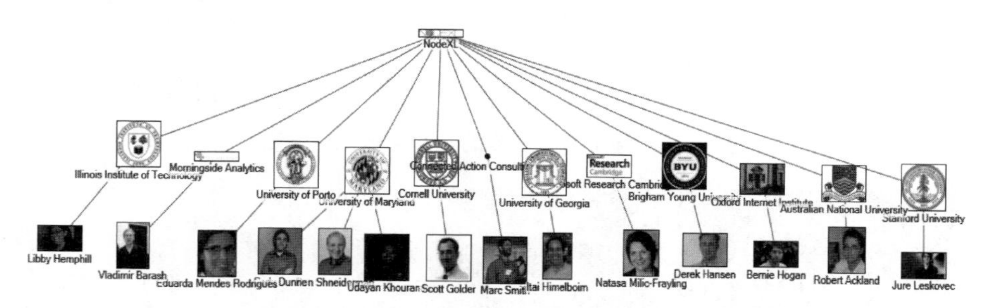

图 6-7 NodeXL 研究人员及其组织机构社会网络图

层次结构数据也属于网络信息的一种特殊情况。基于网络节点和连接的拓扑关系，直观地展示网络中潜在的模式关系，例如，节点或边聚集性，是网络可视化的主要内容之一。对于具有海量节点和边的大规模网络，如何在有限的屏幕空间中进行可视化，将是大数据时代面临的难点和重点。此外，大数据相关的网络往往具有动态演化性，因此，如何对动态网络的特征进行可视化，也是不可或缺的研究内容。研究者提出了大量网络可视化或图可视化技术，Herman 等人综述了图可视化的基本方法和技术，如图 6-8 所示。经典的基于节点和边的可视化，是图可视化的主要形式。图中主要展示了具有层次特征的图可视化的典型技术，例如，H 状树（H-Tree）、圆锥树（Cone Tree）、气球图（Balloon View）、放射图（Radial Gragh）、三维放射图（3D Radial）、双曲树（Hyperbplic Tree）等。对于具有层次特征的图，空间填充法也是常采用的可视化方法，例如，树图技术（Treemaps）及其改进技术，如图 6-9 所示是基于矩形填充、Voronoi 图填充、嵌套圆填充的树可视化技术。Gou 等人综合集成了上述多种图可视化技术，提出了 TreeNetViz，综合了放射图、基于空间填充法的树可视化技术。这些图可视化方法技术的特点是直观表达了图节点之间的关系，但算法难以支撑大规模（如百万个以上）图的可视化，并且只有当图的规模在界面像素总数规模范围以内时效果才较好（如百万个以内）。因此，面临大数据中的图，需要对这些方法进行改进，例如，计算并行化、图聚簇简化可视化、多尺度交互等。

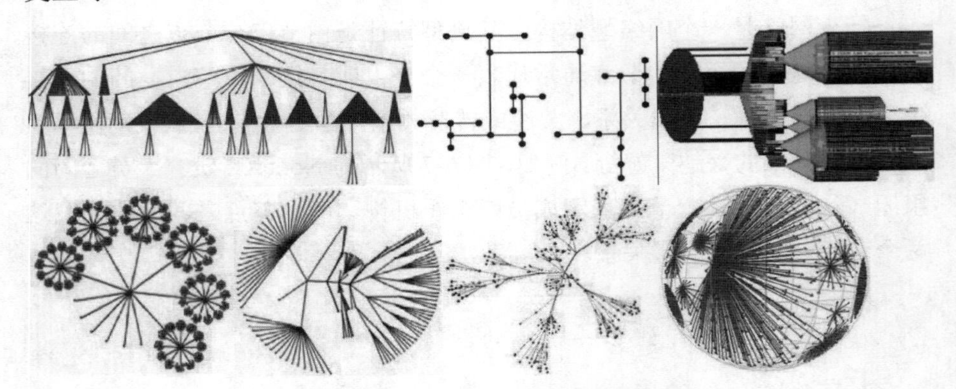

图 6-8 基于节点链接的图和树可视化方法

图 6-9 基于空间填充的树可视化

大规模网络中，随着海量节点和边的数目不断增多，例如，规模达到百万个以上时，可视化界面中会出现节点和边大量聚集、重叠和覆盖问题，使得分析者难以辨识可视化效果。图简化（Graph Simplification）方法是处理此类大规模图可视化的主要手段：一类简化是对边进行聚集处理，如基于边捆绑（Edge Bundling）的方法，使得复杂网络可视化效果更为清晰，图 6-10 展示了 3 种基于边捆绑的大规模密集图可视化技术。此外，Ersoy 等人还提出了基于骨架的图可视化技术，主要方法是根据边的分布规律计算出骨架，然后再基于骨架对边进行捆绑；另一类简化是通过层次聚类与多尺度交互，将大规模图转化为层次化树结构，并通过多尺度交互来对不同层次的图进行可视化。这些方法将为大数据时代大规模图可视化提供有力的支持，同时我们应该看到，交互技术的引入，也将是解决大规模图可视化不可或缺的手段。

动态网络可视化的关键是如何将时间属性与图进行融合，基本的方法是引入时间轴。例如，Story Flow 是一个对复杂故事中角色网络的发展进行可视化的工具，该工具能够将《指环王》中各角色之间的复杂关系随时间

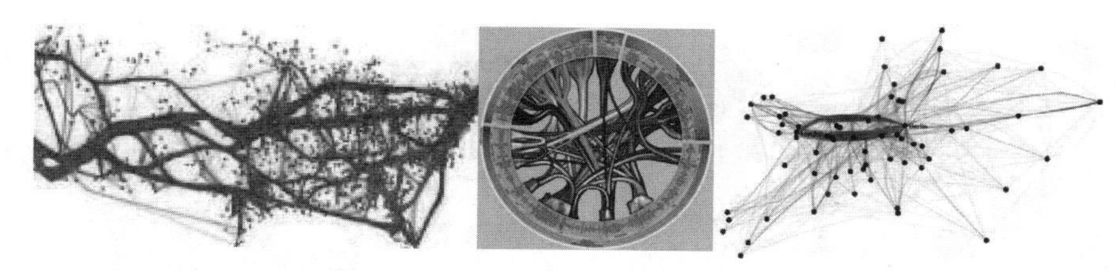

图 6-10　基于边捆绑的大规模密集图可视化

的变化，以基于时间线的节点聚类的形式展示出来。然而，这些例子涉及的网络规模较小。总体而言，目前针对动态网络演化的可视化方法研究仍较少，大数据背景下对各类大规模复杂网络如社会网络和互联网等的演化规律的探究，将推动复杂网络的研究方法与可视化领域进一步深度融合。

6.2.3　多维数据可视化

多维数据指的是具有多个维度属性的数据变量，广泛存在于基于传统关系数据库及数据仓库的应用中。例如，企业信息系统及商业智能系统。多维数据分析的目标是探索多维数据项的分布规律和模式，并揭示不同维度属性之间的隐含关系。Keim 等人归纳了多维可视化的基本方法，包括基于几何图形、基于图标、基于像素、基于层次结构、基于图结构及混合方法。其中，基于几何图形的多维可视化方法是近年来主要的研究方向。大数据背景下，除了数据项规模扩张带来的挑战，高维所引起的问题也是研究的重点。

1. 散点图

散点图（Scatter Plot）是最为常用的多维可视化方法。二维散点图将多个维度中的两个维度属性值集合映射至两条轴，在二维轴确定的平面内通过图形标记的不同视觉元素来反映其他维度属性值，例如，可通过不同形状、颜色、尺寸等来代表连续或离散的属性值，如图 6-11（a）所示。

二维散点图能够展示的维度十分有限，研究者将其扩展到三维空间，通过可旋转的 Scatter Plot 方块（Dice）扩展了可映射维度的数目，如图 6-11（b）所示。散点图适合对有限数目的较为重要的维度进行可视化，通常不适于需要对所有维度同时进行展示的情况。

（1）投影

投影（Projection）是能够同时展示多维的可视化方法之一。如图 6-12 所示，VaR 将各维度属性列集合通过投影函数映射到一个方块形图形标记中，并根据维度之间的关联度对各个小方块进行布局。基于投影的多维可视化方法一方面反映了维度属性值的分布规律，同时也直观地展示了多维

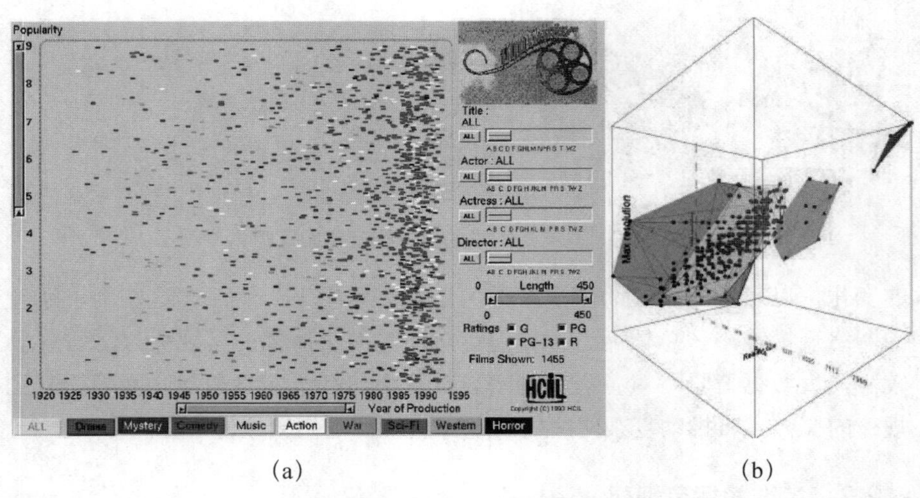

(a) (b)

图 6-11 二维和三维散点图

度之间的语义关系。

（2）平行坐标

平行坐标（Parallel Coordinates）是研究和应用最为广泛的一种多维可视化技术，如图 6-13 所示，将维度与坐标轴建立映射，在多个平行轴之间以直线或曲线映射表示多维信息。近年来，研究者将平行坐标与散点图等其他可视化技术进行集成，提出了平行坐标散点图 PCP（Parallel Coordinate Plots）。如图 6-14 所示，将散点图和柱状图集成在平行坐标中，支持分析者从多个角度同时使用多种可视化技术进行分析，Geng 等人建立了一种具有角度的柱状图平行坐标，支持用户根据密度和角度进行多维分析。大数据环境下，平行坐标面临的主要问题之一是大规模数据项造成的线条密集与重叠覆盖问题，根据线条聚集特征对平行坐标图进行简化，形成聚簇可视化效果，如图 6-15 所示，将为这一问题提供有效的解决方法。

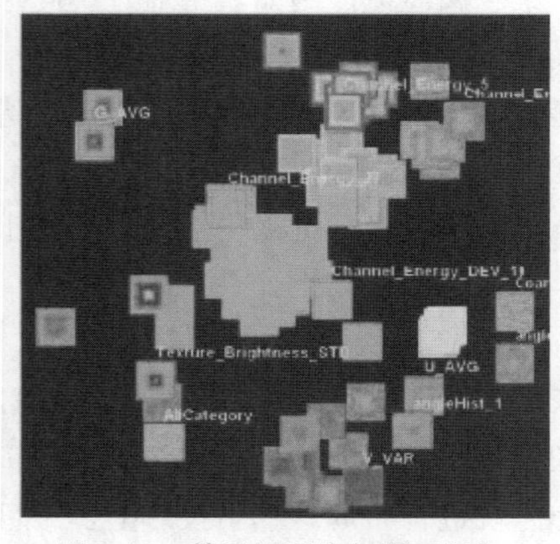

图 6-12 基于投影的多维可视化

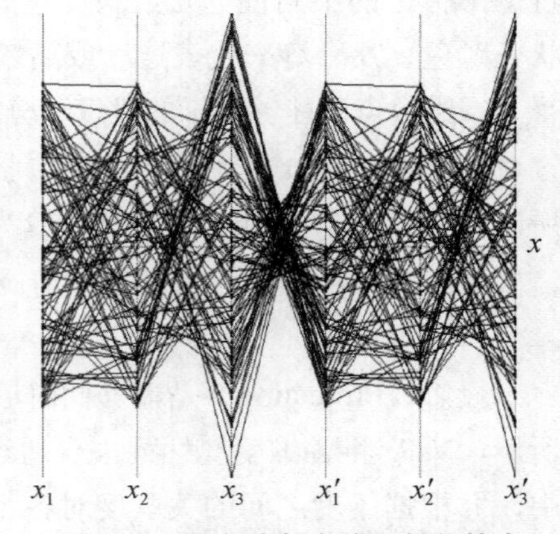

图 6-13 平行坐标多维可视化技术

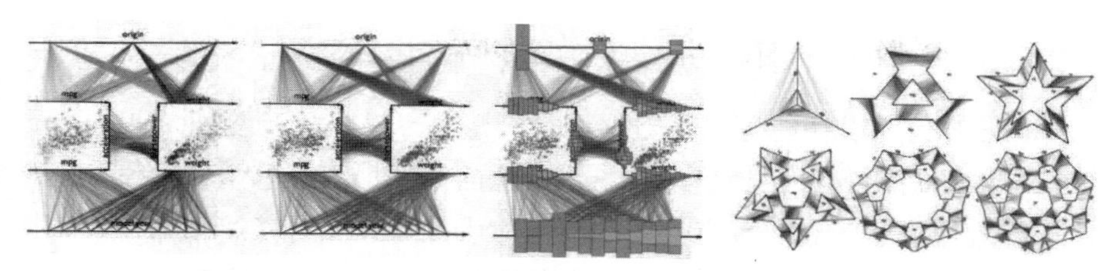

图 6-14　集成了散点图和柱状图的平行坐标工具 FlinaPlots

图 6-15　平行坐标图聚簇可视化

6.3　大数据可视化软件与工具

6.3.1　Excel

Excel 是 Microsoft Office 的组件之一，是由 Microsoft 为 Windows 和 Apple Macintosh 操作系统的计算机编写和运行的一款表格计算软件。Excel 是微软办公套装软件的一个重要组成部分，它可以进行各种数据的处理、统计分析、数据可视化显示及辅助决策操作，广泛地应用于管理、统计、财经、金融等众多领域。本节重点讨论 Excel 在数据可视化处理方面的应用。

1. 应用 Excel 的可视化规则实现数据的可视化展示

Excel 从 2007 版本开始为用户提供了可视化规则，借助于该规则的应用可以使抽象数据变得更加丰富多彩，通过规则的应用，能够为数据分析者提供更加有用的信息，如图 6-16 所示。

员工信息表

教工号	姓名	部门	性别	年龄	工资
11980003	贺鸿运	电气(机电)工程学院	女	32	¥3,547.00
11980004	赵智勇	食品与生物工程学院	男	28	[illegible],832.00
11980006	王兴	国际教育学院	男	52	[illegible]841.00
11981004	梁立	化学化工学院	男	43	[illegible]841.00
11981005	周鹏	电气(机电)工程学院	男	54	[illegible]52.00
11981006	李浩	化学化工学院	男	35	[illegible]841.00
11981007	徐林	国际教育学院	男	39	[illegible]
11982008	王祖业	食品与生物工程学院	男	30	[illegible]541.00
11982009	郑李丽	食品与生物工程学院	女	46	¥3,842.00

图 6-16　利用 Excel 的可视化规则实现数据的可视化展示

2. 应用 Excel 的图表功能实现数据的可视化展示

Excel 的图表功能可以将数据进行图形化，帮助用户更直观地显示数据，使数据对比和变化趋势一目了然，从而达到提高信息整体价值，更准确、直观地表达信息和观点。图表与工作表的数据相链接，当工作表数据发生改变时，图表也随之更新，反映出数据的变化。本书以 Excel 2016 版本为例，它提供了柱形图、折线图、散点图等常用的数据展示形式供用户选择使用，如图 6-17 所示。图 6-18 所示是利用 Excel 图表中的折线图对员工信息表中的年龄和工资信息进行的可视化展示。

图 6-17　Excel 图表样式

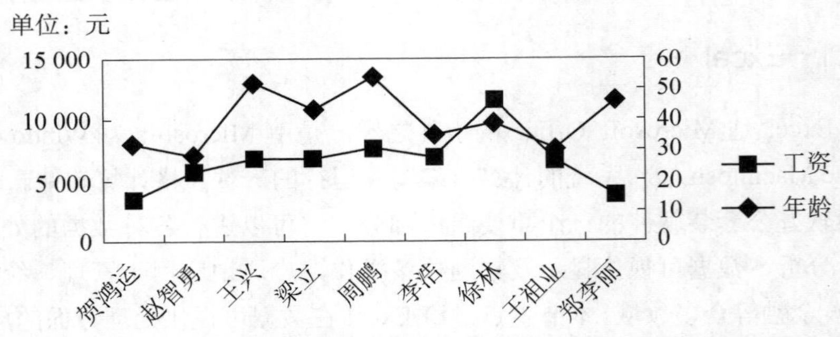

图 6-18　利用 Excel 图表中的折线图制作的“工资”和“年龄”数据展示

6.3.2　Processing

Processing 是一个开源的编程语言和编程环境，支持 Windows、Mac OS、Linux 等多个操作系统。Processing 就是一种具有革命前瞻性的新兴计算机语言，以数字艺术为背景的程序语言，它的用户主要面向计算机程序员和数字艺术家。Processing 是 Java 语言的延伸，并支持许多现有的 Java 语言架构，不过在语法上简易许多，并具有许多人性化的设计。不需要太高深的编程技术便可以创作震撼的视觉表现及互动媒体作品。Processing 还可以结合 Arduino 单片机等硬件，制作出回归人际物理世界的互动系统。

Processing 在数据可视化领域有着广泛的应用，可制作信息图形、信息可视化、科学可视化和统计图形等。下面通过一个简单的实例来认识一下如何利用 Processing 实现数据的可视化展示。如表 6-1 所示为美国各州 GDP

增长率。该示例将一系列随机数据呈现在地图上，将数值的大小通过圆点的大小可视化地显示出来。

表 6-1　美国各州 GDP 增长率（数据随机设生成）

State Name	Location-x	Location-y	value
Alabama（AL）	439	270	0.1
Alaska（AK）	94	325	−5.3
Arizona（AZ）	148	241	3
Arkansas（AR）	368	247	7
California（CA）	56	176	11
Colorado（CO）	220	183	1.5
Washington（WA）	92	38	2.2
West Virginia（WV）	496	178	5.4
Wisconsin（WI）	392	103	3.1
Wyoming（WY）	207	125	−6

将数据可视化地显示出来的步骤如下。

① 声明（初始化）变量，代码如下：

```
PImage picture Image;
Table location Table;
Table name Table;
    int row Count;

    Table dataTable;
    float dataMin=MAX_FLOAT;
    float dataMin=MIN_FLOAT;
```

② 初始化画布，加载（生成）数据，代码如下：

```
    void setup ( ) {
    size ( 640, 400 );
    Picture Image=load Image ( "picture.png" );        //加载图片
    Color Table=new Table ( "color.tsv" );             //加载色彩信息
    name Table=new Table ( "names.tsv" );              //加载名称信息
    Row Count=color Table.get Row Count ( );

    data Table=new Table ( "random.tsv" );             //加载随机数据
    for ( int row=0; row<row Count; row++ ) {
    float value=data Table.get Float ( row, 1 );
if ( value>data Max ) {
Data Max=value;
}
  if ( value<data Min ) {
```

```
Data Min=value;
  }
}
  PFont font=load Font ( "Univers-Bold-12.vlw" );
Text Font ( font );

smooth ( );
noStroke ( );
}
```

③ 调用绘制函数绘制图形，代码如下：

```
void draw ( ) {
  background ( 255 );
  image ( picture Image, 0, 0 );

  for ( int row=0; row<row Count; row++ ) {
      String abbrev=data Table.get Row Name ( row );
      float x=color Table.getFloat ( abbrev, 1 );
      float y=color Table.getFloat ( abbrev, 2 );
      Draw Data ( x, y, abbrev );
  }
}

void draw Data ( float x, float y, String abbrev ) {
  float value=data Table.getFloat ( abbrev, 1 );
  float radius=0;
  if ( value>=0 ) {
    radius=map ( value, 0, dataMax, 1.5, 15 );
fill ( #333366 ); //blue
} else {
  radius=picture ( value, 0, dataMin, 1.5, 15 );
  fill ( #ec5166 );   //red
}

ellipseMode ( RADIUS );
ellipse ( x, y, radius, radius );
    if ( dist ( x, y, mouseX, mouseY ) <radius+2 ) {
      fill ( 0 );
      Text Align ( CENTER );
      String name=nameTable.getString ( abbrev, 1 );
      text ( name+" "+value, x, y-radius-4 );
    }
}
```

该段代码执行后的结果可以清楚地看出正增长与负增长，圆圈的半径代表数据的绝对值大小。

6.3.3 ECharts

ECharts 是商业级数据图表（Enterprise Charts）的缩写，是百度公司旗下的一款开源可视化图表工具。ECharts 是一个纯 JavaScript 的图表库，可以流畅地运行在 PC 和移动设备上，兼容当前绝大部分浏览器（IE6/7/8/9/10/11、Chrome、Firefox、Safair 等）。它的底层依赖轻量级的 Canvas 类库 ZRender，提供直观、生动、可交互、可高度个性化定制的数据可视化图表。创新的拖拽重计算、数据视图、值域漫游等特性大大地增强了用户体检，赋予了用户对数据进行挖掘、整合的能力。

ECharts 自 2013 年 6 月正式发布 1.0 版本以来，在短短两年多的时间，功能不断完善，截至目前，ECharts 已经可以支持包括柱状图（条状图）、折线图（区域图）、散点图（气泡图）、K 线图、饼图（环形图）、雷达图（填充雷达图）、和弦图、力导向布局图、仪表盘、漏斗图、事件河流图等 12 类图表，同时提供标题、详情气泡、图例、值域、数据区域、时间轴、工具箱 7 个可交互组件，支持多图表、组件的联动和混搭展现。图 6-19 所示为利用 ECharts 可以制作的部分图表展示。

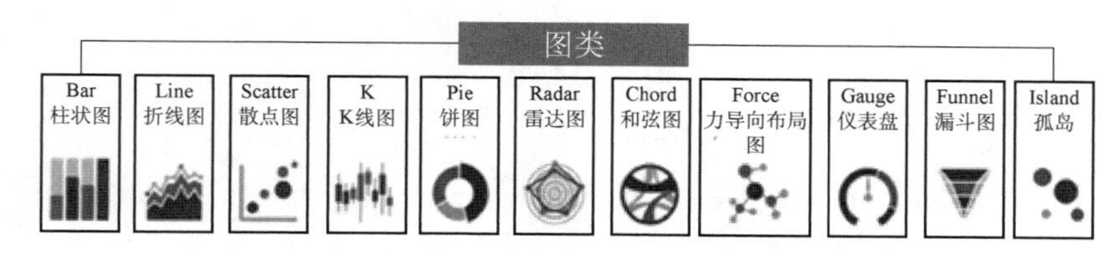

图 6-19 ECharts 制作的图表

ECharts 图表工具为用户提供了详细的帮助文档，这些文档不仅介绍了每类图表的使用方法，还详细介绍了各类组件的使用方法，每类图表都提供了丰富的实例。用户在使用时可以参考实例提供的代码，稍加修改就可以满足自己的图表展示需求。接下来结合 ECharts 提供的一个 2010 年世界人口分布图的实例来详细介绍 ECharts 的使用方法。表 6-2 所示是 2010 年世界人口数据。

表 6-2 2010 年世界人口数据

国 家	人 口 数 量
China	1 359 821 465
India	1 205 624 648
United States of America	312 247 116
United kingdom	62 066 350
…	…

实现代码如下：

```
option={
    title：{
        text：'World Population（2010）',
subtext：'from United Nations，Total population，both sexes combined，as
of 1 July（thousands）',
sublink：'http：//eas.un.org/wpp/Excel-Data/population.htm',
left：'center',
top：'top'
},
tooltip：{
trigger：'item',
formatter：function（params）{
    var value=（params.value+″）.split（'.'）;
value=value[0].replace（\d{1，3}）(?=（?：\d{3}）+（?!\d））/g，'$1，'）
      +'.'+value[1];
 return params.seriesName+'<br/>'+params.name+'：'+value;
   }
},
toolbox：{
    show：true,
orient：'vertical',
left：'right',
top：'center',
feature：{
    mark：{show：true},
    dataView：{show：true，readOnly：false},
    restore：{show：true},
    saveAsImage：{show：true}
}
},
visual Picture：{
 min：0,
 max：100000,
 text：['High'，'Low'],
 realtime：false,
 calculable：true,
 color：['orangered'，'yellow'，'lightskyblue']
},
series：[
{
   name：'World Population（2010）',
   type：'Picture',
   picture Type：'World'，//world、china、europe 等
```

```
        roam：true，
        itemStyle：{
        emphasis：{lable：{show：true}}
         }，
    data：[ //此处是我们要展示的数据（如果是网络动态数据，可以在程序中用
json 数据实时传递过来
         {name：'China'，value：1359821.465}，
    {name：'India'，value：1205624.648}，
    {name：'United States of America'，value：312247.116}，
    …
    ]
              }
           ]
    };
```

利用 ECharts 展示的可交互的世界人口分布图示，用户通过将鼠标移入不同的国家（地区）内部，即可查看到该国家（地区）的人口数量；左下角的垂直滚动条可以用于设置地图上可视数据的最大值和最小值，用户可以通过调整滑块来展示某个区间的数据。

通过对 ECharts 案例代码的分析，当用户需要在图片上展示自己的数据时，只需要更改相关的几个属性值即可。可以借助 ECharts 制作软件学院 2015 年新生生源分布图。在上面的实例代码基础上要实现这个实际问题的图表展示非常简单，只需要更改代码中的两处即可：一处是图片类型（picture Type），将字符串 world 改为 China；另一处是数据（Data），这个根据具体的需求，将数据传入 ECharts 工具中。

综上所述，随着互联网、物联网、云计算的迅猛发展，数据随处可见、触手可及。政府的政策制定、经济与社会的发展、企业的生存与竞争以及每个人日常生活的衣食住行无不与大数据有关。因此，未来任何领域的普通个人均存在着大数据分析的需求。

大数据可视化是大数据分析的重要方法，能够有效地弥补计算机自动化分析方法的劣势与不足。大数据可视分析将人面对可视化信息时强大的感知认知能力与计算机的分析计算能力优势进行有机融合，在数据挖掘等方法技术的基础上，综合利用认知理论、科学信息可视化以及人机交互技术，辅助人们更为直观和高效地洞悉大数据背后的信息、知识与智慧。相信随着科学技术的发展，“人人都懂大数据、人人都能可视化”将成为大数据领域发展的重要目标之一。

6.4 习题

1. 数据可视化有哪些基本特征？
2. 简述可视化技术支持计算机辅助数据认识的 3 个基本阶段。
3. 数据可视化对数据的综合运用有哪几个步骤？
4. 简述数据可视化的应用。
5. 简述文本可视化的意义。
6. 网络（图）可视化有哪些主要形式？
7. 大数据可视化软件和工具有哪些？
8. 如何应用 Excel 表格功能实现数据的可视化展示？
9. 查阅相关资料，实例演示 Processing 的使用。
10. 查阅相关资料，实例演示 ECharts 的使用。

大数据的商业应用

大数据的出现给我们生活带来了巨大变革，开启了分享和应用数据的时代，我们对海量数据进行分析，从而获得全新的产品、服务或独到的见解，形成促进社会发展的力量，实现重大的时代转型。现今，大数据正改变我们的生活以及我们对世界的理解方式，正在成为新服务的源泉。

大数据并不是一种全新的技术，它更多的是一种借助真实数据汇聚、数据分析及其可视化、分布式计算，利用数据分析问题的思维方式和工作方法。在当前的互联网领域，大数据的应用已经十分的广泛，尤其是以公司、企业为主，企业成为大数据应用的主体。大数据真正能改变企业的运作方式吗？答案毋庸置疑是肯定的。随着企业开始利用大数据，我们每天都会看到大数据新的奇妙的应用，帮助人们真正从中获益。

大数据的应用已广泛深入我们生活的方方面面，各行各业都在利用大数据技术对数据进行处理和分析，涵盖医疗、交通、金融、教育、体育、零售等各行各业。本章将以国内外例子给读者展示大数据应用的经典案例。

7.1 国外大数据应用经典案例

麻省理工学院教授 Erik Brynjolfsson，其研究领域包括擅长利用数据来对公司进行决策，整体绩效比不用数据的公司，生产力至少要高出 6 个百分点。例如，Google、亚马逊等公司竞争力明显增强，而不少新创公司则因为具有大数据的思维和前瞻性，成为业界佼佼者。BIG DATA 的作者、牛津大学教授 Viktor Mayer-Schonberger 则提出使用大量的资料，利用数据概念，引入分析数据技术，符合逻辑思维，所有企业都可以成为行业龙头企业，推动和促进人类的进步和社会的发展。

7.1.1 资源数量的重要性

在大数据时代下，资料的数量比资料的品质更重要。Google 就是一个成功的案例。Google 的翻译软件涵盖了 60 种语言。早在 20 世纪 90 年代，IBM 的专家就曾开发一套 Candide 翻译系统，采用加拿大国会的英法双语文件，大约是 300 万个句对，训练计算机读懂使用概率，寻找词汇库中对应的词汇，来增加翻译的精准度，把翻译转换成数学问题，但效果不明显，进展不大，最后以失败告终。若要数据精确，首先必须要扩大资料的规模，扩大数据量，提高数据在库中的选择概率。

几年之后，Google 决定投入翻译领域，但不同于 IBM 使用的 300 万个精心翻译的句子，而是使用手边更庞大、更混乱的数据集。Google 采用了相当庞大的翻译系统，涉及全球网络，范围之广达数十亿个翻译网页，有高达兆字节的语料库，收录所找到的每一则翻译，用来训练计算机。资料来源包括各公司网站、官方文件的多语翻译、国际组织的多语报告，或是 Google 图书扫描的数据，甚至包含网上各种断简残篇、品质参差不齐、混乱的数据。这样一来，翻译的准确度再次被提升，甚至某个英文字之后，出现另外一个字的概率，都能够准确的计算出来。Google 人工智能专家指出，Google 使用的数据，常有不完整的句子，如拼字错误、语法缺失，但正因为拥有比其他语料库多出千万倍的资料，足以盖过它的缺点。

因此，进入大数据时代的第一个应用观念，就是要接受资料数量远比数据品质更重要的事实。

7.1.2 数据之间的相关性

以美国纽约为例，每年都会因为地下管道火灾，付出巨大代价，路面上重达 140 千克的铸铁孔盖更是常因闷烧爆炸，飞到几层楼高，再砸回地面，造成严重的安全事故。且纽约市的地下电缆，长度超过 15 万公里，足以绕地球 3 圈半，光曼哈顿就有超过 5 万多个孔盖，数量之多，就算每年定期检查，意外仍然防不胜防。负责管理此业务的爱迪生联合电力公司，找到哥伦比亚大学统计专家 Cynthia Rudin 协助，期望能够解决这一现状，缓解和减少不必要事故的发生。首先，他们先收集 1880—2008 年间的管路历史数据，但是光维修孔的表达方式就有 38 种不同的写法，数据杂乱无章。然而研究的重点，在于找出相关性。不在于为什么会爆炸，而是哪个孔盖会爆炸。筛选出有效指标，逐步缩小问题范围，降低爆炸可能性。研究小组从 106 个重大孔盖灾害预测指标下手，慢慢去芜存菁，最后剩下几个最有效的指标。接着他们再缩小范围，仅研究某一区的地下电缆，分析截至 2008 年的数据，来预测 2009 年的危险孔盖位置，结果小组列出的前 10% 的危险清单，的确有 44%曾发生过严重事故，也据此找出最有相关性的几个指标。

最后，研究小组发现电缆年份和过去是否发生事故是最重要的判断指标，依此原则来替市区几万个孔盖安排检查顺序。虽然答案好像显而易见，但是过去却浑然不知，直到研究小组用大数据的科学验证，大家才恍然大悟。纽约政府利用这种方式同时解决了城市住宅问题。

7.1.3 任何数据都存在商机

对于大数据而言，首先要能够接受杂乱数据，从中找出相关性，进行数据分析。当然还有另一个重点，就是任何记录，甚至连情绪、社交图谱、搜寻轨迹，都可数据化。例如，当地理位置成为资料时，便能产生无限商机。全球最大的打卡社群平台 Foursquare，最重要的功能就是让用户随时打卡、拍照上传景点。

这些蕴含用户地域位置的打卡数据、轨迹，只要仔细记录下来，便能够了解某一时间、地点，用户都在做些什么事情？借此推播精准的广告、折扣信息，甚至星巴克、麦当劳都跟 Foursquare 购买这些打卡数据，来分析决定要在哪里开新门市。Foursquare 也从一个社群平台，变成有附加价值的精确市场分析数据提供商。

联合包裹速递服务公司（UPS）也是率先把地理位置数据化的应用成功案例。他们通过每台货车的无线电设备和 GPS，精确知道车辆所在位置，并从累积下来的大量的行车路径，找出最佳行车路线，进行推荐。从这些分析中，UPS 发现十字路口最易发生意外、红绿灯最浪费时间，只要减少通过十字路口次数，就能省油、提高安全。靠着大数据分析技术，UPS 一年送货里程大幅减少 4 800 公里，等于省下 300 万升的油料及减少 3 万吨二氧化碳排放量，安全性和效率也提高了，大数据让出行变得低碳环保。

推特（Twitter）也是一个非常典型的大数据应用例子，是国外一个大型社交网站，它利用人们的情绪和社交互动进行数据分析。推特（Twitter）每天至少有 4 亿条以上的推文，表面看来大多数推文，就像是随口嚷嚷，但却成了重要的分析指标，可以用来提前了解消费者反应，或是判断推销活动成果，不少公司都抢着要和推特（Twitter）签订数据资源的存取权。

网购龙头亚马逊正是依照客户浏览的历史，来比对产品和产品的关联性，开发无人能敌的自动推荐系统。各大电商都推出自动推荐，猜你喜欢等功能，来满足消费之需求。现在亚马逊上，每 3 笔订单，就有一笔是来自计算机推荐和定制化系统。这便是，当用户的网络轨迹成为数据资源而带来的改变，无形中推动了一个行业的发展，带动了经济增长，完成了科技革命带来的新机遇。

7.1.4 大数据新价值的挖掘

大数据的使用，应是每个领域，每个行业和每个企业的使用，并不是某一特定行业或企业的专有技术，不要认为用大数据分析，是大公司或是科技大厂的专利，小型企业不一定要自己拥有数据，可以靠授权获得，再使用廉价云端运算平台分析。拥有大数据思维和好点子，能让公司蓬勃发展。一位美国顶尖的数据科学家 Oren Etzioni，就是利用大数据创业的先驱。

几年前，Oren Etzioni 在从西雅图飞往洛杉矶参加弟弟婚礼的飞机上，发现临座几位乘客的票价都比他的便宜，打破以往觉得飞机票越早买、越省钱的想法，萌生创业点子。他开发出了预测飞机票价未来是涨是跌的服务 Farecast。其关键是需要取得特定航线的所有票价资讯，再比对与出发日期的关联性，假设平均票价下跌，则买票的事可以暂缓，如果平均票价上升，系统就会建议立即购票。Oren Etzioni 先在某个旅游网站取得 12 000 笔票价数据作为样本，建立预测模型，接着引进更多数据，直到现在，Farecast 手中有 2 000 亿笔票价纪录。后来 Oren Etzioni 的公司被微软并购，并把这套服务结合到 Bing 搜寻引擎中，平均为每位用户节省 50 美元。随后被 eBay 并购的价格预测服务 Decide.com，也是 Oren Etzioni 的杰作。在 2012 年，开业一年的 Decide，已调查超过 250 亿笔价格资讯、分析 400 万项产品，随时和数据库中的产品价格比对。从普查中，他们发现零售业秘密，就是新产品上市时，旧产品竟不跌反涨，或异常的价格暴涨，来警告消费者先等一等，再下手。

通过对数据进行分析比对，创造出数据的新价值，将数据进行整合。从大量数据中挖掘出通过算法搜索隐藏于其中信息的过程，并通过统计、在线分析处理、情报检索、机器学习、专家系统（依靠过去的经验法则）和模式识别等诸多方法来实现上述目标。

7.1.5 大数据在医疗行业的应用

医保行业可以通过大数据和高级分析来获得巨大收益。医保的成本推动了对大数据驱动的医保应用系统的需求，技术决策者不会忽略大数据带来的效率提升，经济吸引力和快速的创新步伐，都能够用在医保行业中并使行业受益。许多人发现，对医保数据进行数字化和共享的新标准和激励措施，以及商用硬件产品在存储和并行处理方面的改进和价格的下降，正在导致医保行业的大数据革命，其以更低的成本提供更好的服务为目标，我们看看以下几个案例。

1. Valence Health：提升医保结果和财务状况

Valence Health 使用 MapR 公司的数据融合平台（Converged Data Platform）来建立一个数据库并作为公司主要的数据仓库。Valence 每天从 3 000 个数据输入源接收 45 种不同类型的数据。这些关键数据包括实验室测试结果、患者健康记录、处方、疫苗记录、药店优惠、账单和付款；以及医生和医院的账单，用来提升决策来改善医保结果和财务状况。该公司快速增长的客户和日益增加的相关数据量正在压垮现有的技术基础设施。

在采用 MapR 的解决方案之前，如果收到一个数据源发来的 2 000 万个实验室测试结果，他们需要 22 个小时来处理这些数据。MapR 把这个处理时间从 22 小时降到 20 分钟，并且使用更少的硬件。

2. Liaison 科技：医保行业数据记录的流处理

Liaison 科技提供了一个云端解决方案来协助企业集成，管理和安全保障它的数据。它的一个垂直解决方案是针对医保行业和生命科学行业，这两个行业有两个挑战：满足 HIPAA 合规要求；数据格式及其展现形式的多样性。利用 MapR 流，流处理将系统数据记录变成了一个无限的，不可更改的数据转换日志。多样性的挑战在于，一个患者信息的记录可以有多种使用方式，即文档或图，或者是查询结果。当然这取决于不同的用户，可能是制药公司、医院、诊所或医生。利用流处理实时地将数据变化输出到 MapR-DB、Hbase、MapR-DB JSON 文档，图和搜索数据库。用户通过文档、图和搜索数据库可以得到最新的和最适合的数据。此外，通过在 MapR 融合数据平台上开发这一服务，Liaison 可以保障所有数据模块的安全，避免了其他方案的数据和安全孤岛的问题。

3. Novartis Genomics

下一代基因测序（NGS）是一个经典的大数据应用，它面临双重的挑战，即巨量原始异构的数据，以及 NGS 最佳实践的快速变化。另外，许多前沿研究需要与外部组织的不同数据进行大量的交互。这就需要强大的工作流程工具来处理大量的原始的 NGS 数据，而且足够灵活以跟上快速变化的研究技术。它还需要一个方法来将这些大量外部组织的数据有意义地整合到 Novartis 的数据，如 1 000 Geomes（千人基因组计划）、NIH 的 GTEx（Genotype-Tissue Expression，基因型组织表达）和 TCGA（The Cancer Genome Atlas，癌症基因组图谱），特别是临床数据、表型性数据、实验数据和其他相关数据。

7.2 国内大数据应用经典案例

最早提出“大数据”时代已经到来的机构是全球知名咨询公司麦肯锡。根据麦肯锡全球研究所的分析，利用大数据能在各行各业产生显著的社会效益。国外大数据技术的发展驱动了各产业的发展，为行业企业带来了日新月异的变化。在改革开放的中国，高新尖技术的引进，以及自身科技力量的增强，国家政策的推动，大数据技术的应用如火如荼的在祖国广袤大地上推广并应用，取得了令人振奋的成绩。引领了科技革命浪潮，对人们的生活、工作和学习产生了深远的影响，并将持续发展。

大数据技术可以了解经济发展情况、各产业发展情况、消费支出和产品销售情况等，然后依据分析结果，科学地制定宏观政策，平衡各产业发展，避免产能过剩，有效利用自然资源和社会资源，提高社会生产效率。本章节依据行业典型工作任务，结合读者需求，列举了大数据在我国各行业的推广应用作为学习参考。下面将通过对各个行业如何使用大数据进行梳理，借此展现大数据的应用场景。

7.2.1 智慧城市

智慧城市和大数据这两个话题目前在行业内十分火热。在智慧城市的建设中，伴随着我国国民经济的持续快速发展及城镇化进程的加快，城市的配套设施建设更需日趋完善。

大数据技术也能帮助政府进行支出管理，透明合理的财政支出将有利于提高公信力和监督财政支出。大数据及大数据技术带给政府的不仅仅是效率提升、科学决策、精细管理，更重要的是数据治国、科学管理的意识改变，未来大数据将会从各个方面来帮助政府实施高效和精细化管理，具有极大的想象空间。

如今，世界人口城镇化，目前世界已有一半的人口居住在城镇中，到 2050 年这一数字会增长到 75%。城市公共交通规划、教育资源配置、医疗资源配置、商业中心建设、房地产规划、产业规划、城市建设等都可以借助于大数据技术进行良好的规划和动态调整。使城市里的资源得到合理的良好配置，有效帮助政府实现资源科学配置，精细化运营城市，打造智慧城市。

例 7-1　某省某区智慧项目的建设。

现状分析：自 2003 年首次建设政府门户网站开始，××区各部门在政务信息化以及信息基础设施等方面进行了有益实践，为“智慧××”建设奠定了良好基础。

1. 现有基础

1）“六个统一”为“智慧××”统筹规划建设奠定基础

根据 2014 年《××区智慧政府规划（2014—2017）》提出的“六个统一”要求，目前已完成了“统一网络机房”和“统一政府门户网站”建设，正在推进“统一电子地图”“统一资源数据库”“统一办公平台”建设。在电子信息中心成立后，将尽快实现“统一建设管理”要求。

（1）统一电子地图。按照全市统一要求，“数字化城市管理监督指挥系统”和在建的“城市网格化综合管理平台”均在市规划局电子地图上进行开发。下一步，将建设全区统一的电子地图平台，今后“智慧××”应用项目涉及电子地图，均在统一的电子地图平台上进行叠加。

（2）统一资源数据库。作为“智慧××”基础设施建设的重要部分，要积极推进“统一资源数据库”建设。一是以“城市网格化综合信息平台”建设为契机，梳理全区已有信息资源，初步建立全区“统一的公共基础数据库”；二是整合“平安××、数字城管、网吧监控、中小学校监控”等系统建设的“视频”资源，建立全区统一的“视频资源库”；三是逐步积累“智慧××”应用项目产生的数据，与“市政务云数据中心”进行对接；通过合作与开放相结合的方式，不断充实数据库，建立“物理分散、逻辑集中”的××区“公共业务数据库”和“公共服务数据库”，建立××区大数据中心，服务于“智慧××”应用。

（3）统一建设管理。已经制定了《关于加强电子政务项目管理的通知》和《关于加强政务网络安全管理的通知》，统筹智慧项目，统一互联网出口、终端准入，避免重复建设；今后要根据“智慧××”建设进度出台相应的配套制度，加强资源共享和安全管理。

创新驱动环境为“智慧××”建设提供内生动力，包括科技创新能力不断提升，高新技术产业提质增效，创新服务体系建设稳步推进。

2）面临的问题与挑战

当前，国内智慧城市建设总体尚处于试点探索阶段，尽管“智慧××”具备了良好基础，但仍处于起步阶段。通过综合分析智慧城市试点经验，结合区现状，学者认为“智慧××”建设面临如下问题与挑战。

（1）缺乏顶层引领，建设处于相对无序状态。智慧城市是技术与管理的高度融合，有其独特的理念和规律。许多城市完全依靠企业提出解决方案，但许多企业能力良莠不齐，对城市管理系统理解不全，导致技术与管理脱节，形成许多“伪智慧”“空智慧”。这将是“智慧××”建设中必须努力克服的问题。

（2）缺乏统筹协调，智慧应用项目相对分散。各部门在感知设施（如视频监控）、应用平台（网站、微信）等智慧应用项目建设方面以实现部门需求为主，导致建设内容重复、应用相对分散。

（3）缺乏规范标准，数据整合共享难度较大。一方面，区尚未建成以政务云为基础的公共数据库平台和公共信息平台，资源无处整合，造成不断重复建设“信息孤岛”；另一方面，市级应用平台与区和街道应用平台数据结构不对称，导致数据整合共享困难。

（4）缺乏配套机制，运维管理体系建设有待跟进。目前，区许多智慧应用项目已陆续建设并投入使用，从技术层面来看，基本能满足应用需求。但是，由于与应用相配套的运维管理体系尚不健全，如组织领导机制、运行管理机制、评估监督机制以及后期维护模式等，造成项目建成后使用率低，效果不佳。

（5）缺乏保障措施，政府信息资源面临安全挑战。在智慧城市建设过程中涉及公民隐私的数据大量聚集到政府数据中心后，由于安全保障技术投入不足，人员安全缺乏意识，信息网络安全问题更加突出。

（6）建设主体单一，社会共建模式有待探索加强。“智慧××”是一个涉及政治、经济、金融、社会等多方面的复杂系统，从国内智慧城市试点情况来看，建设投入基本上以政府为主，导致政府财力不堪重负、责任无限放大。因此，在顶层设计中应积极探索智慧城市建设的PPP模式。

2. 建设原则

根据《国家新型城镇化规划（2014—2020）》提出的“智慧城市”建设方向和《关于开展智慧城市标准体系和评价指标体系建设及应用实施的指导意见》提出的“智慧城市”评价标准，结合我区实际，提出“智慧××”建设方案整体思路坚持“规划设计、感知设施、应用平台、数据资源”四位一体建设思路以及具体要求。建设整体框架是在国家智慧城市建设总体框架的指导下设计的，由“7+2”构成。“7”是指：感知层、网络层、公共设施层、数据层、交换层、智慧应用和用户层。“2”是指：安全与保障体系、运营与管理体系。某省某区的“智慧××”架构图如图7-1所示。

3.“智慧××”一期建设内容（“3211+N”）

智慧城市的基础是数据，本质是服务。“智慧××”建设将充分发挥现

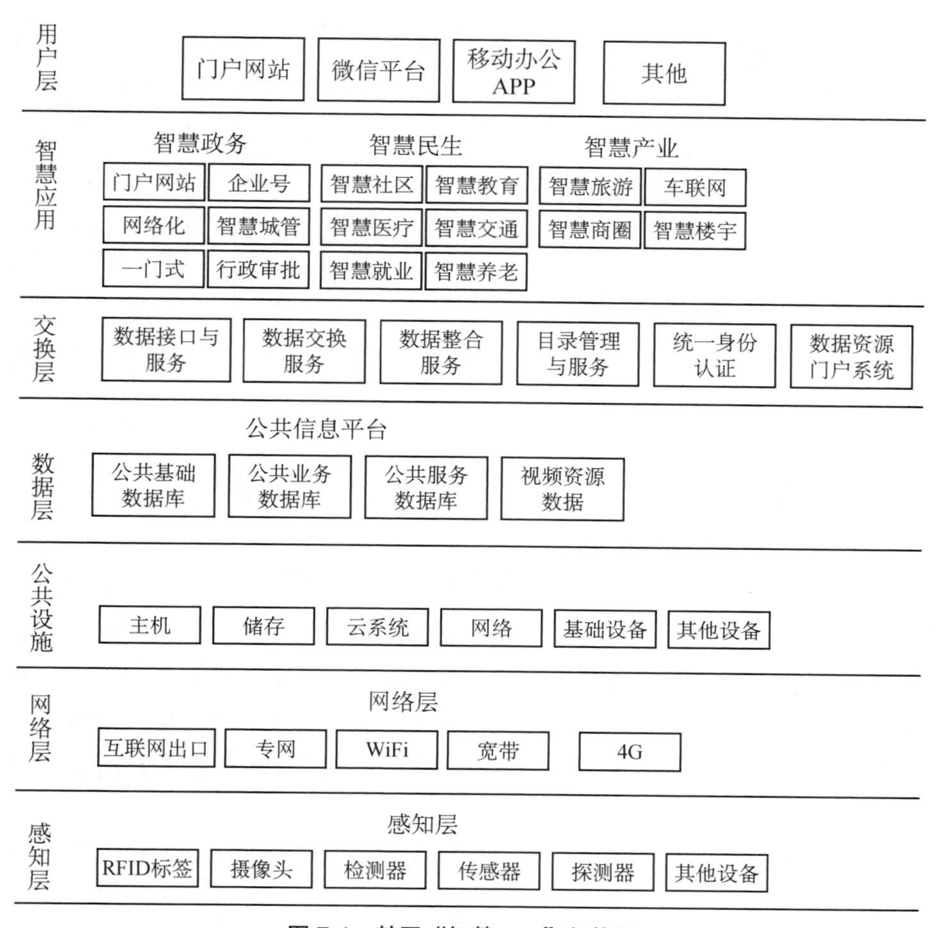

图 7-1　某区“智慧××”架构图

有基础优势，牢牢抓住数据节点和服务对象，并将以“两级指挥中心、一个微信平台”建设为突破口推动“智慧××”一期建设，具体包括“3211+N”建设内容，内容如图 7-2 所示。

“3”指的是要尽快建成“政务云平台”“公共数据库平台”和“公共信息平台”3 个智慧政务公共基础设施；“2”指的城市网格化指挥中心综合管理平台和“一门式”公共服务综合信息平台；第一个“1”指的是以“智慧××·微信平台”为切入点打造 1 个“××区区级移动互联网综合服务平台”；第二个“1”指的是成立 1 个“智慧××”建设和维护管理中心；“N”是指分类分批推进 N 个智慧应用项目实施。

7.2.2　保险行业

保险数据主要是围绕产品和客户进行的，典型的有利用用户行为数据来制定车险价格，利用客户外部行为数据来了解客户需求，向目标用户推

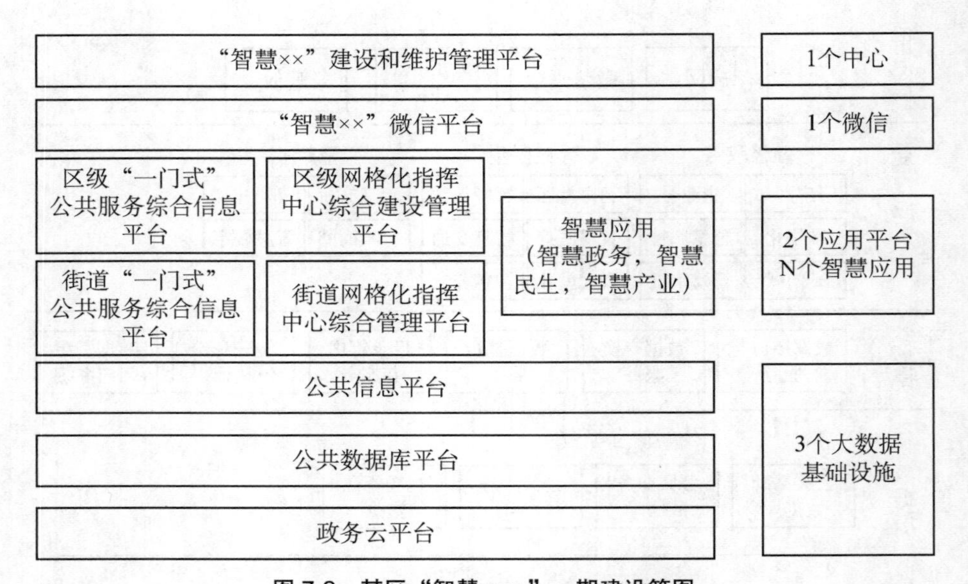

图 7-2　某区"智慧××"一期建设简图

荐产品。例如，依据个人数据、外部养车 APP 数据，为保险公司找到车险客户；依据个人数据、移动设备位置数据，为保险企业找到商旅人群，推销意外险和保障险；依据家庭数据、个人数据、人生阶段信息，为用户推荐财产险和寿险等。用数据来提升保险产品的精算水平，提高利润水平和投资收益。

我国保险行业蓬勃发展，在具有巨大的商业利益的同时，也面临不少的困难。

（1）数据多，整合困难。数据的来源多样性，数据的类型的复杂性，数据特征的多元化，数据的处理方法的差异化，组织内部的数据的分散性以及数据共享机制的缺乏等。

（2）客户多，分析困难。怎么识别客户的全方位的特征，怎样有效细分客户，怎样提取客户的共同需求，怎样利用不同的模型/算法生成客户的多样化标签以及怎样进行客户行为偏好分析。

（3）需求多，应用困难。如何与客户实时交互，如何及时响应客户的需求，如何提供满意的客户体验，如何降低客户流失，如何控制客户维护成本以及如何对客户进行精准营销等。

智慧保险是以大数据技术平台作为支撑，对用户行为偏好数据，利用大数据分析技术和工具对保险企业客户进行建模，包括建立客户细分模型、客户价值模型、忠诚度模型、受众群体扩展模型以及社会模型。通过分析结果进行客户的获取，对客户进行服务和转化，以达到提升业务量和业务转型的目的。

（1）客户细分模型。对客户进行分类，挖掘有价值客户，提升非付费到付费客户的转化率。

（2）客户价值模型。精准营销，不存在错误的客户，只存在错误的宣传。

（3）客户忠诚度模型。针对不同类型的用户采用不同的营销策略。

（4）受众群体的扩散模型。筛选最具购买的客户名单。

（5）社会模型。引流同时重新建立失联客户。

典型案例：

泰康保险使用大数据进行数据采集和数据统计分析项目

泰康人寿蓬勃发展，业务量壮大，客户量激增，却面临以下问题：

如何使用用户数据？如何了解客户、经营客户？如何建立情感链接、实现有效互动，如何为客户打造个性化的服务和产品？如何增强客户黏性、提升客户满意度？如何扩大保险覆盖面、提升保险渗透率？

经过分析，大数据公司为泰康人寿公司提出以下解决方案，如图 7-3 所示。

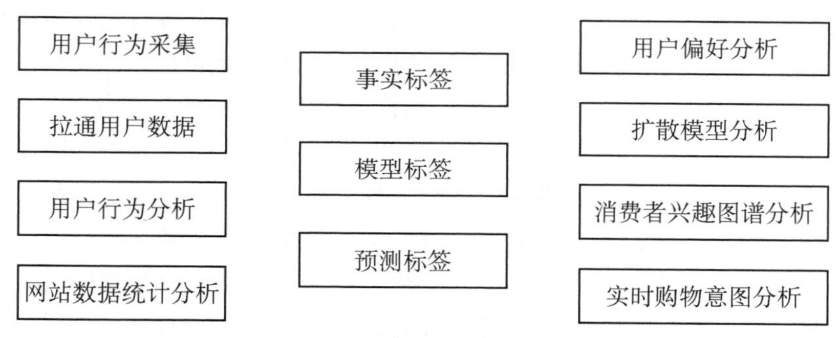

图 7-3　保险大数据解决方案

用户行为采集模块。通过传统 PC 站点、手机 WAP 站点、手机 App 站点、移动端微信等方式对用户 PV、UV 活跃度进行统计，分析各个保险产品每日浏览量、趋势、客户兴趣度、转化率等指标。

拉通用户数据模块。整合所有接触点的用户数据，整合用户所有的标志，多源异构整合到统一标准，精确定义用户标签。

用户行为分析模块。分析客户的生命周期，用户分类详情，回流用户分析，新增、沉默、活跃、流失用户分析，留存用户分析。

网站数据统计分析模块。页面浏览量分析，分时统计，用户来源统计。

在使用该系统之后，可以归纳出高价值客户群体特征，从现有客户中挖掘有潜力的客户，使其转化为高价值客户；通过分析付费客户和非付费客户两个群体的差异特征，并从非付费客户中寻找符合付费客户的特征，针对性的销售以提升转化率；个性化推荐就是在合适的时间，以最恰当的方式，向客户推荐或营销他最需要的产品或者服务，从而提升工作效率，业务迅速增长。

7.2.3 智慧医疗

智慧医疗英文简称 WIT120，是最近兴起的专有医疗名词，通过打造健康档案区域医疗信息平台，利用最先进的物联网技术，实现患者与医务人员、医疗机构、医疗设备之间的互动，逐步达到信息化。人工智能的最大特点就是高效的计算和精准的分析与决策，这一点刚好击中现在的医疗痛点，或能从根本上解决医疗资源供不应求的局面。

“人工智能可以为医生提供完整和有效的信息，从而为疾病的诊断和治疗提供科学、可靠的依据。”中国工程院院士刘昌孝对记者表示，人工智能可以极大提高医学数据的测定和分析过程的自动化程度，从而大大提高工作的速度，减轻医生的工作强度和减少主观随意性。

人工智能还可通过图形识别在影像识别方面发挥价值。爱康集团创始人、董事长兼 CEO 张黎刚表示，通过 CT 进行肺癌筛查后会发现很多小结节，现在都是根据放射科医生的经验来判断是恶性还是良性，但只要是人工判断就可能会出错。人工智能则可以根据已经确诊癌症的患者前几年的 CT 片子来建立自我学习的模型，之后就可以判断各种结节到底是不是肺癌。

人工智能的确能为智慧医疗产业带来足够的惊喜，不过，目前国内还没有一款医疗领域的人工智能产品得到国家食品药品监督管理局的批准，相关收费也没有进入医保目录，人工智能对于国内医疗行业来说仍然是新兴事物，带来客观性和便捷性的同时，需要与现有的医疗模式一同经历“磨合期”。

由于医疗中的数据问题比比皆是，专家们也提出在医疗领域实施机器学习时的一些担心：“一是学习训练应用人工智能‘专业数据库’的缺乏；二是管理科学操作性，如在隐私伦理、记录识别、健康数据保险流通等问题很难实现合法性。”

在技术层面，人工智能在用于获取信息的设备上还存在较大的发展空间。比如基因组信息，目前基本上还依赖大型的测序仪器，个人甚至部分医院都无法独立开展测序操作。不过，他认为未来随着医疗领域对人工智能认可度和配合度的进一步提高以及人工智能算法在容错性方面的改进，上述情况应该会得到改善。

在医疗行业中，以同样或更低的成本来提升患者的治疗结果对于任何医疗机构来说都是非常大的生意，在美国，人们花在医保的总体费用在以15%的速度高速增长。全面的数字化转型是实现这一目标的关键，数字化、增强的通信和大数据分析是支持转型的重要工具。

到医院看病常常要面对“三长一短”，“三长一短”是“看病难”的流行说法，即挂号、候诊、收费队伍长，看病时间短。同时，患者看病时很多人都需要做 CT、磁共振、B 超，一家中等以上医院每一天都有上千张新的图文影响资料生成，这些影像资料会占据医院的绝大部分存储资源。医院上线的“云存储”系统打破了以往的数据存储瓶颈。

在未使用“云存储”系统以前，患者的影像资料都由病人自行保存，很多患者在第二次来院治疗时经常会忘记携带前面的影像资料，又或者是因为保存不当，片子的分辨率降低，甚至于丢失前面的影像资料，增加患者的治疗时间和经费。

随着城市医疗业的快速发展和数字医疗进程的推进，医院数据量已呈现出爆发式的增长。嘉兴市第一医院每日新生成的影像资料数量就从 2011 年医院整体搬迁时的约 30GB/日增长到了 60GB/日。为了给每日新产生数据预留存储空间，医院不得不将生成日期超过 3 天的影像数据上传到放射科服务器，将超过 3 个月的通过移动硬盘备份后转存，如果有医生或患者在此期间需要查看原来的影像资料，过程会很费时费力。

如果技术上没有创新，医院就只能一次又一次地在购买存储设备上做出投入。然而，这样的做法并不能从根本上缓解影像数据生成和存储上的供应失衡。2017 年，医院决定引入“云存储”系统，借助互联网大数据的信息处理方式打破以往的存储容量的界限，为患者保存完整的影像资料。

2017 年 5 月 21 日，“云存储”系统正式启用。截至 2017 年 6 月 1 日，系统已成功上传 5TB 的原始影像数据，相当于该院“搬家”后所有已存储的原始影像数据量的 1/6。剩下的原始数据，将在 3 个月内全部转存至云端。等全院的业务打通后，所有新生成的影像数据也将实时上传到云端，自从有了“云存储”，医院的存储能力打破了空间的限制，上传和下载的时间都得到了大大缩短。今后该院还将尝试在“云存储”里建立患者的“个人影像档案”，将患者在市各级各类医疗机构的影像资料都共享进这份“个人影像档案”中，使之成为个人健康档案的一部分。在技术成熟后，患者可以借助计算机、手机等设备通过互联网来共享在医院检查的所有影像资料，进一步优化患者的服务体验。

7.2.4　交通大数据

近几年来，我国多省已经建设了以大数据为基础、“互联网+”为上层应用的智慧交通大数据平台，用于解决城市道路拥挤，提高行车安全和运输效率。本节将通过云创大数据在河北实现的交通卡口数据分析系统为例，探讨大数据在智慧交通中的实现。

1. 简介

河北交通卡口数据研判分析系统充分利用交管局卡口系统建设成果，将各卡口采集的车辆号牌基础数据实时传送到公安网内，整合各类警务信息资源，通过集中整合整理、海量关联查询、多维智能比对、综合分析研判、信息对流互动等，供情报中心实现对被盗抢机动车、涉案嫌疑机动车、交通肇事逃逸车辆、重点管控车辆等黑名单车辆的实时查控和对“人、案、车”的研判分析，实现科技强警，向科技要警力的目标，对“护城河”工程和全省治安防控体系进行补充和完善，实现网上作战、智能分析等现代警务机制的创新发展。

2. 设计原则

1）前瞻性技术与实际应用环境相结合

该系统把握技术正确性和先进性是前提，但是前瞻性技术实施必须在云计算平台的实际应用环境和实际监控流量的基础上进行，必须结合云计算平台的实际情况进行研究和开发，只有与实际应用环境相结合才有实际应用价值。

2）学习借鉴国外先进技术与自主创新相结合

在云计算平台用于超大规模数据处理方面，国内外几乎是在一个起跑线上；但在关键技术研究及既往的技术积累方面，国外一些大公司有着明显的优势。同时，云平台将要面对的交通监控数据流高达 300 万条/天，是一个世界级的云计算应用。

3. 系统基本组成和构架

从系统基本组成与构架来看，该共享平台由 7 个主要部分组成：历史数据汇总处理系统、数据上报系统、实时数据入库系统、交管数据存储系统、交管数据查询分析应用系统、数据管理系统及系统管理。

在基础设施构架上，该系统将构建在云计算平台之上，利用现有的计算资源、存储资源和网络资源，作为云平台的基础设施和支撑平台。

4. 系统架构

基于以上基本的系统组成和构架，系统的详细总体构架和功能模块设计如图 7-4 所示。

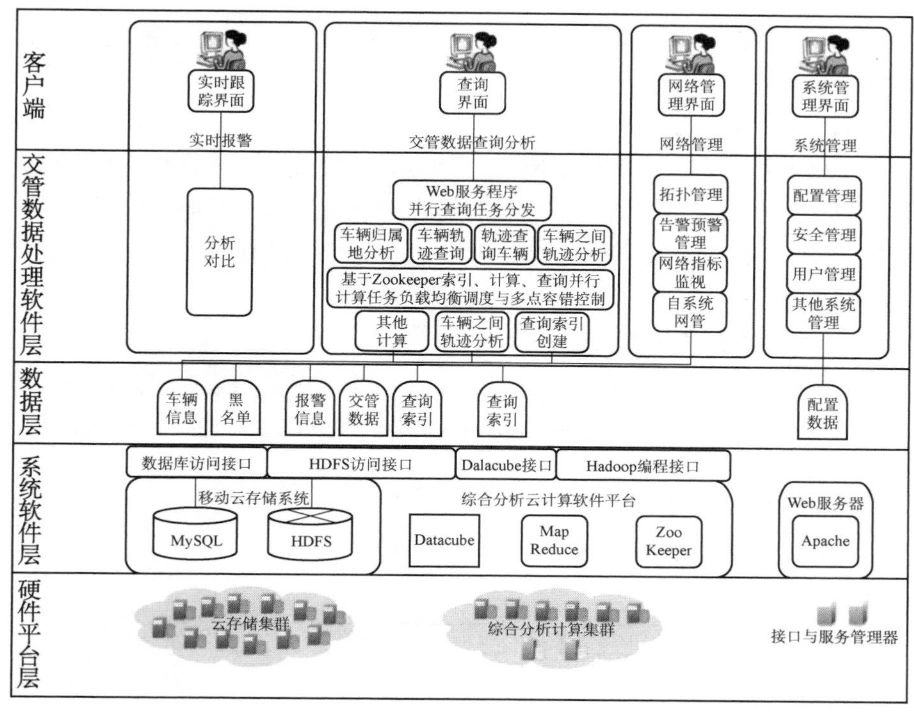

图 7-4　交通云平台总体架构与功能模块图

图 7-4 中，自底向上分为 5 个层面。

1）硬件平台层

硬件平台层将使用云计算中心所提供的计算、存储和网络资源。从系统处理的角度看，这一层主要包括云存储集群、综合分析计算集群、接口与服务管理器。

2）系统软件层

系统软件层位于倒数第 2 层，包括移动云存储系统、综合分析云计算软件平台、Web 服务器。云存储系统将提供基于 MySQL 关系数据库的结构化数据存储访问能力，以及基于 HDFS 的分布式文件系统存储访问能力，分别提供基于 JDBC/SQL 的数据库访问接口，以及 HDFS 访问接口。综合分析云计算软件平台可提供对 HDFS、数据立方的访问，并提供 MapReduce 编程模型和接口，以及非 MapReduce 模型的编程接口、用于实现并行计算任务负载均衡和服务器单点失效恢复的 ZooKeeper。

3）云平台中的数据层

数据层位于倒数第 3 层，包括原始交管数据、索引数据、用于分析的中间数据及系统配置数据等。其中，原始交管数据、索引数据等海量数据将存储在云存储系统的分布式文件系统（HDFS）中，用 HDFS 接口进行存储和访问处理；而其他用于分析的中间数据等数据量不大，但处理响应性能要求较高的数据，将存储在云存储系统的关系数据库系统中，用JDBC/SQL进行存储和访问处理。

4）交管数据处理软件层

交管数据处理软件层位于倒数第 4 层，主要完成云平台所需要提供的诸多功能，包括实时监控、报警监控、车辆轨迹查询与回放、电子地图、报警管理、布控管理、设备管理、事件检测报警、流量统计和分析、系统管理等功能。

5）客户端用户界面软件

客户端位于最上层，主要供用户查询和监视相关的数据信息，除了事件检测报警不需要用户界面外，其他部分都需要实现对应的用户界面。

5. 交管卡口数据入库功能与处理方案

交管卡口数据入库系统总架构如图 7-5 所示。

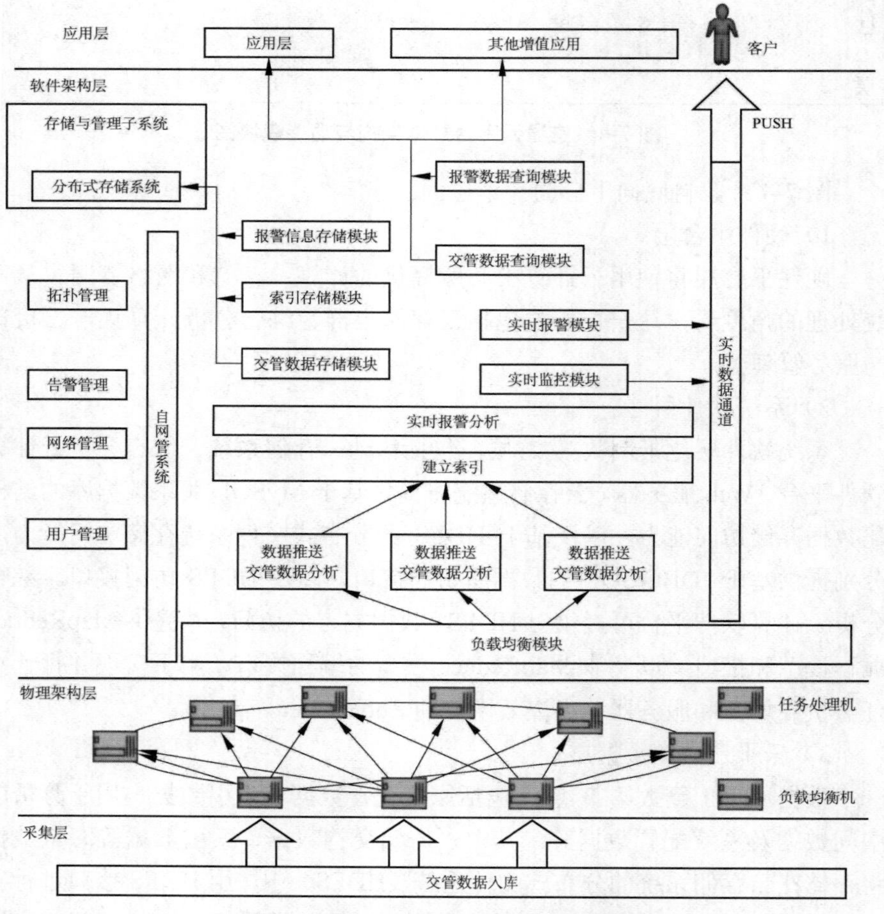

图 7-5 交管卡口数据入库系统总架构图

云平台通过实时卡口数据入库系统接入采集层的交管数据，数据分配进入负载均衡机，负载均衡机根据集群各节点负载情况，动态分配交管数据到各存储处理机，进行报警检测、建立索引等处理，同时将交管数据存入分布式存储系统。

负载均衡机功能：监控所集群机器负载情况，动态分配交管数据。监控所有集群机器，如果发现问题，那么就把分配给这台机器的交管数据重新分配到其他机器，去除单点故障，提高系统可靠性。

负载均衡机采用 Paxos 算法解决一致性问题，集群在某一时刻只有一个 Master 负责均衡能力，当 Master 宕机后，其他节点重新选举 Master。保证负载均衡机不会存在单点问题，集群机器一致性。

实时业务：对于实时性要求高的业务应用，如实时监控、实时报警，走实时专道。

6. 数据存储功能与处理方案

数据存储系统架构如图 7-6 所示。

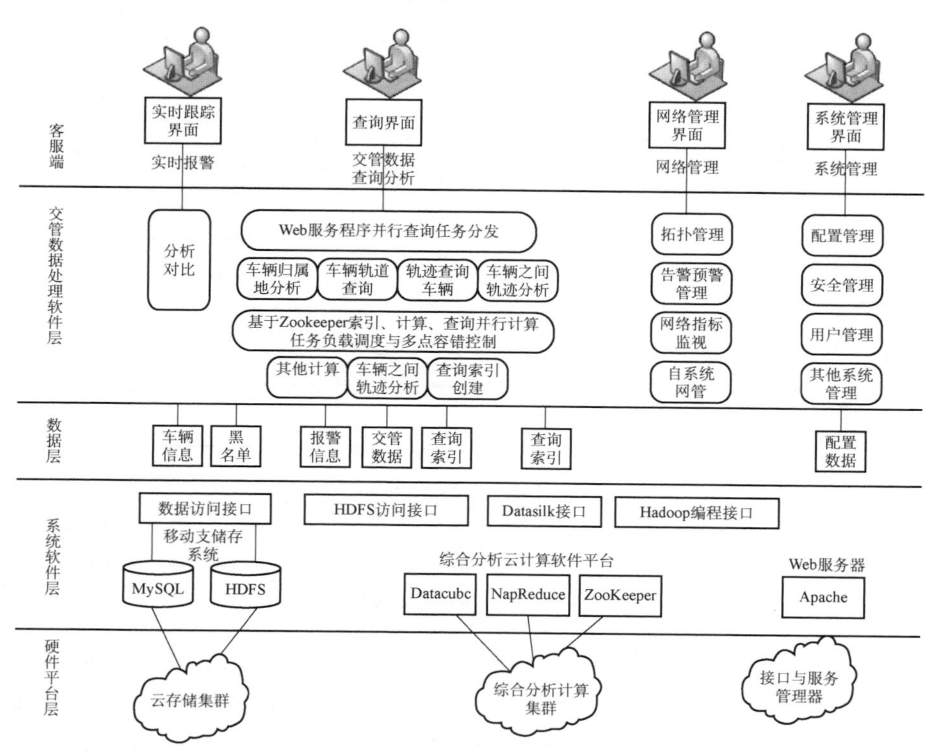

图 7-6　数据存储系统架构图

数据存储系统提供如下功能。

① 交管数据处理：接收来自数据汇总和数据入库系统的交管数据，索引模块实时生成索引，以提高查询速度。生成的索引存储到 HDFS 中，以供查询交管数据使用。

② 专题业务分析，通过 MapReduce 并行计算，同期提取业务数据，将结果分存两路：一路存入数据立方（DataCube）或日志详单存储；另一路存入关系型数据库。

③ 报警数据处理：云平台对接收到的实时交管卡口数据进行计算，以判断这辆车是否符合报警条件。如果符合，会对报警信息入库，并同时通过对外实时报警的接口，将报警信息迅速展示到用户界面上。

7. 查询分析功能与处理方案

交管卡口数据架构如图 7-7 所示。

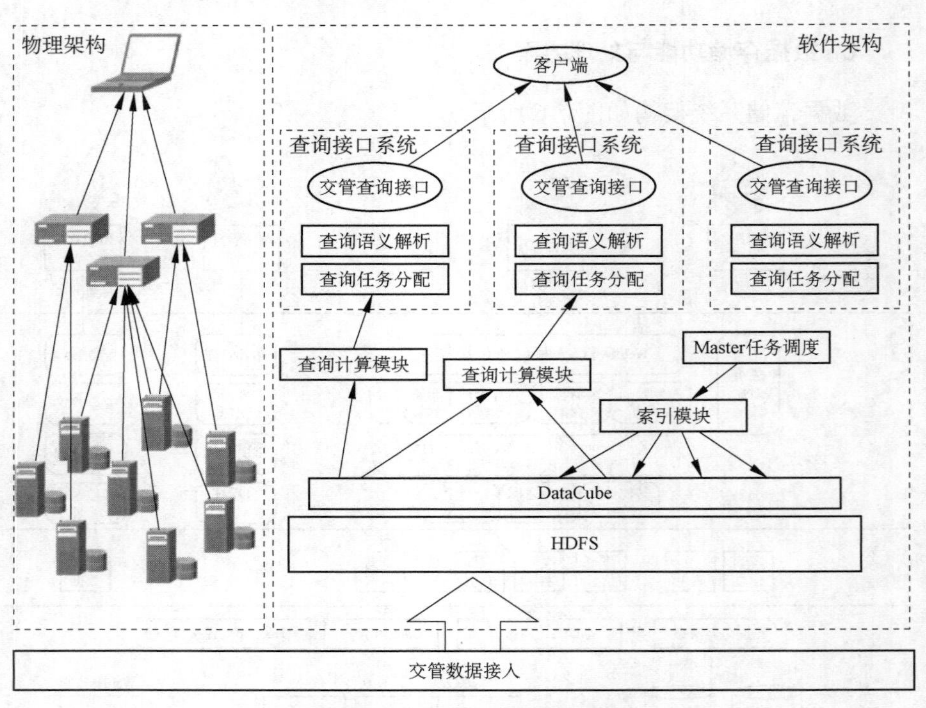

图 7-7　交管卡口数据架构图

当客户发起请求后，客户端把请求发向查询接口服务器，查询接口服务器解析查询请求，然后向 Master 任务调度机发送查询任务执行命令；Master 回应执行命令节点信息，查询服务器根据节点信息将查询命令发向查询计算模块，进行具体查询操作，将查询结果返回给客户端，呈现给用户。

8. 项目成果

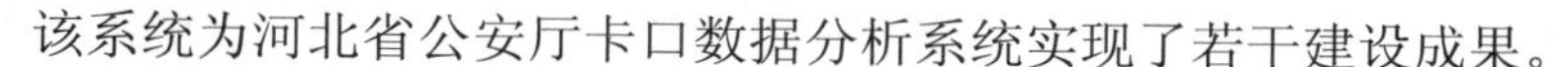

该系统为河北省公安厅卡口数据分析系统实现了若干建设成果。

- 全省卡口数据集中于统一的公安业务管理平台，便于省厅对全省车辆流动状况情报进行宏观掌控。
- 提供车辆参数条件多维查询，实现高速精确查找在任意时段途经任意卡口任意车辆图片数据。
- 卡口数据库内实时检测到符合侦查条件车辆数据入库，将自动提供报警提示。
- 综合全省卡口数据，轻松实现针对特定车辆的移动轨迹分析和追溯，如套牌车辆、嫌疑车辆的追踪侦查等。
- 避免了数据入库效率不足而产生的堆积现象，极大地提高了业务系统的工作效率。
- 彻底解决硬件设备故障率带来的数据安全隐患，保障重要业务数据的高可用性和业务的连续性。
- 采用 X86 架构服务器集群构建的云存储和处理平台，比传统的小型机加商用数据库方案节省 10 倍左右的成本，并具备良好的兼容扩展性。

7.2.5 环境大数据

近年来，伴随着互联网技术和物联网技术的迅猛发展，环境信息化进入了高速发展期。国家环保部门非常重视大数据应用，2016 年年初环保部审议通过的《生态环境大数据建设总体方案》就是一个明证。方案对生态环境大数据的建设和应用提出明确要求，并准备通过积极建设环境数据服务和环保云平台，以及借助大数据分析来推进空气质量的监测预报、生态监测监察等工作。不管从国家发展还是市场需求两方面来看，环境大数据都具有非常大的发展前景。

1. 环境大数据的意义

环境大数据的意义主要体现在 3 个方面：第一，环境大数据可促进政府生态环境综合决策科学化、监管精准化、公共服务便民化；第二，环境大数据将有助于企业加快产业转型，发现新的商机，拓宽更广阔的市场；第三，环境大数据给公众生活带来更多便利，提升生活质量，也将吸引公众对生态系统和环保问题的关注和重视。

大数据的应用在相当大的程度上颠覆了传统的管理，生产和生活方式，环境大数据技术给我们提供了一个前所未有的全新视角，新商机和新商业模式也将不断涌现。近年来，与环境数据相关的公共服务平台如雨后春笋般不断推出，比如PM25.in、PM2.5云监测平台、中国天气网、环境云等。

1）环境数据的时空特性

环境传感器数据的一个重要特点是除了信息本身所包含的环境物理量的测量值之外，其信息本身的时间和空间特征，也就是其分布信息也是非常关键。大多数情况下，缺乏时空分布信息的环境数据是局部的、不完整的，其使用价值也相当有限。

环境数据中的时间和空间信息有不同形式。比如固定地点布设的环境传感器，其发布的数据一般会包含一个采样时间戳，以及一个站点编号。站点编号对应了其经纬度坐标。移动设备在发送数据的时候往往会附加传送设备当前所在位置的坐标值。

在时间维度上，环境数据可分为历史数据和实时数据，而各种预报系统则可以产生预报数据。

我们看一个环境云（http：//www.envicloud.cn）提供的大气监测站点的实测数据样本。

```
{
"so2_24h"："14",                 // 二氧化硫指标 24 小时均值
"no2_24h"："27",                 // 二氧化氮指标 24 小时均值
"so2"："32",                     // 二氧化硫指标实时值
"co_24h"："0.592",               // 一氧化碳指标 24 小时均值
"devid"："2237A",                // 监测站点编号
"o3"："15",                      // 臭氧指标实时值
"pmvalue_24h"："40",             // PM2.5 指标 24 小时均值
"citycode"："101060301",         // 所属城市编号
"pmvalue"："42",                 // PM2.5 指标实时值
"prkey"："颗粒物（PM10）",        // 首要污染物
"co"："0.79",                    // 一氧化碳指标实时值
"publishtime"："2015102210"      // 数据发布时间，格式：yyyyMMddHH
"no2"："44",                     // 二氧化氮指标实时值
"pm10_24h"："52",                // PM10 指标 24 小时均值
"aqi"："63",                     // 空气质量指数实时值
"pm10"："75",                    // PM10 指标实时值
"longitude"："129.502759",       // 监测站点经度
"latitude"："42.903183",         // 监测站点纬度
"o3_24h"："83",                  // 臭氧指标 24 小时均值
"o3_8h_24h"："67",               // 臭氧 8 小时指标 24 小时均值
"o3_8h"："9"                     // 臭氧 8 小时指标实时值
}
```

可以看到数据结构里包含了时间和经纬度坐标。

结合地理信息数据，我们便可以直观地在地图上展示及标识环境数据。

2）多层次的数据采集

近年来，由于经济持续高速发展，以及工业化和城市化进程的加快，我国城市大气污染问题日益严重，雾霾天气频发，国家环保部和各省级环保部门对此非常重视，已投入大量资源在主要城市建立大气环境监测系统。比如目前在北京已建有 36 个大气环境监测站。这些专人值守或巡值的国控点和省控点监测项目全面，测量精确，但是设备本身及其运行维护成本很高，难以大规模布设，很多没有监测覆盖的地点通常需要采用如插值计算等间接方式来获得数据。

面对高精度专业大气质量监控设备所带来的数据成本高昂，数据样本不足的问题，一个解决思路是大量布建低成本的空气质量环境监测设备，这种设备测量特征因子对象较单一，测量精度也稍差，但其成本只有专业设备的几十分之一甚至几百分之一，而且运行和维护要求很低，可满足空气质量监测、数据传输功能，其采样数据通过与专业设备测量结果进行软件比对校准，修正数据可达到满意的综合监测效果，大量的低成本测量设备和现有的专业环境监测点形成有利互补，对空气质量数据的全面和准确评估有参考意义。

3）多维度的环境数据整合

① 气象气候数据。最为常用的环境数据是气象数据。主要的气象数据包括天气现象、温度、气压、相对湿度、风力风向、降雨量、紫外线辐射强度以及气象预警事件等。

② 大气质量数据。通过特征因子检测仪器及 PM2.5 监测设备，可以有效地监测大气中的主要污染因子，如 PM2.5、PM10、NO_2、SO_2、O_3 等空气中的主要污染物，对于特定区域如化工生产企业周边，还包括监测空气中 H_2S、NH_3、NO_2、SO_2，以及有机溶剂气体，可燃气体等污染因子的需求。空气中的花粉浓度、孢子浓度、大气背景的辐射强度在很多场合也是重要的环境监测对象因子。

③ 水体水质数据。监视和测定水体中污染物的种类、各类污染物的浓度及变化趋势，评价水质状况的过程。监测范围十分广泛，包括未被污染和已受污染的天然水（江、河、湖、海和地下水）及各种各样的工业排水等。主要监测项目可分为两大类：一类是反映水质状况的综合指标，如温度、色度、浊度、pH、电导率、悬浮物、溶解氧、化学需氧量和生化需氧量等；另一类是一些有毒物质，如酚、氰、砷、铅、铬、镉、汞和有机农药等。为客观地评价江河和海洋水质的状况，除上述监测项目外，有时需

进行流速和流量的测定。

④ 土壤质量数据。通过对影响土壤环境质量因素的代表值的测定，确定环境质量（污染程度）及其变化趋势。监测因子包括 pH、湿度、氮磷含量等。

⑤ 自然灾害数据。台风、地震、洪水、龙卷风、泥石流、雷击等自然灾害的发生时间、地点、影响范围等也是环境数据中的一个重要分类。

⑥ 污染排放历史。城市或地区因人类生产或生活活动所产生的污染物及其他有害物质排放水平也是重要的一类环境数据。与此相关的数据还包括用水量、用电量、化石燃料的用量，这些数据可以定量地衡量地区的工业化和城市化的水平，因而越来越成为环境质量指标的重要组成部分。

必须提到的是，生态环境其实是一个综合的、复杂的系统，以上提到的各类环境数据之间其实存在着各种直接的或间接的、显式或隐含的、或强或弱的关联。例如，大气中污染物的移动受到风力风向、温度、湿度等各种因素的影响，过去在缺少测量数据的情况下，人们无法解释各种环境事件或现象间的内在关联，而大数据技术的出现，使人们能充分利用所采集和存储的大量的多维度的历史数据样本，通过数据挖掘技术，深度神经网络学习技术以及数值模型模拟等手段，揭示和发现数据间潜在的实质关联和规律。

2. 环境数据的采集与获取

1）环境数据类型

要掌握环境大数据，需要对各类环境数据进行测量和采集。环境数据的特点首先是海量，其次是数据应该包括时间和空间的信息，不同的来源，测量方式和频率也不尽相同，因此，需要针对不同特点的数据采取不同的采集策略。

每天我们都会关注天气预报，我们也会关注空气质量指数的预测值来决定是否需要携带口罩出门等。这些预报数据与我们的生活密切相关，而且大多数的预测数据都以天为频率进行更新，因此，采集这些环境预测数据，可以采用每天从相应的数据源获取的方式。

典型的环境预测数据包括中国天气网每日发布的天气预报，以及环境云大数据平台与南京大学大气科学学院大气环境研究中心联合发布的每日空气质量趋势预报等。

有时，拥有了每天的环境预测数据，并不能满足我们的需要。每天中各个小时的天气情况均有所差异、每小时的 PM2.5 浓度等也会随着气象条件的变化而改变。因此，有必要每小时从相应的数据源获取该时段的环境实况数据。

典型的环境实况数据包括中央气象台每小时发布的城市天气实况，以及第三方环境数据平台 PM25.in 每小时更新的全国空气质量实况等。

除了环境预测和环境实况数据，每年各类网站都会发布海量与环境相关的统计与监测数据，比如国家环保部数据中心提供的全国主要流域重点断面水质自动监测周报，以及公众环境研究中心提供的各省污染物排放年报数据等。对于这些统计与监测数据的采集，需要采取与数据源的发布频率一致的更新频率进行更新。

此外，由于物联网的普遍应用，各类环境传感器也会采集和上传海量的环境数据。要想获取并解析这些环境传感器上传的环境数据，则需要了解它们传输数据的格式定义。

2）环境数据采集策略的确定

由于各类环境数据源发布环境数据的方式不尽相同，因此，需要根据环境数据源发布数据的方式来确定该类环境数据的采集策略。

环境数据的来源基本包括以下几方面。

① 各类传感器产生的环境数据，这些数据内容，结构各不相同，常见的数据结构包括二进制、JSON 和 XML 等，需要按照其相应数据格式进行实时解析。

② 政府部门，权威机构环境监测系统对外提供的数据服务，如中国国家气象信息中心提供的天气数据服务、美国地质调查局（USGS）提供的全球实时地震信息服务。这种数据服务一般是以编程接口形式向用户开放。

③ 各类第三方环境数据源。有些环境数据源提供了获取环境数据的接口，比如 PM25.in 平台，调用相应的数据接口即可获取这类环境数据。也有些环境数据通过网页发布，比如国家环保部数据中心提供的全国主要流域重点断面水质自动监测周报等，这些环境数据需要采用网页爬虫方式来进行获取。还有些环境数据提供相应的数据文件，要采集这些环境数据，只需要对这些文件进行解析即可。

④ 政府职能部门，环保机构和非政府组织发表的与环境有关的报告。

3）环境数据采集有效性

环境数据种类繁多，数据源分散，难免会出现某项数据采集不到的情况。针对这些问题，需要采取一定的处理来保证环境数据采集的有效性。

首先，对于同一数据源，为了避免网络震荡造成的影响，应采取重传机制，即采集数据超时之后，立即或间隔很短的一段时间后再次进行尝试。

如果对于同一数据源多次尝试采集均失败，应该采用备用的数据源进行该类环境数据的采集，此时需要考虑不同的数据源提供的数据的差异，采取相应的处理。

对于采集到的数据，如果包含明显无效或异常的数据值，需要进行过滤处理，以保证只存储有效的环境数据采集值。

3. 环境数据的存储与处理

1）环境数据存储策略的确定

从各类数据源获取到的环境数据有两个特点：一是规模上是海量；二是数据结构各异。因此，通常会用分布式数据存储技术如 Hadoop 集群方式存储数据。此外，无论是站点级别的环境监测数据，还是城市级别的环境预报数据，都离不开地理信息的支撑，而这些地理信息往往具有较强的关联性，可以采用关系型数据库（如 MySQL）来存储这些信息。

2）环境数据存储维度

采集并存储环境数据的目的是方便提供查询。通常，我们会查询指定时间指定站点或城市的环境数据，因此，在存储这些环境数据时，考虑到数据查询的效率，需要针对时间和空间两个维度给待存储的数据设定一个唯一标识。

环境数据存储通常采用数据发布的时间来作为时间维度，而空间维度可以采用站点或城市的编号和经纬度等信息进行设定。

3）数据存储与托管

由于大部分环境数据具有海量异构的特点，而存储这些海量异构数据需要大量的设备空间，在进行环境大数据研究时，往往并不具备这些条件。针对这种情况，可以采用数据仓库与托管平台来进行数据存储与托管，从复杂的底层硬件管理中脱离出来，专注于环境数据服务的实现。

选择这类数据仓库与托管平台时，需要综合考虑该平台的可靠性、拓展性、安全性、灵活性及成本等因素。

比较好用的数据仓库与托管平台有微软的数据仓库和云创公司的万物云平台等。

4）存储环境数据时的处理

前面已经提到，为了节约存储空间，采集到的无效或异常值需要进行过滤。因此，在存储采集到的环境数据之前，需要预先设定异常值判定条件，来排除这些采集到的无效环境数据。

需要注意的是，原始环境数据值有时可能并不便于查询，譬如，一些环境监测站点所采集到的数据，通过站点编号并不清楚其所对应的城市。

这时便需要根据站点的经纬度来确定其所属的城市，并可以在存储原始站点数据的同时，来统计该城市所包含的所有站点数据值，并将这些统计数据也一并进行存储，以便提供城市级别的环境数据查询。

4. 环境数据的应用

1）环境数据服务接口

由于国内近几年来雾霾、沙尘暴等环境问题的日益凸显，人们对环境保护的重视程度也越来越高，越来越多的人开始从事与环境相关的网站及 App 的开发。

在环境数据的采集与获取小节中提到了 4 种环境数据采集策略，其中，最为便利的采集策略是调用接口获取环境数据。

目前包括百度 API Store 和京东万象等在内的大多数数据交易平台都提供了限定条件下免费或收费的第三方的环境数据服务接口，云创大数据推出的万物云——环境大数据服务平台（http：//www.envicloud.cn）则另辟蹊径，通过接收云创自主布建的包括空气质量指标、土壤环境质量指标检测网络等在内的各类全国性环境监控传感器网络所采集的数据，并获取包括中国气象网、中央气象台、国家环保部数据中心、美国全球地震信息中心等在内的权威数据源所发布的各类环境数据，并结合相关数据预测模型生成的预报数据，依托数据托管服务平台万物云（http：//www.wanwuyun.com）所提供的基础存储服务，提供了一系列功能丰富的、便捷易用综合环境数据 REST API 接口，向环境应用的开发者提供包括气象、大气环境、地震、台风、地理位置等与环境相关的 JSON 格式的可靠数据，如图 7-8 所示。

图 7-8　万物云——环境大数据服务平台

企业或个人开发者在开发天气预报、空气质量等与环境相关的应用 App 时，可以直接通过环境云网站查看支持的数据接口，并根据其说明来调试这些接口，降低环境应用开发成本，提高开发效率。

2）环境数据可视化

环境数据服务接口对于了解计算机编程的人来说是个很好的福利，但对于那些并不了解计算机编程的人来说，他们往往更倾向于能够直观地了解这些环境数据，因此，将环境数据进行可视化应用，就显得尤为重要。

前文已经提到，环境数据采集和存储时均采用了时间和空间两个维度，每个城市和测点也均有自己在地图上的经纬度坐标，因此，可以采用地图来展示这些城市和测点的环境数据。

环境云平台的数据地图直观地展示了全国 2 500 多个城市的天气预报、历史天气、大气环境、污染排放、地质灾害及基本的地理位置等数据，让用户可以一目了然地了解自己所在城市的环境信息。

为了提高环境数据预测的准确率，人们往往还需要结合历史环境数据来进行分析。基于这些考虑，历史环境数据趋势的可视化也是一个很有意义的应用。环境云平台便提供了 2006—2015 年的十年全国历史天气数据的可视化。

3）环境数据聚合

对于城市环境数据，天气预报、空气质量等数据往往需要综合起来进行分析，因此，聚合越多的城市环境数据，其潜在的价值就越有可能被挖掘出来。

环境云平台提供了城市主题页面，聚合了城市天气和空气质量实况、天气预报、空气质量预报、天气和空气质量的过去 24 小时历史、过去十年的年降雨量和最高最低气温、近 5 年污染排放、最近地震数据等，为人们查看该城市的综合环境数据提供了极大的便利。

4）环境大数据的应用价值

随着“互联网+”概念的提出，环境数据正成为一个极具潜力的热点，广东佛山市已经发布《环境信息化建设方案》，推动政府环保数据开放，引导更多企业、社会组织、个人、高校、科研院所、创投机构对环境保护大数据进行挖掘、分析和商业模式创新，形成“数据采集—数据开放—数据消费”的良性循环。

通过对历史环境数据的挖掘与分析，可以发现某些环境数据之间的相关性，比如地震前后的天气变化、气象条件对大气污染物扩散的影响等。通过总结这些环境数据的规律，可以更好地建立环境数据模型，从而提高环境数据预测的准确性。

图 7-9 是使用深度学习的方法，利用 LSTM（长短期记忆）网络进行对于 PM2.5 的 24 小时预测结果。该模型结合了以往的天气、气温、气压、湿

度数据和预测当天的天气和空气质量实况数据来进行预测。

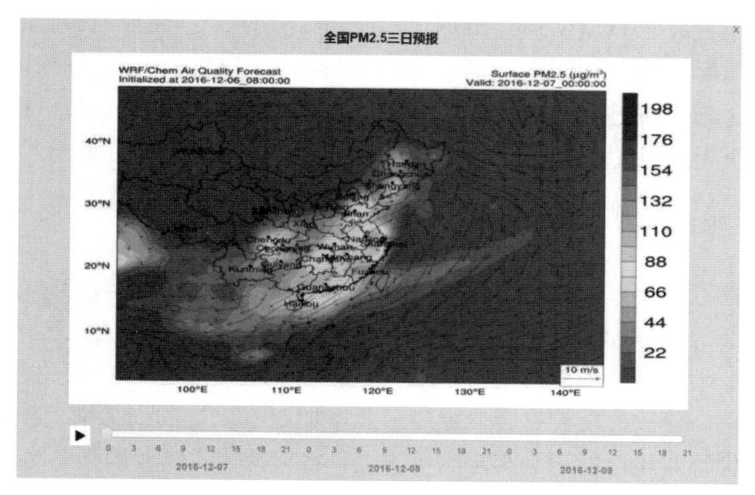

图 7-9 利用 LSTM 网络进行预测

此外，还可以结合环境数据和一些其他行业的数据来做综合分析，比如气象对交通的影响，关联环境数据和某些疾病发病数据可以跟踪流行病的发病趋势，环境对水利、电力、交通、农业的影响也可以通过对各种数据的时空关联来实现，针对干旱、暴雨洪涝、森林火险、冰雹、雷电等灾害性天气的气象灾害预警，为各相关行业提供有力的数据支撑，发挥环境数据应有的价值。

7.2.6 农业

中国是一个农业大国，有着几千年的农业种植经验，但是农产品不容易保存，因此合理种植和存储农产品对农民非常重要。借助于大数据提供的消费能力和趋势报告，政府将为农牧业生产进行合理引导，依据需求进行生产，避免产能过剩，造成不必要的资源和社会财富浪费。大数据技术可以帮助政府实现农业的精细化管理，实现科学决策。在数据驱动下，结合无人机技术，农民可以采集农产品生长信息，病虫害信息。

农业生产面临的危险因素很多，但这些危险因素很大程度上可以通过除草剂、杀菌剂、杀虫剂等技术产品进行消除。天气成了影响农业非常大的决定因素。过去的天气预报仅仅能提供当地的降雨量，但农民更关心有多少水分可以留在他们的土地上，这些是受降雨量和土质来决定的。一些科技公司利用政府开放的气象站的数据和土地数据建立了模型，它们可以告诉农民可以在哪些土地上耕种，哪些土地今天需要喷雾并完成耕种，哪些正处于生长期的土地需要施肥，哪些土地需要几天后才可以耕种，从而合理规划，节约时间，大数据技术可以帮助农业创造巨大的商业价值。

云创大数据（www.cstor.cn）研发了一种土壤探针，目前能够监测土壤的温度、湿度和光照等数据，即将扩展监测氮、磷、钾等功能。该探针成本极低，通过 ZigBee 建立自组织通信网络，每亩地只需插一根针，最后将数据汇聚到一个无线网关，上传到万物云（www.wanwuyun.com）进行分析处理。

7.2.7 零售行业

零售行业可以通过客户购买记录，了解客户关联产品购买喜好，将相关的产品放到一起来增加产品销售额，例如将洗衣服相关的化工产品（如洗衣粉、消毒液、衣领净等）放到一起进行销售。根据客户相关产品购买记录而重新摆放的货物将会给零售企业增加 30%以上的产品销售额。

零售行业还可以记录客户购买习惯，将一些日常需要的必备生活用品，在客户即将用完之前，通过精准广告的方式提醒客户进行购买。或者定期通过网上商城进行送货，既帮助客户解决了问题，又提高了客户体验。

电商行业的巨头天猫和京东，已经通过客户的购买习惯，将客户日常需要的商品例如尿不湿、卫生纸、衣服等商品依据客户购买习惯事先进行准备。当客户刚刚下单，商品就会在 24 小时内送到客户门口，提高了客户体验，让客户连后悔等时间都没有。利用大数据的技术，零售行业将至少会提高 30%左右的销售额，并提高客户购买体验。

7.2.8 大数据舆情分析

2017 年夏天，全国各地不断发布高温预警，火一样的天气，然而比天气更火热的就是吴京的《战狼 2》，相信大家都不陌生。该片讲述了脱下军装的冷锋被卷入了一场非洲国家的叛乱，本来能够安全撤离的他无法忘记军人的职责，重回战场展开救援的故事。媒体报道，一点资讯“兴趣指数”系列之《“战狼”大数据报告》，帮助我们更加全面地了解电影热映背后的那些有趣的数据。

相比于 2015 年上映并夺取了 7 亿票房的《战狼 1》来说，《战狼 2》凭借超燃的剧情设计和精良制作，获得了口碑与票房的双丰收。7 月 27 日上映后 4 小时破亿，11 天破 30 亿，12 天破 33.9 亿纪录，15 天破 40 亿成为华语电影票房新冠军。票房开挂的同时，一点资讯网友通过对《战狼 2》的关注度，发现其在 10 天内暴涨了 4 倍。

在电影相关内容的输出方面，《战狼 2》上映 15 天内，一点资讯平台上相关资讯总曝光量达 6.53 亿。除了登顶票房榜、热门文章榜，在口碑方面也取得了压倒性的好评，评论区点赞量占比 95.7%。“战狼”相关热词中，吴京、谢楠、成龙、李连杰、军人、特种兵等关键词纷纷上榜。而“维和部队”也因战士们认为该片正是他们面对的真实生活，期望能尽快看到电影而出现在榜单中。图 7-10 为《战狼 2》全网信息关键词。

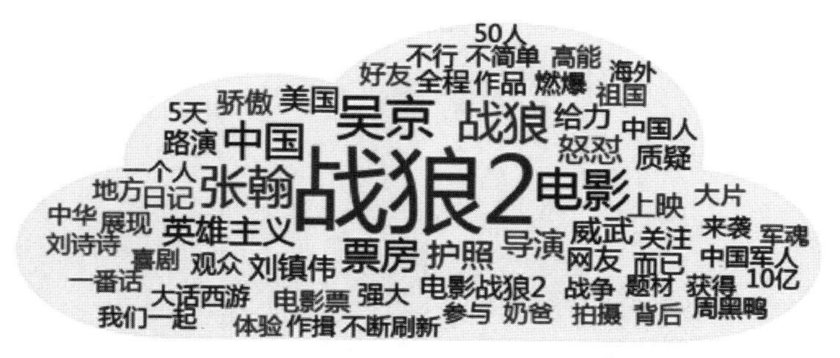

图 7-10　《战狼 2》全网信息关键词

作为超燃的主旋律动作电影，《战狼 2》吸引了大批男性观影人群。数据统计显示，在资讯平台上，关注战狼的用户超过 90%是男性，这一比例超过了 2016 年十分火热的《美人鱼》52.38%的男性用户比例，也远远高于同档期的《三生三世十里桃花》。因此，便有了网友的调侃称：“散场后，第一次男厕所排队的人数比女厕所多。”

当下，《战狼 2》已成为爱国主义情怀的代名词，除了大批圈粉中老年，也同样受到年轻人的喜爱。引人注意的是，“90 后”已成为关注“战狼”的主力人群。在年龄维度上，25～29 岁年轻人占比最高，达 37.4%；24 岁及以下年轻人占比第二，约 33%，改变了以往主旋律影片在年轻群体关注度普遍偏低的境遇。这些数据我们可以从图 7-11 中看到。

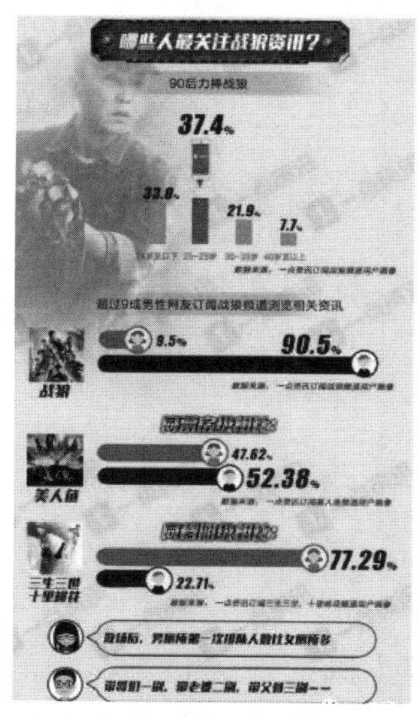

图 7-11　关注《战狼 2》的网友性别比例与年龄层次

全网信息关联词也随之产生，如图 7-12 所示，通过对《战狼 2》相关信息进行分析可得看出，如图 7-13 所示，与其核心词“战狼 2”关联度最高的词语为“战狼”（100%）、“电影”（46.07%）和“中国”（41.28%）。另外，“护照”（18.70%）、“怒怼”（12.51%）。

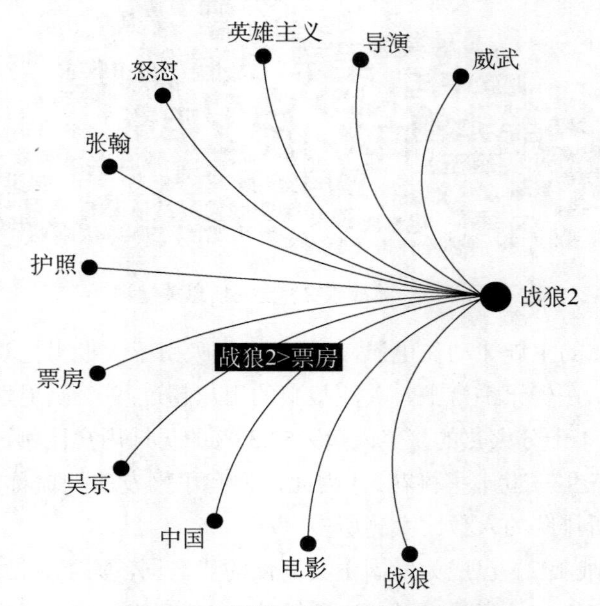

图 7-12 《战狼 2》关联词汇搜索

战狼2		
核心词	关联词	关联度
战狼2	战狼	100.00%
	电影	46.07%
	中国	41.28%
	吴京	32.09%
	票房	27.42%
	护照	18.70%
	张翰	15.42%
	怒怼	12.51%
	英雄主义	9.93%
	导演	9.60%
	威武	6.99%

图 7-13 《战狼 2》关联词汇搜索占比

7.2.9 物流行业

中国的物流产业规模大概有 5 万亿左右，其中公里物流市场大概有 3 万亿左右。物流行业的整体净利润从过去的 30%以上降低到了 20%左右，并且呈明显下降趋势。物流行业很多的运力浪费在返程空载、重复运输、小规模运输等方面。中国市场最大等物流公司所占的市场份额不到 1%。因此资源需要整合，运送效率需要提高。

物流行业借助于大数据，建立全国物流网络，了解各个节点的运货需求和运力，合理配置资源，降低货车的返程空载率，降低超载率，减少重复路线运输，降低小规模运输比例。通过大数据技术，及时了解各个路线货物运送需求，同时建立基于地理位置和产业链的物流港口，实现货物和运力的实时配比，提高物流行业的运输效率。借助于大数据技术对物流行业进行的优化资源配置，至少可以增加物流行业 10%左右的收入，其市场价值将在 5 000 亿左右。

7.2.10　房地产业

中国房地产业发展的高峰已经过去，其面临的挑战逐渐增加，房地产业正从过去的粗放发展方式转向精细运营方式，房地产企业在拍卖土地、住房地产开发规划、商业地产规划方面也将会谨慎进行。

借助于大数据技术，特别是移动大数据技术，房地产业可以了解开发土地所在范围常住人口数量、流动人口数量、消费能力、消费特点、年龄阶段、人口特征等重要信息。诸如此类信息将会帮助房地产商在商业地产开发、商户招商、房屋类型、小区规模进行科学规划。利用大数据技术，房地产行业将降低房地产开发前的规划风险，合理制定房价，合理制定开发规模，合理进行商业规划。大数据技术可以降低土地价格过高，实际购房需求过低的风险。已经有房地产公司将大数据技术应用于用户画像、土地规划、商业地产开发等领域，并取得了良好的效果。

7.2.11　地震面前，大数据来拯救

中国地震台网正式测定：2017 年 8 月 8 日 21 时 19 分在四川阿坝州九寨沟县（北纬 33.20 度，东经 103.82 度）发生 7.0 级地震，震源深度 20 千米。

在 2013 年的雅安地震中，几乎与芦山地震发生同时，四川省成都高新减灾研究所已经在计算机网络、手机客户端、专用预警接收服务器、电视台、微博等平台上都同步发出了地震预警。成都高新减灾研究所最先预测到雅安地震的发生。可以说我国拥有世界最大的地震预警系统。

说地震预测预报是最重要的世界难题，肯定不为过。因为它的发生会涉及大面积的人生命安全及财产安全，其覆盖的科学研究领域太多，太繁杂是目前最大的困难。但值得庆幸的消息是，我国首次成功预警一次 2017 年 2 月 19 日的云南巧家 10 时 46 分 59 秒 5.0 级地震。那么，我们是否真的

可以通过信息化或者大数据技术来解决地震预测和预警这个世界难题呢？现在的解决办法是采用数据监控形成预警网。

我国属于地震多发区，20 世纪发生过多次大地震，新中国成立后在周总理的亲自带领下，由著名地质学家李四光带队，从板块学着手，建立了一支群测群防的地震预报队。具体的做法是，在板块比较活跃的地带，首先形成多个观测网点，然后层层落实到人，进行基础参数的观测。其中的参数包括地磁、地电、磁偏角、地面温度，以及地下水水温、水位和水中气体氡的含量。观测点每天将采集到的数据观测出来后记录下来，汇成表格，作为备案，如果有异常，就要向上一级区县级地震小组汇报反映。由于基层观测点的设备比较基础且简陋，数据是否准确，县级以上会做出判断甄别，去除干扰信号。然后由区再向市级与省级汇报，最后汇报到国家地震局。

由此可见，这实际上是一个很大的地震预警网络，如果观测点足够多，产生的数据量也会很大，仅依靠简单的人工手绘制趋势图是相对原始的，而且如果地震很快发生，那这样的工作只能起到记录作用，失去了预警作用。但是，就是这样一个原始预警系统，在 20 世纪 70 年代还准确预测出了辽宁海城地震，让世界地震预报界甚为震惊。地震预警让我们可以通过监测地震源发生地震后，立刻通过无线电系统对外发送应急广播，通过电视，手机短信等多手段通知受灾区域，给大家赢得更多时间，转移贵重财产和保障更多人员的生命安全。

地震预警系统原理大致是：地震波分为纵波和横波，纵波的速度很快、垂直传播，横波横向传播，但它的速度只有每秒 3.5 公里左右。我们的接收装置接收地震的纵波信号后，就用无线电（速度=光速）快速传播到预警系统，并向地震波尚未到达的地方进行预警。

中国地震局工作人员表示，中国地震局“国家地震烈度速报与预警工程”目前已经进入发改委立项程序，计划投入 20 个亿，用 5 年时间建设覆盖全国的由 5 000 多个台站组成的国家地震烈度速报与预警系统。目前该工程正在福建省试点。

我们利用大数据技术保护我们的生命和财产安全是必然趋势。其实地震火山等都可以利用这种原理进行试点监测。设置的观测点越多，需要存储和处理的数据就越多，美国在黄石火山安放了几百个观测仪，数据实时传到预先设置好的预警系统中，然后通过互联网对外发布。所以，一旦黄石火山出现问题，美国政府将会率先知道。观测数据分为两部分：一部分是常规数据；另一部分是异常突发数据。一个地区的异常突发数据越多，发生地震的可能性就越大。所以预警系统主要是对这些数据进行快速反应。

大数据除了海量数据存储与加工处理，还有一个问题，就是数据的多样性，数据的多样使地震带来的问题更加明显。除了自然地理特征参数指标外，动物异常也是一个很重要的指标。比如唐山大地震前，不光是地下水位上涨，水温提高，就连老鼠、蛇、猫、青蛙等动物都有异常反应。其实一般人如果稍微留意都可以发现。可以想象，一个那么大的地震，生物不可能没有任何征兆。我们进行地震预报预测的目的，就是通过各种手段，找到一些蛛丝马迹，然后快速确认，把消息传达给广大人民群众，使得灾害损失达到最小。

目前，也出现了很多民间地震预测方法，虽然预测结果有偏差，但在人的生命面前，也是一种必要的尝试。现在有些地方小的地震预测网站可以通过多数人的手机图片拍摄或者短信消息上传方式来汇集震前动物异常，可以为专业地震局提供最真实资料，其实这也是大数据收集的一种表现形式，这样的行为也应受到法律许可。

7.2.12　暑假出境游大数据分析

每年暑期，盛夏时节，避暑休闲度假已是广大游客出行的重要动机。每年暑假去哪里玩成为大家热爱讨论的一个话题。搜狗大数据依据 5 亿网民暑期出行旅游大数据，对出境游热门旅游目的地、人群属性、消费偏好等做了重点分析，并发布了详细的报告，报告得出的结论显示泰国以 13381 的搜索指数列为出游首选国家，日本和越南搜索指数分别为 8611 和 8112，分别位居第二和第三。其中北京和上海地区的游客对泰国游的热情高涨不减，湖北、四川、江苏、广东人民对泰国旅游的热情也是非常积极的，排在第七名的是浙江省。前七名省市的人们对泰国游的关注指数高于全体网民。泰国的曼谷和日本的北海道是最受人们欢迎的城市。巴厘岛成为国人最爱去的海岛，其次分别为普吉岛、马尔代夫、沙巴岛、塞班岛。在对出游人气的分析中显示，女性更热衷于出境游，女性对出境游的关注指数高出男性近一倍。中青年、高学历人群是出境游的主力军。20～40 岁的青年人成为出境游的主体人群，一线城市领跑出境游，其中上海占比 8.92%，北京占比 9.88%。

大数据同时对出境游偏好做了分析。购物偏好方面，“剁手党”在境外最喜欢买的无疑是护肤品，其次才是服饰和营养保健品。其中眼妆、面膜占据了国人的购物车。服饰品牌上的购买，首选巴宝莉、爱马仕、普拉达，这些奢侈品成了国人最爱购买的品牌。厨房电器、生活电器也是国人喜欢购买的海外数码产品。

手机 App 的使用和利用非常高，利用手机 App 几乎可以搞定旅途中遇到的一切问题。大型旅游平台占据了出境游的主导地位，携程旅行、去哪儿旅行、同城旅行占据前三甲的位置。

大数据已经融入我们的生活，给我们出行带来巨大便利，正逐步改变着我们的生活，使生活更智能化。

7.2.13 互联网大数据

大数据技术能够根据客户在网上的浏览记录，对客户的浏览行为进行分析，打上标签并进行用户画像。特别是进入移动互联网时代之后，客户主要的访问方式转向了智能手机和平板电脑，移动互联网的数据包含了个人的位置信息，其 360 度用户画像更加接近真实人群。360 度用户画像可以帮助广告主进行精准营销，广告公司可以依据用户画像的信息，将广告直接投放到用户的移动设备，通过用户经常使用的客户端进行广告投放，其广告的转化可以大幅度提高。利用移动互联网大数据技术进行的精准营销将会提高 10 倍以上的客户转化率，广告行业的程序化购买正在逐步替代广播式广告投放。大数据技术将帮助广告主和广告公司直接将广告投放给目标用户，其将会降低广告投入，提高广告的转化率。

综上所述，国内外大数据商业价值的应用场景，大数据公司和企业都在寻找，目前在移动互联网的精准营销和获取、360 度用户画像、房地产开发和规划、互联网金融的风险管理、金融行业的供应链金融、个人征信等方面已经取得了进步，拥有了很多经典案例。

最后纵观人类历史，在任何领域，如果我们可以拿到数据进行分析，我们就会取得进步。如果我们拿不到数据，则无法进行分析，我们注定要落后。我们过去因数据不足导致的错误远远好过那些根本不用数据的错误，因此我们需要掌握大数据这个武器，利用好它，帮助人类社会加速进化，帮助企业实现大数据的价值变现。

7.3 习题

1. 大数据在商业中的应用涉及什么技术？
2. 你身边的大数据应用有哪些？对你的生活有什么影响？
3. 了解大数据在农业、房地产等行业的应用。
4. 展望大数据未来商业应用的发展。
5. 思考大数据能否运用于银行业？如果可以，有哪些运用？

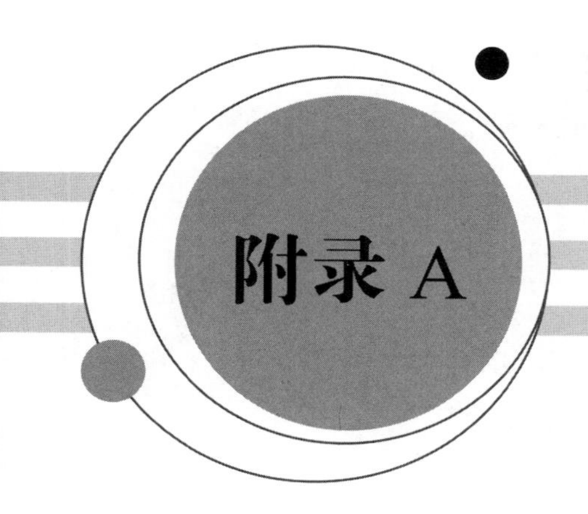

Hadoop 平台搭建

1. 安装 Hadoop 2.x 的步骤

- 建立虚拟机（如果是学习实验建议先使用 32 位的 Linux，原因后述。通过网络远程登录，便于用 ssh 客户端连接，而无须直接在虚拟机控制台上操作）。
- 安装 JDK。
- 编辑 hosts 文件。
- 关闭防火墙。
- 部署免密码 ssh。
- 下载 Hadoop 2.x 并解压。
- 修改配置文件。
- 分发 Hadoop 到各个节点。
- 启动集群。

2. 具体安装步骤

（1）安装 JDK：

下载 JDK，如图 A-1 所示。

我们使用的版本是 Oracle 的 jdk-6u24-linux-i586.tar.gz。

首先，切换到 root 用户，>> su root，把 jdk 移动到/usr/local 目录下。进入/usr/local 目录下，通过>>tar-zxvf jdk-7u71-linux-i586.tar.gz 解压文件。

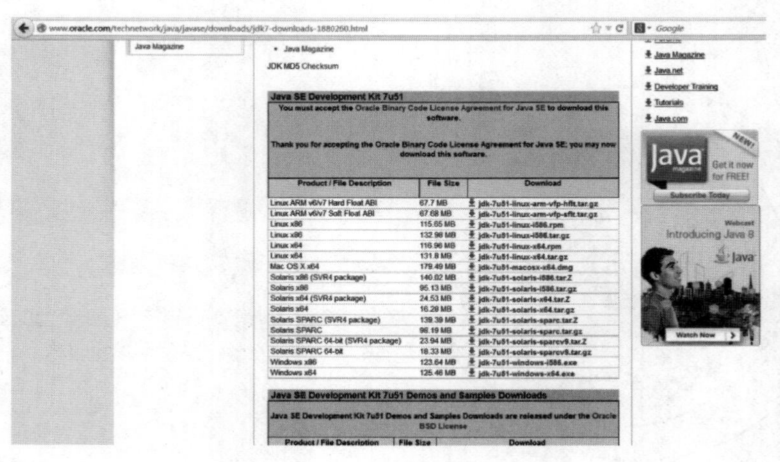

图 A-1 下载 JDK

解压缩完成后，我们可以查看到新产生的目录 jdk1.6.0_24，使用 mv 命令重命名为 jdk，如图 A-2 所示，目的是方便以后引用。

```
etc  include  jdk-6u24-linux-i586.bin  libexec  share
[root@bogon local]# mv jdk1.6.0_24 jdk
[root@bogon local]# 
```

图 A-2 重命名文件夹

接下来把 jdk 的命令配置到环境变量中。

在 Linux 下，有很多配置环境变量的地方，分为全局环境变量和局部环境变量。Linux 加载的时候，会先找全局环境变量，如果找不到，就找局部变量。本书中，我们只设置全局环境变量。

使用 vi 命令打开文件 “/etc/profile”，如图 A-3 所示。并编辑 jdk 环境变量，如图 A-4 所示。同时检查 jdk 安装，如图 A-5 所示。

```
[root@bogon local]# vi /etc/profile
```

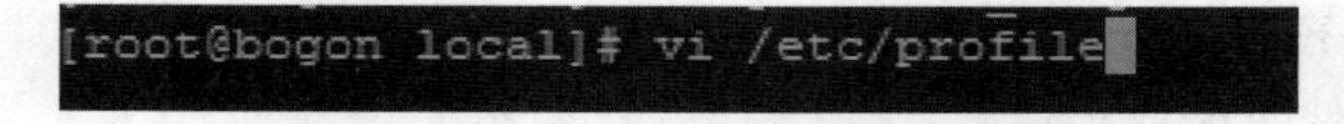

图 A-3 打开环境变量编辑文件

```
    if [ -r "$i" ]; then
        if [ "${-#*i}" != "$-" ]; then
            . "$i"
        else
            . "$i" >/dev/null 2>&1
        fi
    fi
done

unset i
unset -f pathmunge
export JAVA_HOME=/usr/local/jdk
export PATH=.:$PATH:$JAVA_HOME/bin
```

图 A-4 编辑 jdk 环境变量

```
[root@bogon jdk]# vim /etc/profile
[root@bogon jdk]# source /etc/profile
[root@bogon jdk]# su hadoop
[hadoop@bogon jdk]$ source /etc/profile
[hadoop@bogon jdk]$ java -version
java version "1.6.0_24"
Java(TM) SE Runtime Environment (build 1.6.0_24-b07)
Java HotSpot(TM) Client VM (build 19.1-b02, mixed mode, sharing)
[hadoop@bogon jdk]$
```

图 A-5　检查 jdk 安装

添加以下代码到配置文件最后面：

```
export JAVA_HOME=/usr/local/jdk
export PATH=.：$PATH：$JAVA_HOME/bin
```

保存修改，切换 Hadoop 用户，执行命令导入环境变量：

```
>> source /etc/profile
```

（2）编辑 host 文件：

使用 root 账号修改主机名：vi /etc/sysconfig/network 修改为 hadoop01，重启生效，也可以使用 hostname hadoop01，临时修改主机名，如图 A-6 所示。

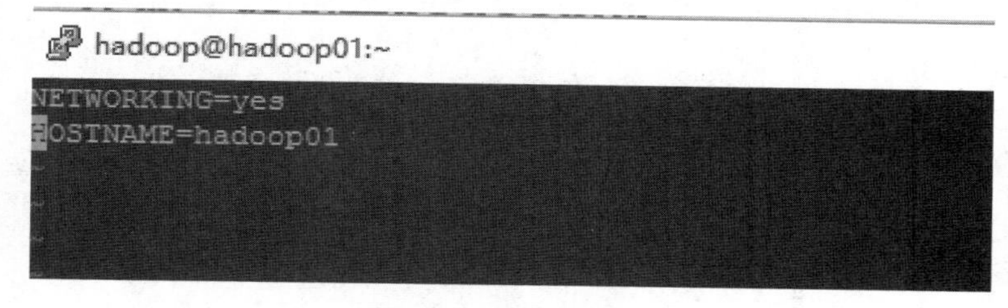

图 A-6　修改主机名

使用 root 账户编辑 hosts 文件

```
>> su root
>> vim /etc/hosts
```

增加“192.168.79.134　hadoop01hadoop01”，如图 A-7 所示。

```
hadoop@bogon:~
127.0.0.1   localhost localhost.localdomain localhost4 localhost4.localdomain4
::1         localhost localhost.localdomain localhost6 localhost6.localdomain6
192.168.79.134 hadoop01 hadoop01
```

图 A-7　增加 hadoop01

（3）配置免密码 ssh：

SSH 为 Secure Shell 的缩写，由 IETF 的网络小组（Network Working Group）所制定；SSH 为建立在应用层基础上的安全协议。SSH 是目前较可靠，专为远程登录会话和其他网络服务提供安全性的协议。利用 SSH 协议可以有效防止远程管理过程中的信息泄露问题。SSH 最初是 UNIX 系统上的一个程序，后来又迅速扩展到其他操作平台。SSH 在正确使用时可弥补网络中的漏洞。SSH 客户端适用于多种平台。几乎所有 UNIX 平台，包括 HP-UX、Linux、AIX、Solaris、Digital UNIX、Irix，以及其他平台，都可运行 SSH。

在实施安装之前的另一准备工作是配置 ssh，生成密钥，使到各节点间可以使用 ssh 免密码连接，如果是伪分布式那就是本机可以免密码 ssh 连接 localhost。

本步骤很关键，对于不熟悉 Linux 的朋友会有一些难度，要注意密钥文件的权限字。

```
ssh-keygen -t rsa
```

一直回车确认，如图 A-8 所示。

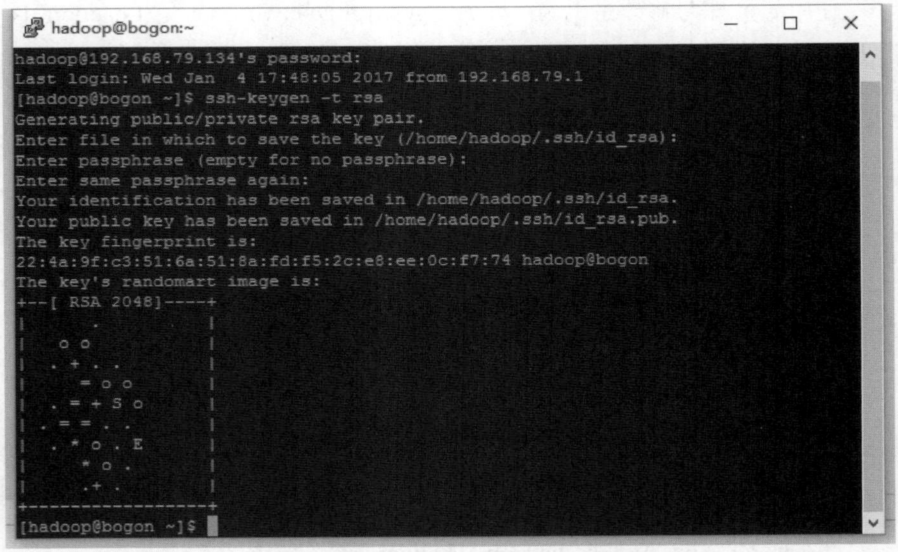

```
hadoop@bogon:~
hadoop@192.168.79.134's password:
Last login: Wed Jan  4 17:48:05 2017 from 192.168.79.1
[hadoop@bogon ~]$ ssh-keygen -t rsa
Generating public/private rsa key pair.
Enter file in which to save the key (/home/hadoop/.ssh/id_rsa):
Enter passphrase (empty for no passphrase):
Enter same passphrase again:
Your identification has been saved in /home/hadoop/.ssh/id_rsa.
Your public key has been saved in /home/hadoop/.ssh/id_rsa.pub.
The key fingerprint is:
22:4a:9f:c3:51:6a:51:8a:fd:f5:2c:e8:ee:0c:f7:74 hadoop@bogon
The key's randomart image is:
+--[ RSA 2048]----+
|       .         |
|   o o           |
|  . + . .        |
|     = o o       |
|  . = + S o      |
| . = = . .       |
|  . * o . E      |
|     * o .       |
|      .+ .       |
+-----------------+
[hadoop@bogon ~]$
```

图 A-8　密钥文件

进入密钥保存目录，如图 A-9 所示。

```
>> cd ~/.ssh
```

```
[hadoop@bogon ~]$ cd ~/.ssh
[hadoop@bogon .ssh]$ ls
id_rsa  id_rsa.pub  known_hosts
[hadoop@bogon .ssh]$
```

图 A-9　密钥保存

查看私钥内容，如图 A-10 所示。

```
>> cat id_rsa
```

```
[hadoop@bogon .ssh]$ cat id_rsa
-----BEGIN RSA PRIVATE KEY-----
```

MIIEogIBAAKCAQEA1oAdpC1GJ2Wwxu0zeNfaCVO/YxgQnQXf8f16SX7Fu7C1hZ1A
C2aIJY2XQVzgXDL1ZH9u4sR8ctTsxsp3pVvRDp6wd872DpKkV5zih8qvXJArZfCQ
TqUpFFyUYShGiqVZ2gTs5b9btf7A0nUyarH2inu8RDz+QRhA4j5Pk5zvmbfvTzTB
TwNvatBa3dbSyH/WgWr83OU0iCUQSV1URMEONDS8mLUbjfeK+pE08eicvO5jjxm8
2RB67+fSptZj91SijEAn4OPGq2WaOExMqfjISSslzOwMzTgGs41vxMYRAfPAEfkU
LNPCXkcddqYXhEgo1r1j8TxJXP6K+OXSwg7d/wIBIwKCAQBJiwLZMrj3kJRhdeXD
CC1/im2BD5Cq3XFaRugZMsdzjQsJO9txn38i0XWwApYQ+4dVqAjCxwYYvggJpIDK
+uiXTFnCrVutOZdufu6U9QjsiTNzaGv9tPgkPP+sSFKzMWCihViJSOw+Zfj3syc6
hiikgjHrgqBQ1R2PZdIj+0rVnYToUwrS087R3LyeayiTicoq8NRs1hB2tCv5bxsE
GXYdgS8NdcWHMGDS/P1xb25VN6ZJcetqf5hpkv+F2eXdyS7Pi1453WUhlaKN3dhr
wWDVaBnr9qwf7ij5x51WUrEjMoJ3jpp7NhQKeAvDC2f0i54MVUkO1DdIA+gmnzLa
xTjLAoGBAP7rZ8GT09Y1HTHK49uHKtJvLSbHfBmw0VNVwmRP36Qw/DAWnHt+JX3+
Y5HvrFFOH4ezyO4TSGxmNp0hjtAG0oBirfDmpOubK5IJViuCEE6zUHLuWribqh2T
RLv+/opAt1BGvGyjOk5pfliMdTmhxbMkMGAsHK06Z8/+wagFY2y3AoGBANdo2srU
RdNhmgLvj8DoWHZqVL/X+MAnxjyxbDZ+QdGCf8NFgR/wL50/dmp3YfRLlzbabzV5

图 A-10　私钥内容

重新进入密钥保存目录，如图 A-11 所示。

```
>> cd ~/.ssh
```

```
[hadoop@bogon ~]$ cd ~/.ssh
[hadoop@bogon .ssh]$ ls
id_rsa   id_rsa.pub   known_hosts
[hadoop@bogon .ssh]$
```

图 A-11　重新进入密钥保存

查看公钥内容，如图 A-12 所示。

```
>> cat id_rsa.pub
```

```
[hadoop@bogon .ssh]$ cat id_rsa.pub
```

ssh-rsa AAAAB3NzaC1yc2EAAAABIwAAAQEA1oAdpC1GJ2Wwxu0zeNfaCVO/YxgQnQXf8f16SX7Fu7C1
hZ1AC2aIJY2XQVzgXDL1ZH9u4sR8ctTsxsp3pVvRDp6wd872DpKkV5zih8qvXJArZfCQTqUpFFyUYShG
iqVZ2gTs5b9btf7A0nUyarH2inu8RDz+QRhA4j5Pk5zvmbfvTzTBTwNvatBa3dbSyH/WgWr83OU0iCUQ
SV1URMEONDS8mLUbjfeK+pE08eicvO5jjxm82RB67+fSptZj91SijEAn4OPGq2WaOExMqfjISSslzOwM
zTgGs41vxMYRAfPAEfkULNPCXkcddqYXhEgo1r1j8TxJXP6K+OXSwg7d/w== hadoop@bogon

```
[hadoop@bogon .ssh]$
```

图 A-12　查看公钥内容

注意要以 Hadoop 用户登录，在 Hadoop 用户的主目录下进行操作！

每个节点做相同操作，如图 A-13、图 A-14、图 A-15，以此来测试是否成功。

```
>>cp id_rsa.pub authorized_keys
>>ssh hadoop@hadoop01
```

```
hadoop@bogon:~
hadoop@192.168.79.134's password:
Last login: Wed Jan  4 17:48:05 2017 from 192.168.79.1
[hadoop@bogon ~]$ ssh-keygen -t rsa
Generating public/private rsa key pair.
Enter file in which to save the key (/home/hadoop/.ssh/id_rsa):
Enter passphrase (empty for no passphrase):
Enter same passphrase again:
Your identification has been saved in /home/hadoop/.ssh/id_rsa.
Your public key has been saved in /home/hadoop/.ssh/id_rsa.pub.
The key fingerprint is:
22:4a:9f:c3:51:6a:51:8a:fd:f5:2c:e8:ee:0c:f7:74 hadoop@bogon
The key's randomart image is:
+--[ RSA 2048]----+
|       .         |
|   o o           |
|  . + . .        |
|     = o o       |
|  . = + S o      |
| . = = . .       |
|  . * o . E      |
|     * o .       |
|     .+ .        |
+-----------------+
[hadoop@bogon ~]$
```

图 A-13　节点链接操作

```
hadoop@bogon:~/.ssh
[hadoop@bogon .ssh]$ cp id_rsa.pub authorized_keys
[hadoop@bogon .ssh]$
```

图 A-14　节点链接操作

```
[hadoop@bogon ~]$ ssh hadoop@localhost
Last login: Thu Jan  5 23:30:35 2017 from localhost
[hadoop@bogon ~]$
```

图 A-15　节点链接操作

把各个节点的 authorized_keys 的内容互相复制加入对方的此文件中，然后就可以免密码彼此 ssh 接入，如图 A-16 所示。

图 A-16　链接成功

（4）下载 Hadoop2.x：

下载镜像：http://apache.fayea.com/hadoop/common/，尽量下载 Stable 版本，如图 A-17，下载对应版本 Hadoop，并如图 A-18，选择对应下载文件。

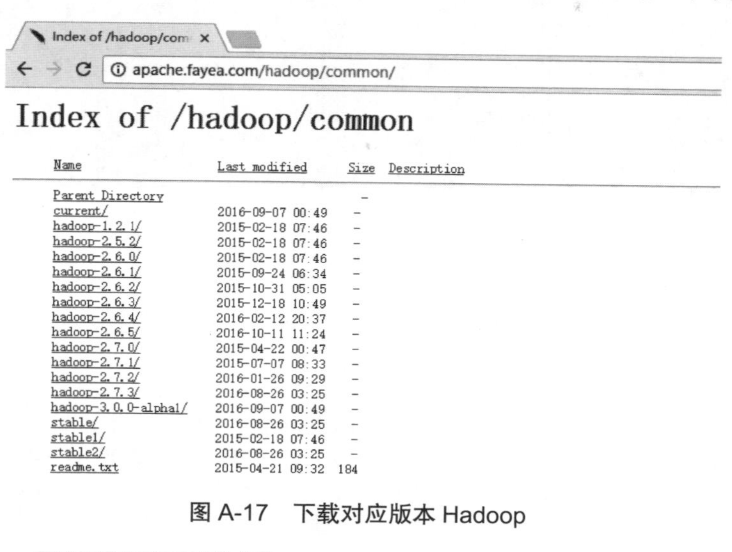

图 A-17 下载对应版本 Hadoop

Index of /hadoop/com

apache.fayea.com/hadoop/common/stable/

Index of /hadoop/common/stable

Name	Last modified	Size	Description
Parent Directory		-	
hadoop-2.7.3-src.tar.gz	2016-08-26 03:25	17M	
hadoop-2.7.3-src.tar.gz.mds	2016-08-26 03:25	1.1K	
hadoop-2.7.3.tar.gz	2016-08-26 03:25	204M	
hadoop-2.7.3.tar.gz.mds	2016-08-26 03:25	958	

图 A-18 选择对应下载文件

使用 Hadoop 用户创建目录/home/hadoop/bdp。

复制 Hadoop 压缩包文件 hadoop-2.6.0.tar.gz 到目录/home/hadoop/bdp。

进入目录/home/hadoop/bdp，解压压缩包>> tar -zxvf hadoop-2.6.0.tar.gz，如图 A-19 所示。

解压后的文件夹名为 hadoop-2.6.0，将文件夹名更改为 Hadoop，>> mv Hadoop-2.6.0 Hadoop，如图 A-20 所示文件夹内容。

```
[hadoop@bogon bdp]$ ll
total 190688
drwxr-xr-x. 9 hadoop hadoop      4096 Nov 13  2014 hadoop
-rw-r--r--. 1 hadoop hadoop 195257604 Jan  6 00:38 hadoop-2.6.0.tar.gz
[hadoop@bogon bdp]$ tar -zxvf hadoop-2.6.0.tar.gz
```

图 A-19 解压 Hadoop 文件压缩包

```
[hadoop@bogon hadoop]$ ll
total 52
drwxr-xr-x. 2 hadoop hadoop  4096 Nov 13  2014 bin
drwxr-xr-x. 3 hadoop hadoop  4096 Nov 13  2014 etc
drwxr-xr-x. 2 hadoop hadoop  4096 Nov 13  2014 include
drwxr-xr-x. 3 hadoop hadoop  4096 Nov 13  2014 lib
drwxr-xr-x. 2 hadoop hadoop  4096 Nov 13  2014 libexec
-rw-r--r--. 1 hadoop hadoop 15429 Nov 13  2014 LICENSE.txt
-rw-r--r--. 1 hadoop hadoop   101 Nov 13  2014 NOTICE.txt
-rw-r--r--. 1 hadoop hadoop  1366 Nov 13  2014 README.txt
drwxr-xr-x. 2 hadoop hadoop  4096 Nov 13  2014 sbin
drwxr-xr-x. 4 hadoop hadoop  4096 Nov 13  2014 share
[hadoop@bogon hadoop]$
```

图 A-20　查看文件夹内容

（5）设置 HADOOP_HOME：

切换到 root 用户，编辑环境变量文件/etc/profile，如图 A-21 所示。

设置 HADOOP_HOME，并配置参数。

```
export HADOOP_HOME=/home/hadoop/bdp/hadoop
export HADOOP_COMMON_LIB_NATIVE_DIR=$HADOOP_HOME/lib/native
export HADOOP_OPTS=" -Djava.library.path=$HADOOP_HOME/lib/native"
export PATH=.：$PATH：$JAVA_HOME/bin：$HADOOP_HOME/bin：$HADOOP_HOME/sbin
```

保存，然后退出，并刷新全局变量：source /etc/profile。

```
unset i
unset -f pathmunge
export JAVA_HOME=/usr/local/jdk
export HADOOP_HOME=/home/hadoop/bdp/hadoop
export HADOOP_COMMON_LIB_NATIVE_DIR=$HADOOP_HOME/lib/native
export HADOOP_OPTS="-Djava.library.path=$HADOOP_HOME/lib/native"
export PATH=.:$PATH:$JAVA_HOME/bin:$HADOOP_HOME/bin:$HADOOP_HOME/sbin
```

图 A-21　配置 JDK 环境变量

（6）修改配置文件：

涉及的配置文件有 8 个：

```
~/bdp/hadoop/etc/hadoop/hadoop-env.sh
~/bdp/hadoop/etc/hadoop/yarn-env.sh
~/bdp/hadoop/etc/hadoop/mapred-env.sh
~/bdp/hadoop/etc/hadoop/slaves
~/bdp/hadoop/etc/hadoop/core-site.xml
~/bdp/hadoop/etc/hadoop/hdfs-site.xml
~/bdp/hadoop/etc/hadoop/mapred-site.xml
~/bdp/hadoop/etc/hadoop/yarn-site.xml
```

以上个别文件默认并存在的，可以复制相应的 template 文件获得。

设置 hadoop 的 JAVA_HOME 为/usr/local/jdk/，如图 A-22 所示。

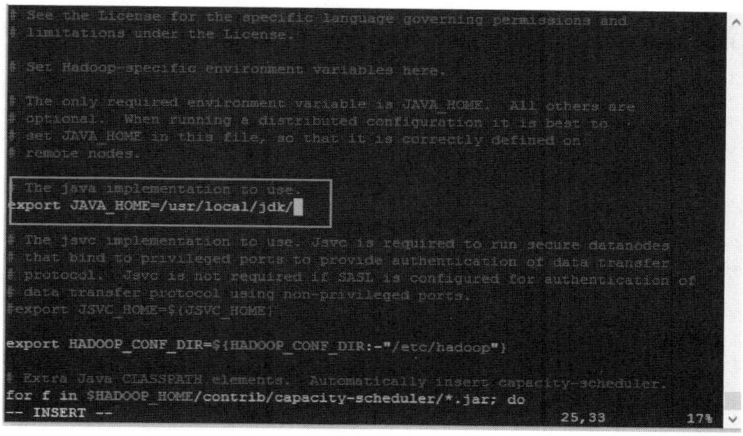

```
# See the License for the specific language governing permissions and
# limitations under the License.

# Set Hadoop-specific environment variables here.

# The only required environment variable is JAVA_HOME.  All others are
# optional.  When running a distributed configuration it is best to
# set JAVA_HOME in this file, so that it is correctly defined on
# remote nodes.

# The java implementation to use.
export JAVA_HOME=/usr/local/jdk/

# The jsvc implementation to use. Jsvc is required to run secure datanodes
# that bind to privileged ports to provide authentication of data transfer
# protocol.  Jsvc is not required if SASL is configured for authentication of
# data transfer protocol using non-privileged ports.
#export JSVC_HOME=${JSVC_HOME}

export HADOOP_CONF_DIR=${HADOOP_CONF_DIR:-"/etc/hadoop"}

# Extra Java CLASSPATH elements.  Automatically insert capacity-scheduler.
for f in $HADOOP_HOME/contrib/capacity-scheduler/*.jar; do
-- INSERT --                                              25,33         17%
```

图 A-22　设置 Hadoop JDK

设置 yarn 的 JAVA_HOME 为/usr/local/jdk/，如图 A-23 所示。

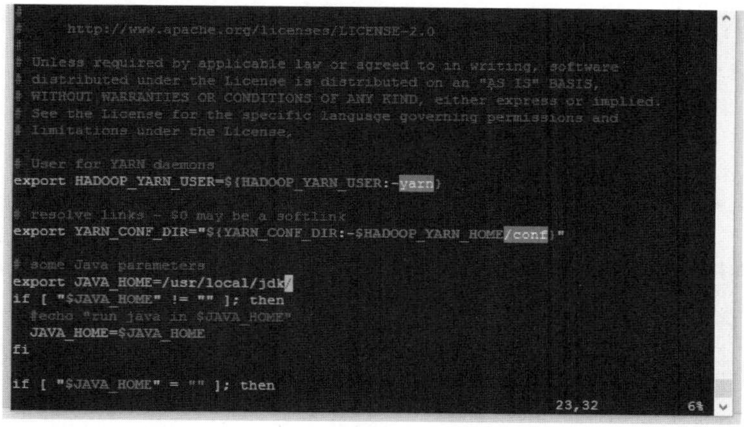

```
#
#     http://www.apache.org/licenses/LICENSE-2.0
#
# Unless required by applicable law or agreed to in writing, software
# distributed under the License is distributed on an "AS IS" BASIS,
# WITHOUT WARRANTIES OR CONDITIONS OF ANY KIND, either express or implied.
# See the License for the specific language governing permissions and
# limitations under the License.

# User for YARN daemons
export HADOOP_YARN_USER=${HADOOP_YARN_USER:-yarn}

# resolve links - $0 may be a softlink
export YARN_CONF_DIR="${YARN_CONF_DIR:-$HADOOP_YARN_HOME/conf}"

# some Java parameters
export JAVA_HOME=/usr/local/jdk/
if [ "$JAVA_HOME" != "" ]; then
  #echo "run java in $JAVA_HOME"
  JAVA_HOME=$JAVA_HOME
fi

if [ "$JAVA_HOME" = "" ]; then
                                                          23,32          6%
```

图 A-23　设置 yarn JDK

设置 mapred-env.sh 的 JAVA_HOME 为/usr/local/jdk/，如图 A-24 所示。

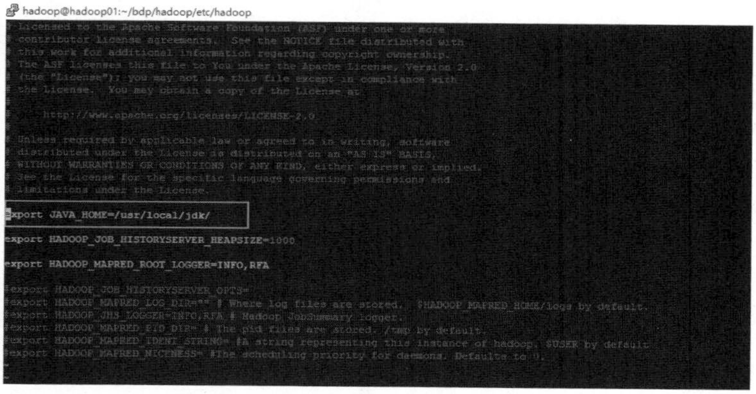

```
hadoop@hadoop01:~/bdp/hadoop/etc/hadoop
# Licensed to the Apache Software Foundation (ASF) under one or more
# contributor license agreements.  See the NOTICE file distributed with
# this work for additional information regarding copyright ownership.
# The ASF licenses this file to You under the Apache License, Version 2.0
# (the "License"); you may not use this file except in compliance with
# the License.  You may obtain a copy of the License at
#
#     http://www.apache.org/licenses/LICENSE-2.0
#
# Unless required by applicable law or agreed to in writing, software
# distributed under the License is distributed on an "AS IS" BASIS,
# WITHOUT WARRANTIES OR CONDITIONS OF ANY KIND, either express or implied.
# See the License for the specific language governing permissions and
# limitations under the License.

export JAVA_HOME=/usr/local/jdk/

export HADOOP_JOB_HISTORYSERVER_HEAPSIZE=1000

export HADOOP_MAPRED_ROOT_LOGGER=INFO,RFA

#export HADOOP_JOB_HISTORYSERVER_OPTS=
#export HADOOP_MAPRED_LOG_DIR="" # Where log files are stored.  $HADOOP_MAPRED_HOME/logs by default.
#export HADOOP_JHS_LOGGER=INFO,RFA # Hadoop JobSummary logger.
#export HADOOP_MAPRED_PID_DIR= # The pid files are stored. /tmp by default.
#export HADOOP_MAPRED_IDENT_STRING= #A string representing this instance of hadoop. $USER by default
#export HADOOP_MAPRED_NICENESS= #The scheduling priority for daemons. Defaults to 0.
~
```

图 A-24　设置 mapred-env.JDK

设置从节点为 hadoop01，因为我们是伪分布式，如图 A-25，图 A-26 所示。

图 A-25 编辑节点配置文件

图 A-26 编辑从节点配置文件内容

创建 hadoop 元数据保存目录，如图 A-27 所示。

```
mkdir -p /home/hadoop/bdp/hadoop/tmp
mkdir -p /home/hadoop/bdp/hadoop/name
mkdir -p /home/hadoop/bdp/hadoop/data
```

```
[hadoop@bogon bdp]$ cd hadoop
[hadoop@bogon hadoop]$ pwd
/home/hadoop/bdp/hadoop
[hadoop@bogon hadoop]$ mkdir -p /home/hadoop/bdp/hadoop/tmp
[hadoop@bogon hadoop]$ mkdir -p /home/hadoop/bdp/hadoop/name
[hadoop@bogon hadoop]$ mkdir -p /home/hadoop/bdp/hadoop/data
[hadoop@bogon hadoop]$
```

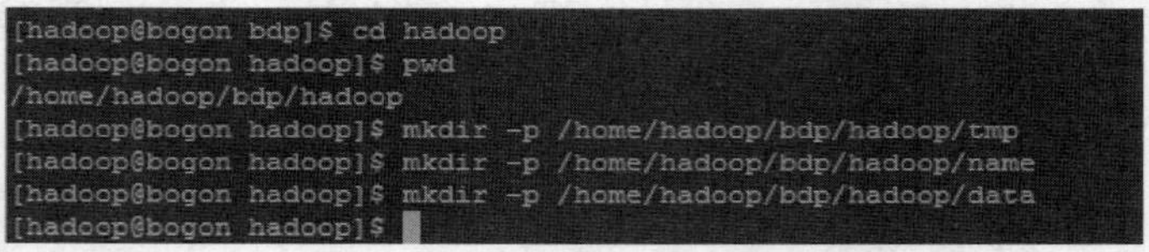

图 A-27 创建元数据保存目录

```
core-site.xml
<configuration>
        <property>
                <name>fs.defaultFS</name>
                <value>hdfs：//hadoop01：9000</value>
        </property>
        <property>
                <name>hadoop.tmp.dir</name>
                <value>file：/home/hadoop/bdp/hadoop/tmp</value>
        </property>
</configuration>
hdfs-site.xml
<configuration>
        <property>
                <name>dfs.namenode.name.dir</name>
                <value>file：/home/hadoop/bdp/hadoop/name</value>
        </property>
        <property>
                <name>dfs.datanode.data.dir</name>
                <value>file：/home/hadoop/bdp/hadoop/data</value>
        </property>
```

```
        <property>
                <name>dfs.replication</name>
                <value>1</value>
        </property>
        <property>
                <name>dfs.webhdfs.enabled</name>
                <value>true</value>
        </property>
</configuration>
```

mapred-site.xml

```
<configuration>
    <property>
        <name>mapreduce.framework.name</name>
        <value>yarn</value>
    </property>
</configuration>
```

yarn-site.xml

```
<configuration>
        <property>
                <name>yarn.nodemanager.aux-services</name>
                <value>mapreduce_shuffle</value>
        </property>
        <property>
                <name>yarn.resourcemanager.hostname</name>
                <value>hadoop01</value>
        </property>
</configuration>
```

（7）启动集群及检验：

格式化 namenode：./bin/hdfs namenode-format，如图 A-28 所示。

启动 hdfs：./sbin/start-dfs.sh，如图 A-29 所示。

启动 yarn：./sbin/start-yarn.sh，如图 A-30 所示。

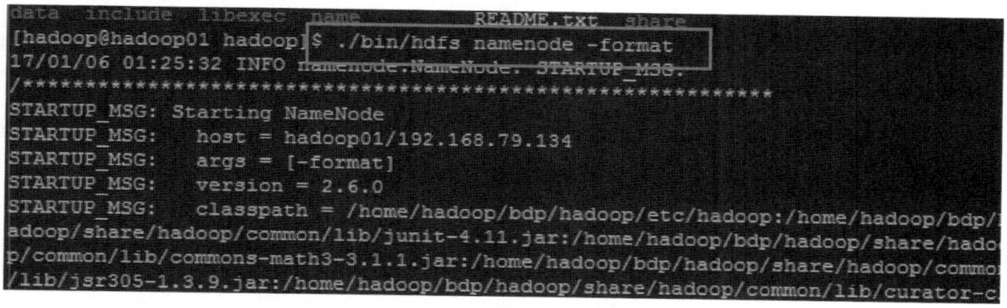

```
data  include  libexec  name          README.txt  share
[hadoop@hadoop01 hadoop]$ ./bin/hdfs namenode -format
17/01/06 01:25:32 INFO namenode.NameNode: STARTUP_MSG:
/************************************************************
STARTUP_MSG: Starting NameNode
STARTUP_MSG:   host = hadoop01/192.168.79.134
STARTUP_MSG:   args = [-format]
STARTUP_MSG:   version = 2.6.0
STARTUP_MSG:   classpath = /home/hadoop/bdp/hadoop/etc/hadoop:/home/hadoop/bdp/h
adoop/share/hadoop/common/lib/junit-4.11.jar:/home/hadoop/bdp/hadoop/share/hadoo
p/common/lib/commons-math3-3.1.1.jar:/home/hadoop/bdp/hadoop/share/hadoop/common
/lib/jsr305-1.3.9.jar:/home/hadoop/bdp/hadoop/share/hadoop/common/lib/curator-c
```

图 A-28　格式化 hdfs

```
) Y
17/01/06 01:25:39 INFO namenode.FSImage: Allocated new BlockPoolId: BP-377965582
-192.168.79.134-1483694739663
17/01/06 01:25:39 INFO common.Storage: Storage directory /home/hadoop/bdp/hadoop
/name has been successfully formatted.
17/01/06 01:25:40 INFO namenode.NNStorageRetentionManager: Going to retain 1 ima
ges with txid >= 0
17/01/06 01:25:40 INFO util.ExitUtil: Exiting with status 0
17/01/06 01:25:40 INFO namenode.NameNode: SHUTDOWN_MSG:
/************************************************************
SHUTDOWN_MSG: Shutting down NameNode at hadoop01/192.168.79.134
************************************************************/
[hadoop@hadoop01 hadoop]$
```

图 A-29　启动 hdfs

```
data  include  libexec  logs        NOTICE.txt  sbin        tmp
[hadoop@hadoop01 hadoop]$ ./sbin/start-yarn.sh
starting yarn daemons
starting resourcemanager, logging to /home/hadoop/bdp/hadoop/logs/yarn-hadoop-re
sourcemanager-hadoop01.out
hadoop01: starting nodemanager, logging to /home/hadoop/bdp/hadoop/logs/yarn-had
oop-nodemanager-hadoop01.out
[hadoop@hadoop01 hadoop]$ jps
7115 Jps
7085 NodeManager
4099 SecondaryNameNode
6998 ResourceManager
3781 NameNode
3894 DataNode
[hadoop@hadoop01 hadoop]$
```

图 A-30　启动 yarn

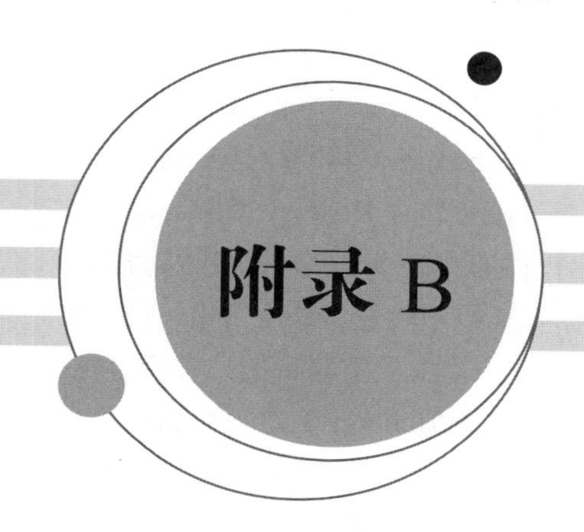

附录 B

大数据和人工智能实验环境

1. 大数据实验环境

一方面，大数据实验环境安装、配置难度大，高校难以为每个学生提供实验集群，实验环境容易被破坏；另一方面，实用型大数据人才培养面临实验内容不成体系、课程教材缺失、考试系统不客观、缺少实训项目以及专业师资不足等问题，实验开展束手束脚。

大数据实验平台（bd.cstor.cn）可提供便捷实用的在线大数据实验服务。同步提供实验环境、实验课程、教学视频等，帮助轻松开展大数据教学与实验。在大数据实验平台上，用户可以根据学习基础及时间条件，灵活安排 3～7 天的学习计划，进行自主学习。大数据实验平台 1.0 界面如图 B-1 所示。

图 B-1　大数据实验平台 1.0 界面

作为一站式的大数据综合实训平台，大数据实验平台同步提供实验环境、实验课程、教学视频等，方便轻松开展大数据教学与实验。平台基于 Docker 容器技术，可以瞬间创建随时运行的实验环境，虚拟出大量实验集群，方便上百个用户同时使用。通过采用 Kubernates 容器编排架构管理集群，用户实验集群隔离、互不干扰，并可按需配置包含 Hadoop、HBase、Hive、Spark、Storm 等组件的集群，或利用平台提供的一键搭建集群功能快速搭建。

实验内容涵盖 Hadoop 生态、大数据实战原理验证、综合应用、自主设计及创新的多层次实验内容等，每个实验呈现详细的实验目的、实验内容、实验原理和实验流程指导。实验课程包括 36 个 Hadoop 生态大数据实验和 6 个真实大数据实战项目。平台内置数据挖掘等教学实验数据，也可导入高校各学科数据进行教学、科研，校外培训机构同样适用。

此外，如果学校需要自己搭建专属的大数据实验环境，BDRack 大数据实验一体机（http://www.cstor.cn/proTextdetail_11007.html）可针对大数据实验需求提供完善的使用环境，帮助高校建设搭建私有的实验环境。其部署规划如图 B-2 所示。

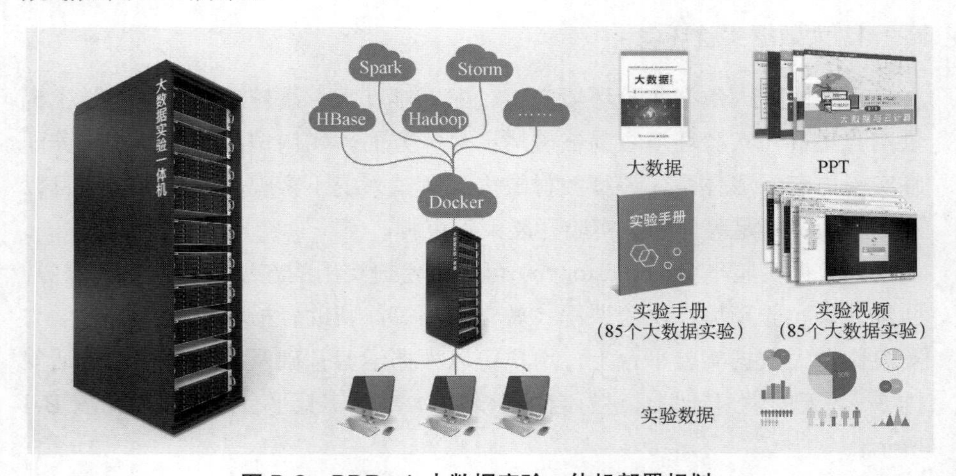

图 B-2 BDRack 大数据实验一体机部署规划

基于容器 Docker 技术，大数据实验一体机采用 Mesos+ZooKeeper+Marathon 架构管理 Docker 集群。实验时，系统预先针对大数据实验内容构建好一系列基于 CentOS 7 的特定容器镜像，通过 Docker 在集群主机内构建容器，充分利用容器资源高效的特点，为每个使用平台的用户开辟属于自己完全隔离的实验环境。容器内部，用户完全可以像使用 Linux 操作系统一样地使用容器，并且不会被其他用户的集群所任何影响，只需几台机器，就可能虚拟出能够支持上百个用户同时使用的隔离集群环境。图 B-3 所示为 BDRack 大数据实验一体机系统架构。

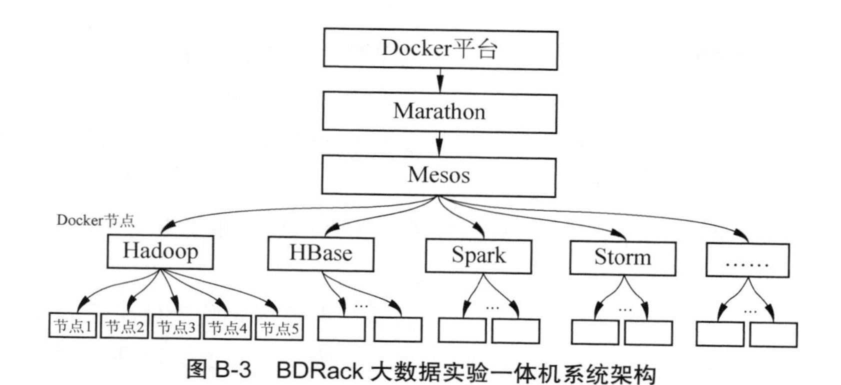

图 B-3　BDRack 大数据实验一体机系统架构

硬件方面，采用 cServer 机架式服务器，其英特尔®至强®处理器 E5 产品家族的性能比上一代提升多至 80%，并具备更出色的能源效率。通过英特尔 E5 家族系列 CPU 及英特尔服务器组件，可满足扩展 I/O 灵活度、最大化内存容量、大容量存储和冗余计算等需求；软件方面，搭载 Docker 容器云可实现 Hadoop、HBase、Ambari、HDFS、YARN、MapReduce、ZooKeeper、Spark、Storm、Hive、Pig、Oozie、Mahout、Python、R 语言等绝大部分大数据实验应用。

大数据实验一体机集实验机器、实验手册、实验数据以及实验培训于一体，解决怎么开设大数据实验课程、需要做什么实验、怎么完成实验等一系列根本问题。提供了完整的大数据实验体系及配套资源，包含大数据教材、教学 PPT、实验手册、课程视频、实验环境、师资培训等内容，涵盖面较为广泛，通过发挥实验设备、理论教材、实验手册等资源的合力，大幅度降低高校大数据课程的学习门槛，满足数据存储、挖掘、管理、计算等多样化的教学科研需求。具体的规格参数表如表 B-1 所示。

表 B-1　规格参数表

配套/型号	经　济　型	标　准　型	增　强　型
管理节点	1 台	3 台	3 台
处理节点	6 台	8 台	15 台
上机人数	30 人	60 人	150 人
实验教材	《大数据导论》50 本 《大数据实践》50 本 《实战手册》PDF 版	《大数据导论》80 本 《大数据实践》80 本 《实战手册》PDF 版	《大数据导论》180 本 《大数据实践》180 本 《实战手册》PDF 版
配套 PPT	有	有	有
配套视频	有	有	有
免费培训	提供现场实施及 3 天技术培训服务	提供现场实施及 5 天技术培训服务	提供现场实施及 7 天技术培训服务

大数据实验一体机在 1.0 版本基础上更新升级到最新的 2.0 版本实验体系，进一步丰富了实验内容，实验课程数量新增至 85 个。同时，实验平台优化了创建环境→实验操作→提交报告→教师打分的实验流程，新增了具有海量题库、试卷生成、在线考试、辅助评分等应用的考试系统，集成了上传数据→指定列表→选择算法→数据展示的数据挖掘及可视化工具。

在实验指导方面，针对各项实验所需，大数据实验一体机配套了一系列包括实验目的、实验内容、实验步骤的实验手册及配套高清视频课程，内容涵盖大数据集群环境与大数据核心组件等技术前沿，详尽细致的实验操作流程可帮助用户解决大数据实验门槛所限。具体来说，85 个实验课程包括以下方面。

（1）36 个 Hadoop 生态大数据实验。

（2）6 个真实大数据实战项目。

（3）21 个基于 Python 的大数据实验。

（4）18 个基于 R 语言的大数据实验。

（5）4 个 Linux 基本操作辅助实验。

整套大数据系列教材的全部实验都可在大数据实验平台上远程开展，也可在高校部署的 BDRack 大数据实验一体机上本地开展。

作为一套完整的大数据实验平台应用，BDRack 大数据实验一体机还配套了实验教材、PPT 以及各种实验数据，提供使用培训和现场服务，中国大数据（thebigdata.cn）、中国云计算（chinacloud.cn）、中国存储（chinastor.org）、中国物联网（netofthings.cn）、中国智慧城市（smartcitychina.cn）等提供全线支持。目前，BDRack 大数据实验一体机已经成功应用于各类院校，国家“211 工程”重点建设高校代表有郑州大学等，民办院校有西京学院等。其部署图如图 B-4 所示。

2. 人工智能实验环境

人工智能实验一直难以开展，主要有两方面原因。一方面，实验环境需要提供深度学习计算集群，支持主流深度学习框架，完成实验环境的快速部署，应用于深度学习模型训练等教学实践需求，同时也需要支持多人在线实验。另一方面，人工智能实验面临配置难度大、实验入门难、缺乏实验数据等难题，在实验环境、应用教材、实验手册、实验数据、技术支持等多方面亟须支持，以大幅度降低人工智能课程学习门槛，满足课程设计、课程上机实验、实习实训、科研训练等多方面需求，实现教学实验效果的事半功倍。

图 B-4 BDRack 大数据实验一体机实际部署图

AIRack 人工智能实验平台（http://www.cstor.cn/proTextdetail_12031.html）基于 Docker 容器技术，在硬件上采用 GPU+CPU 混合架构，可一键创建实验环境，并为人工智能实验学习提供一站式服务。其实验体系架构如图 B-5 所示。

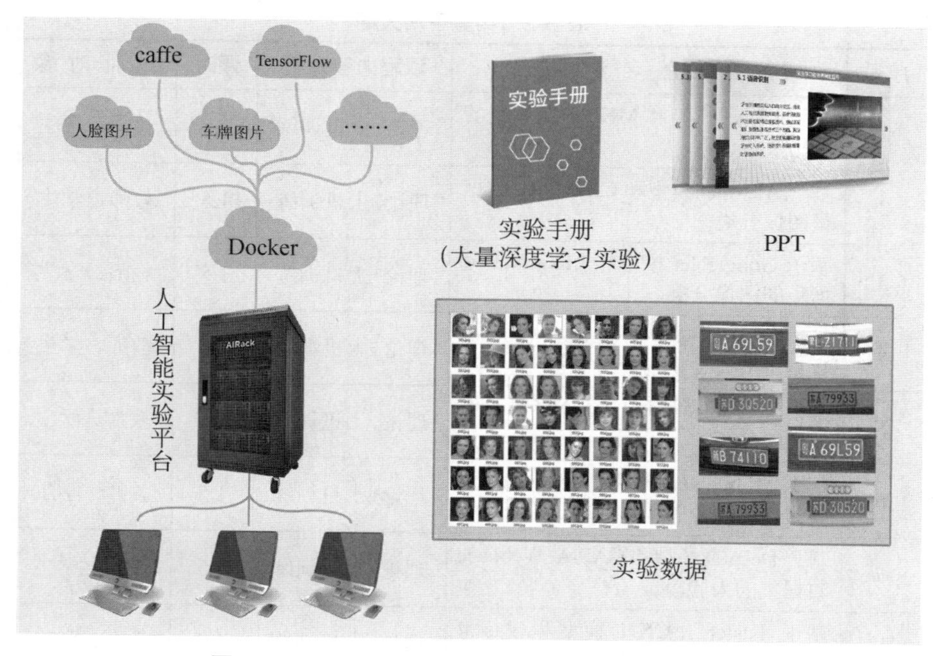

图 B-5 AIRack 人工智能实验平台实验体系架构

实验时，系统预先针对人工智能实验内容构建好基于 CentOS 7 的特定容器镜像，通过 Docker 在集群主机内构建容器，开辟完全隔离的实验环境，实现使用几台机器即可虚拟出大量实验集群以满足学校实验室的使用需求。平台采用 Google 开源的容器集群管理系统 Kubernetes，能够方便地管理跨机器运行容器化的应用，提供应用部署、维护、扩展机制等功能。其平台架构如图 B-6 所示。

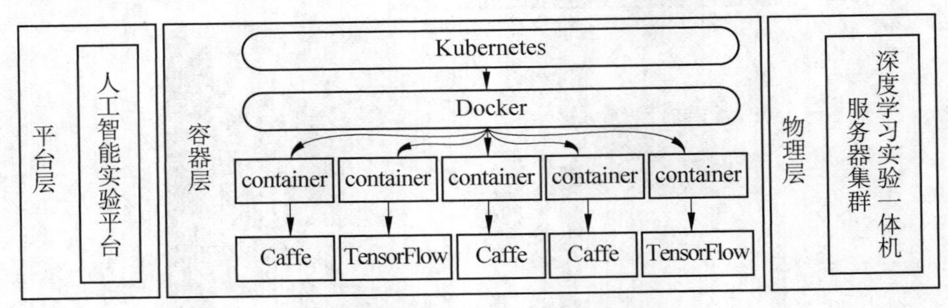

图 B-6 AIRack 人工智能实验平台架构

配套实验手册包括 20 个人工智能相关实验，实验基于 VGGNet、FCN、ResNet 等图像分类模型，应用 Faster R-CNN、YOLO 等优秀检测框架，实现分类、识别、检测、语义分割、序列预测等人工智能任务。具体的实验手册大纲如表 B-2 所示。

表 B-2 实验手册大纲

序号	课 程 名 称	课程内容说明	课时	培 训 对 象
1	基于 LeNet 模型和 MNIST 数据集的手写数字识别	理论+上机训练	1.5	教师、学生
2	基于 AlexNet 模型和 CIFAR-10 数据集图像分类	理论+上机训练	1.5	教师、学生
3	基于 GoogleNet 模型和 ImageNet 数据集的图像分类	理论+上机训练	1.5	教师、学生
4	基于 VGGNet 模型和 CASIA WebFace 数据集的人脸识别	理论+上机训练	1.5	教师、学生
5	基于 ResNet 模型和 ImageNet 数据集的图像分类	理论+上机训练	1.5	教师、学生
6	基于 MobileNet 模型和 ImageNet 数据集的图像分类	理论+上机训练	1.5	教师、学生
7	基于 DeepID 模型和 CASIA WebFace 数据集的人脸验证	理论+上机训练	1.5	教师、学生
8	基于 Faster R-CNN 模型和 Pascal VOC 数据集的目标检测	理论+上机训练	1.5	教师、学生
9	基于 FCN 模型和 Sift Flow 数据集的图像语义分割	理论+上机训练	1.5	教师、学生

续表

序号	课程名称	课程内容说明	课时	培训对象
10	基于 R-FCN 模型的行人检测	理论+上机训练	1.5	教师、学生
11	基于 YOLO 模型和 COCO 数据集的目标检测	理论+上机训练	1.5	教师、学生
12	基于 SSD 模型和 ImageNet 数据集的目标检测	理论+上机训练	1.5	教师、学生
13	基于 YOLO2 模型和 Pascal VOC 数据集的目标检测	理论+上机训练	1.5	教师、学生
14	基于 linear regression 的房价预测	理论+上机训练	1.5	教师、学生
15	基于 CNN 模型的鸢尾花品种识别	理论+上机训练	1.5	教师、学生
16	基于 RNN 模型的时序预测	理论+上机训练	1.5	教师、学生
17	基于 LSTM 模型的文字生成	理论+上机训练	1.5	教师、学生
18	基于 LSTM 模型的英法翻译	理论+上机训练	1.5	教师、学生
19	基于 CNN Neural Style 模型绘画风格迁移	理论+上机训练	1.5	教师、学生
20	基于 CNN 模型灰色图片着色	理论+上机训练	1.5	教师、学生

同时，平台同步提供实验代码以及 MNIST、CIFAR-10、ImageNet、CASIA WebFace、Pascal VOC、Sift Flow、COCO 等训练数据集，实验数据做打包处理，以便开展便捷、可靠的人工智能和深度学习应用。

AIRack 人工智能实验平台硬件配置如表 B-3 所示。

表 B-3　AIRack 人工智能实验平台硬件配置

产品名称	详细配置	单位	数量
CPU	E5-2650V4	颗	2
内存	32GB DDR4 RECC	根	8
SSD	480GB SSD	块	1
硬盘	4TB SATA	块	4
GPU	1080P（型号可选）	块	8

AIRack 人工智能实验平台集群配置如表 B-4 所示。

表 B-4　AIRack 人工智能实验平台集群配置

	极简型	经济型	标准型	增强型
上机人数	8 人	24 人	48 人	72 人
服务器	1 台	3 台	6 台	9 台
交换机	无	S5720-30C-SI	S5720-30C-SI	S5720-30C-SI

续表

	极 简 型	经 济 型	标 准 型	增 强 型
CPU	E5-2650V4	E5-2650V4	E5-2650V4	E5-2650V4
GPU	1080P（型号可选）	1080P（型号可选）	1080P（型号可选）	1080P（型号可选）
内存	8*32GB DDR4 RECC	24*32GB DDR4 RECC	48*32GB DDR4 RECC	72*32GB DDR4 RECC
SSD	1*480GB SSD	3*480GB SSD	6*480GB SSD	9*480GB SSD
硬盘	4*4TB SATA	12*4TB SATA	24*4TB SATA	36*4TB SATA

在人工智能实验平台之外，针对目前全国各大高校相继开启深度学习相关课程，DeepRack 深度学习一体机（http://www.cstor.cn/proTextdetail_10766.html）一举解决了深度学习研究环境搭建耗时、硬件条件要求高等种种问题。

凭借过硬的硬件配置，深度学习一体机能够提供最大每秒 144 万亿次的单精度计算能力，满配时相当于 160 台服务器的计算能力。考虑到实际使用中长时间大规模的运算需要，一体机内部采用了专业的散热、能耗设计，解决了用户对于机器负荷方面的忧虑。

一体机中部署有 TensorFlow、Caffe 等主流的深度学习开源框架，并提供大量免费图片数据，可帮助学生学习诸如图像识别、语音识别和语言翻译等任务。利用一体机中的基础训练数据，包括 MNIST、CIFAR-10、ImageNet 等图像数据集，也可以满足实验与模型塑造过程中的训练数据需求。深度学习一体机外观如图 B-7 所示，服务器内部如图 B-8 所示。

图 B-7 深度学习一体机外观

图 B-8 深度学习一体机节点内部

深度学习一体机服务器配置参数如表 B-5 所示。

表 B-5　服务器配置参数

	经　济　型	标　准　型	增　强　型
CPU	Dual E5-2620 V4	Dual E5-2650 V4	Dual E5-2697 V4
GPU	Nvidia Titan X *4	Nvidia Tesla P100*4	Nvidia Tesla P100*4
硬盘	240GB SSD+4T 企业盘	480GB SSD+4T 企业盘	800GB SSD+4T*7 企业盘
内存	64GB	128GB	256GB
计算节点数	2	3	4
单精度浮点计算性能	88 万亿次/秒	108 万亿次/秒	144 万亿次/秒
系统软件	Caffe、TensorFlow 深度学习软件、样例程序，大量免费图片数据		
是否支持分布式深度学习系统	是		

此外，对于构建高性价比硬件平台的个性化的 AI 应用需求，dServer 人工智能服务器（http://www.cstor.cn/proTextdetail_12032.html）采用英特尔 CPU+英伟达 GPU 的混合架构，预装 CentOS 操作系统，集成两套行业主流开源工具软件—TensorFlow 和 Caffe，同时提供 MNIST、CIFAR-10 等训练测试数据，通过多类型的软硬件备选方案以及高性能、点菜式的解决方案，方便自由选配及定制安全可靠的个性化应用，可广泛用于图像识别、语音识别和语言翻译等 AI 领域。dServer 人工智能服务器如图 B-9 所示，配置参数如表 B-6 所示。

图 B-9　dServer 人工智能服务器

表 B-6 dServer 人工智能服务器配置参数

配　置	参　数
GPU（NVIDIA）	Tesla P100，Tesla P4，Tesla P40，Tesla K80，Tesla M40，Tesla M10，Tesla M60，TITAN X，GeForce GTX 1080
CPU	Dual E5-2620 V4，Dual E5-2650 V4，Dual E5-2697 V4
内存	64GB/128GB/256GB
系统盘	120GB SSD/180GB SSD/240GB SSD
数据盘	2TB/3TB/4TB
准系统	7048GR-TR
软件	TensorFlow，Caffe
数据（张）	车牌图片（100 万/200 万/500 万），ImageNet（100 万），人脸图片数据（50 万），环保数据

目前，dServer 人工智能服务器已经在清华大学车联网数据云平台、西安科技大学大数据深度学习平台、湖北文理学院大数据处理与分析平台等项目中部署使用。其中，清华大学车联网数据云平台项目配置如图 B-10 所示。

清華大学
Tsinghua University

名称	深度学习服务器
生产厂家	南京云创大数据科技股份有限公司
主要规格	cServer C1408G
配置说明	CPU：2*E5-2630v4　GPU：4*NVIDIA TITAN X　内存：4*16G (64G) DDR4,2133MHz，RECC
	硬盘：5* 2.5"300GB 10K SAS（企业级）　网口：4个10/100/1000Mb自适应以太网口
	电源：2000W 1+1冗余电源　计算性能：单个节点单精度浮点计算性能为44万亿次/秒
	预装Caffe、TensorFlow深度学习软件、样例程序；提供MNIST、CIFAR-10等训练测试数据，提供交通卡口图片数据不少于400万张，环境在线数据不少于6亿条

图 B-10 清华大学车联网数据云平台项目配置

综上所述，大数据实验平台 1.0 用于个人自学大数据远程做实验；大数据实验一体机受到各大高校青睐，用于构建各大学自己的大数据实验教学平台，使得大量学生可同时进行大数据实验；AIRack 人工智能实验平台支持众多师生同时在线进行人工智能实验；DeepRack 深度学习一体机能够给高校和科研机构构建一个开箱即用的人工智能科研环境；dServer 人工智能服务器可直接用于小规模 AI 研究，或搭建 AI 科研集群。

参考文献

[1] 涂新莉，刘波，林伟伟. 大数据研究综述[J]. 计算机应用研究，2014，31（6）：1612-1616.

[2] Dufman.Thinking in BigData（四）大数据之“大”的来源与价值[EB/OL]. [2014-01-27]. http://blog.csdn.net/yczws1/article/details/18825059.

[3] 互动百科.数据集成[EB/OL]. [2013-01-20] http://www.baike.com/wiki/%E6%95%B0%E6%8D%AE%E9%9B%86%E6%88%90&prd=button_doc_jinru.

[4] 刘智慧，张泉灵. 大数据技术研究综述[J]. 浙江大学学报：工学版，2014，48（6）：957-972.

[5] 周于飞. 教育大数据的应用模式与政策建议[J]. 卷宗，2016，6（8）：1-1.

[6] 段军红，张乃丹，赵博，等. 电力大数据基础体系架构与应用研究[J].电力信息与通信技术，2015，13（2）：92-95.

[7] SocialBeta.7 张国外热门社交网络的统计数据信息图[EB/OL]. [2012-06-09]. http://socialbeta.com/t/48-significant-social-media-facts-figures-and-statistics-plus-7-infographics.html.

[8] DaingIBW. 互联网大数据时代[EB/OL] [2014-04-16]. https://wenku.baidu.com/view/62b2aa318e9951e79a89270d.html.

[9] 马海祥. 详解大数据四个基本特征[EB/OL]. [2014-09-12]. http://www.mahaixiang.cn/sjfx/803.html.

[10] 运维派. 日处理 20 亿数据，实时用户行为服务系统架构实践[EB/OL][2017-05-17]. http://www.yunweipai.com/archives/17833.html.

[11] 王元卓，靳小龙，程学旗. 网络大数据：现状与展望[J]. 计算机学报，2013，36（6）：1125-1138.

[12] IBM. IBM Db2 Database[EB/OL]. [2017-02-24]. https://www.ibm.com/analytics/us/en/technology/db2/.

[13] Brownbridge D R，Marshall L F，Randell B，The Newcastle Connection or UNIXes of the World Unite. [J]. Softwre：Practive and Experience，1982，12（9）：1147-1162.

[14] Satran J，Meth K，et al.Internet Small Computer Systems Interface（iSCSI），RFC3720[EB/OL]. [2015-10-14]https://datatracker.ietf.org/doc/rfc3720/.

[15] Codd E F. A Relational Model of Data for Large Shared Data Banks. [J]. Communications of the ACM-Special 25th Anniversary Issue，1982，26（1）：64-69.

[16] Dewitt David J，Hawthorn Paula B. A Performance Evaluation of Database Machine Architectures.In Proceedings of the seventh international conference on Very Large Data Base，September 9-11，1981[C]. United States：Very Large Data Base Endowment Inc，1981.

[17] Slotnick D L.Logic per Track Devices [J]. Advances in Computers，1970，10：291-296.

[18] Parker，J L. A Logic per Track Information Retrieval System [D]. Illinois：University of Illinois at Urbana-Champaign Champaign，1971.

[19] Minsky N. Rotating Storage Devices as Partiaiiy Associative Memories. In Proceedings of the Fall Joint Computer Conference，December 5-17，1972[C]. New York，ACM New York，1972.

[20] Behrooz Parhami. A Highly Parallel Computing System for Information Retrieval. In Proceedings of the Fall Joint Computer Conference，December 5-17，1972[C]. New York：ACM New York，1972.

[21] Su S Y W，Lipovski G J. CASSM：cellular system for very large data base Proceedings of the International Conference on Very Large Data Bases，September 22-24，1975[C]. United States：Very Large Data Base Endowment Inc，1981.

[22] Babb E.Implementing a Relational Database by Means of Specialized Hardware [J]. ACM Transactions on Database Systems，1979，4（1）：1-29.

[23] McGregor D R，Thomson R G，Dawson W N.High Performance

Hardware for Database Systems.In Proceedings inSystems for Large Data Base，September 08-10，1976 [C]. Amsterdam：North Holland & IFIP，1976.

[24] Inoue U，Hayami H，Fukuoka H，Suzuki K. RINDA-A Relational Data-base Processor for Non-indexed Queries.In Proceedings of International Symposium on Database Systems for Advanced Applications，April 10-12，1989 [C]. Berlin：Springer，1989.

[25] Ozkarahan E A，Schuster S A，Smith K S. RAP-associative processor for database management.In Proceedings of Managing Requirements Knowledge，International Workshop on May 19-22，1975 [C] ANAHEIM：Proc of AflipsConf，1975.

[26] Lin S C，Smith D C P，Smith J M. The Design of a Rotating Associative Memory for Relational Database Applications[J]. Transactions on Database Systems. 1976.1（1）：53-75.

[27] KrishnamurthiKannan. The Design of a Mass Memory for a Database Computer，proceedings of the 5th annual International Symposium on Computer architecture，April 03-05，1978[C]. New York：ACM New York，1978.

[28] Leilich H O，Stiege G，Zeidler H C. A SearchProcessorfor Database Management Systems.In Proceedings of the fourth International Conference on Very Large Data Base，September 13-15，1978 [C]. United States：Very Large Data Base Endowment Inc，1978.

[29] Schueter S A，Nguyen H B，Ozkarahan E A.RAP.2-An Associative Processor for Databases and its Applications [J]. IEEE Transactions on Computers.1979，28（6）：446-458.

[30] Dewitt D J. DIRECT-A Multiprocessor Organization for Supporting Relational Database Management Systems.In Proceedings of the 5th annual International Symposium on Computer architecture，April 03-05，1978[C]. New York：ACM New York，1978.

[31] HellW.Rdbm-A Relational Data Base Machine：Architecture and Hardware Design.In Proceedings of the 6th Workshop on Computer Architecture for Non-Numeric Processing，March 11-14，1981[C]. United States：SIGMOD workshop，1981.

[32] Missikoff M. An Overview of the Project DBMAC for a Relational Machine. In Proceedings of the 6th Workshop on Computer Architecture for Non-Numeric Processing，March 11-14，1981[C]. United States：SIGMOD workshop，1981.

[33] 戴炳荣，宋俊典，钱俊玲.云计算环境下海量分布式数据处理协调机制的研究[J/OL]计算机软件与应用，2013，01（01）：107-110.

[34] 李存华，孙志辉. GridOF：面向大规模数据集的高效离群点检测算法[J]. 计算机研究与发展，2003，09（11）：1586-1592.

[35] 李国杰. 大数据的研究现状与科学思考［J］. 中国科学院院刊，2012，11（11）：647-657.

[36] Tanenbaum A S. 分布式数据库系统原理与范型[M]. 杨剑峰，译. 北京：清华大学出版，2004.

[37] [日]佐佐木达也. NoSQL 数据库入门[M]. 罗勇，译. 北京：人民邮电出版社，2012.

[38] 王鹏，李俊杰，谢志明等. 云计算和大数据技术：概念、应用与实战[M]. 人民邮电出版社，2016.

[39] 李春葆，李石君，李筱驰. 数据仓库与数据挖掘实践[M]. 北京：电子工业出版社，2014.

[40] 顾君忠. 大数据与大数据分析[J]. 软件产业与工程，2013，04（04）：17-21.

[41] Xindong Wu，Vipin Kumar. The top Ten Algorithms in Data Mining [M]. London：Chapman and Hall/CRC，2009.

[42] Tan P N，Steinbach M，Kumar V. Introduction to Data Mining [M]. New Jersey：Addison Wesley，2005.

[43] Mitchell T M. Machine Learning and Data Mining[J]. Communications of the ACM，1999，42（11）：31-36.

[44] Alsabti K，Ranka S，Singh V. CLOUDS：A decision tree classifier for large datasets.In Proceedings of the 4th International Conference on Knowledge Discovery and Data Mining，August 20 – 21，1998[C]. Berlin：Springer，1998.

[45] 刘小虎，李生.决策树优化算法[J]. 软件学报，1998，09（10）：787-790.

[46] Ramoni M，SebastianiP. Robust Bayes Classifier[J]. Artificial Intelligence. 2001，125（1）：209-226.

[47] 张连文，郭海鹏. 贝叶斯网络引论[M]. 北京：科学出版社，2006.

[48] Friedman N. The Bayesian Structural EM Algorithm.In Proceedings of the Fourteenth Conference on Uncertainty in Artificial Intelligence，July 24-26，1998[C]. San Francisco：Morgan Kaufmann，1998.

[49] Pang Ping Tan. 数据挖掘导论[M]. 范明，译. 北京：人民邮电出版社，2011.

[50] McRae D J. A Foritran in Iterative K-means Cluster Analysis Program[J]. Behavioural Science，1971，16：423.

[51] Pelleg D，MooreA W. X-means：Extending K-means with Efficient Estimation of the Number of Clusters. In Proceeding of the 17th International Conference on Machine Learning，June 29-July 2，2000 [C]. San Francisco：Morgan Kaufmann，2000.

[52] Zhao Y，Karypis G. Empirical and theoretical comparisons of selected criterion functions for document clustering [J]. Machine Learning，55（3）：311-311.

[53] 郭丽，宁小美，马秀芬. 关于数据关联规则挖掘理论与数据算法的研究[J]. 河南科技.2014，08：1-1.

[54] 陈爱东，刘国华，费凡等.满足均匀分布的不确定数据关联规则挖掘算法[J]. 计算机研究与发展，2013，50（01）：186-195.

[55] Berman，Fran，Geoffrey Fox. Grid computing：making the global infrastructure a reality，Vol. 2.[M] New Jersey：John Wiley & Sons Inc，2003.

[56] 任廷会. 用户对 SNS 广告的态度及其影响因素研究[M]. 重庆：西南师范大学出版社，2014.

[57] 李清泉，乐阳. 基于位置服务的分析与展望[J]. 中国计算机学会通讯，2010，06（06）：10-16.

[58] 宋建华.互联网金融时代的新市场研究[J]. 金融论坛，2014，07（07）：10-16.

[59] 李博，董亮. 互联网金融的模式与发展[J]. 中国金融，2013，10（10）：19-21.

[60] CSDN. 百分点大数据技术沙龙—管中窥豹：用大数据洞察用户[EB/OL]. [2015-04-01]. http://www.csdn.net/article/2015-04-01/2824365.

[61] 常宁. 为什么是精准营销[EB/OL]. [2015-06-25]. http://www.sohu.com/a/20119661_188730.

[62] 大数据人. 搜狗发布暑期出境游大数据报告[EB/OL]. [2017-08-03]. http://mp.weixin.qq.com/s/JhxGM-6GOT9C5OpA2Nm2Nw.